日本の資本主義とフクシマ

谷口和弘
Kazuhiro Taniguchi

制度の失敗とダイナミック・ケイパビリティ

慶應義塾大学出版会

はじめに

二〇一一年三月一一日、私はアメリカ・ニューヨークへ出張に行くためイギリス・ケンブリッジの自宅から、ロンドンのヒースロー空港へと向かった。日本が地震で大変なことになっているというニュースを家族から出発直前に聞かされたものの、その被害状況などを詳しく把握できぬまま、出かけなければならなかった。空港に到着して搭乗手続をしていると、私が日本人であることに気づいた一人のイギリス人女性は、日本でおきた地震・津波の深刻な様子を教えてくれた。その後、空港に設置してあったモニタで目にしたのは、橙色に燃えた家々が灰色の渦のなかへと次々と巻き込まれ流されていく、何ともやりきれない光景だった。

マグニチュード九・〇という未曾有の東日本大震災が残した爪痕は、時間がたつにつれ、次第に人間の手では負えないものとなっていった。すなわち、地震、津波といった自然災害だけでは終わらない未曾有の原子力災害が、福島県近隣の人々を苦しめることになった。福島第一原発事故は、スリーマイル島、チェルノブイリといったこれまでの原子力発電所のシビア・アクシデントよりかなり複雑なもので、自然災害を引き金とした同時多発的なメルトダウンというシステム事故をもたらした。福島県近隣はもとより日本で生活する人々の多くは、原子力発電所から放出され続ける放射性物質のせいで基本財毀損問題に直面することを余儀なくされ、きわめて深刻なケースとして、住宅、職場、農地などこれまでの生活基盤を奪われたことで将来を悲観し、自殺という最悪の選択をせざるをえなかった人たちもいた。

他方、政治の分野でリーダーとみなされてはいるものの、その実、ビジョンなきまま人目をひくだけの擬似リーダーは、被災者を気遣うふりをしながら、社会にたいして自由を制約する呼びかけ——たとえば、花見、花火、宴会などの自粛の要請——を行うことがあった。自粛の本来の意味は、自分の意志で物事を慎むことである。だが、物事を他者によって誘導・強制されるようでは、自粛にならない。結局、社会の共感をもっともらしく喚起し、いかにも独裁的なトップ・ダウンの仕方で経済活動を縮小させているだけでしかない。さらに、被災地の復興という名目で、たとえば「日本人として」「がんばろう! 日本」「絆」などという誰も異論のはさみようがない表現に全体主義的なニュアンスを暗に込め、たとえば放射能汚染のリスクのある被災地のがれきの処理への協力など、自縛的犠牲の忖度・受容を性急に求めることもあった。こうした行為は、日本の資本主義の将来にとって危険ですらあり、そこに秘められた社会主義の根源であるように思われる。部分が萎縮しているときに、さらなる萎縮を全体に求めてどうするのか。そして、部分のための善意という名目で、全体にたいして自縛を拡散してどうするのか。

国民を守るなどというもっともらしい大義を掲げ、われわれを危険にさらすとともに、社会からのボトムアップをポピュリズムとみなし、自縛を強要することが強いリーダーの条件だと考えている政治家が、もし日本の中枢に居座っているのだとすれば、われわれは有権者として、そうした人たちがわれわれに高い代償を押しつける前に、できるだけ早く彼らを下野させたほうがよい。彼らは、ドイツやイタリアなどで実施された原発国民投票に代表されるさまざまな民主主義的な共創の機会はもとより、たとえば原発、ダムなどを含め、過去に成功した昭和システムが変化することを拒絶する。というのも、市場経済の取り柄である競争と多様性を促進するフレキシビリティを許容することは、たとえそれが社会的厚生の増大に寄与するものだとしても、彼らにしてみれば、自分たちにとって有利な価値獲得の機会・仕組の侵食を認めてしまうという意味で強いリーダーの条件にそぐわないからだろう。結局彼らは、国民の声と自分の実像からかけ離れた強いリーダーという虚像に自縛しているだけなのだろう。批判精神を欠き、そうした虚像に踊らされることこそ、ポピュリズムである。われわれは、このことを忘れてはならない。

歴史をふり返ればわかるように、擬似リーダーには、遅かれ早かれ、政治の舞台から退場するときがやって来る。彼らの性急な感情論が社会にもたらした負の効果をめぐって公的論議がはじめられる頃には、彼らはもはや普通の人に戻っていて、その責任を負わされずにすむということがよくある。地方自治体はもとより、政府、会社などのコーポレーションでは、そのメンバーは、ポジションを占有する期間が限られ、そのポジションに付随する活動について最後まで責任を負うことはないといえる。

ところで私は、たとえば地方自治体による被災地のがれき処理そのものにたいして反対しているのではなく、あくまでも、こうした重要な論点についての十分な公的論議がなされず、しかも十分な知見すらえられていない段階で、多くの国民が、一部の擬似リーダーによる無知と根拠なき自信にもとづく感情論を、ビジョンととり違え、それに自らを縛りつけ、全体として同じ方向へと性急に流されていく傾向を問題視する。こうした自縛的犠牲という傾向こそがフクシマの遠因であることを、われわれわれは認識しておかねばならない。

そして、被災地のがれきが放射性物質に汚染されているリスクがなければ、話はさほど複雑ではない。つまりこの場合、一日も早く地域経済の復興を成し遂げたい被災地の人々の意図、そして東日本大震災前のプレ3・11時代の経済状態を早急に回復させたい政府の意図を勘案すれば、全国の地方自治体でがれき処理をうけいれることに何ら異論をはさむ余地はないからである。だが現時点では、処理すべきがれきが放射性物質に汚染され、その処理によってどのような副次効果がもたらされるか不確実であるばかりか、この点について十分な公的論議すらなされていない。こうした状況の日本では、無知な擬似リーダーが感情論だけで無知な国民を誘導したあげく、その長期的な責任については関与しない、という構図が成り立ちうる。しかしこれでは、本書で述べる福島原発危機——世界では"Fukushima"(「フクシマ」)として知られているように、福島第一原発事故とそれに付随した一連の難問——をもたらした構図と何らかわりがなく、けっしてあってはならないが、今後、フクシマと同じような危機を新たに招来しかねないのではないだろうか。

本来このような局面では、新しい価値創造に向けた青写真としてのビジョンを国民に提示し、彼らに突破口を与え、彼らを自縛から解き放つリーダーシップに満ちあふれた真の政治的リーダーが必要とされるはずである。しかし、自分を強くみせることにたけた擬似リーダーと、彼らのやり口にいとも簡単にはまってしまうナイーブなフォロワーとの負の連環が、東日本大震災後のポスト3・11時代にもやはり姿を現すこととなった。社会が政治の力量——より正確には、力量不足——を評価するにたる批判精神を育成し、そうした連環を断ち切らない限り、グローバル時代にもはや陳腐化してしまった古い制度を棄却し、競争と多様性を尊重した新しい資本主義を実現することはとうてい難しい。

かくして日本の閉塞的状況は、政治と社会の双方のケイパビリティの欠如に起因しているともいえる。

ひるがえって、かつて「電力の鬼」と呼ばれ、日本の電力産業の礎を築いた松永安左ヱ門氏、そして福島原発危機の当事者である東京電力で社長として事故収束の指揮をとることになった清水正孝氏は、いずれも慶應義塾大学に関係する人物である。奇しくも私は、これら二人の人物の結びにかかわっている一人として、そして福島県、日本、ひいては地球の持続可能性にたいする懸念を抱くことになった一人として、福島原発危機の原因を解明するという仕事に微力ながら取り組むべきだと考えた。そこで、在外研究期間中にその仕事に取り組み、慶應義塾大学出版会から出版することになった。

本書は、一八八三年（東京電燈という日本初の電力会社の設立年）から二〇一一年（福島原発危機が生じた年）までを対象に、日本の資本主義発展史のなかに原子力村の生成・発展を位置づけ、なぜ福島原発危機は生じたかという問題を解明するための一つの試みにすぎない。本書は、人間では制御不能な未曾有の自然災害、原子力発電にまつわる不完全な物理的技術、そして社会的技術への過剰依存が結合して生成した一つの世界として、福島原発危機をとらえる。そして私見によれば、福島原発危機は、東日本大震災の前にすでにはじまっていた日本の資本主義の危機でもある。われわれが「失われた二〇年」のなかで経験してきた閉塞感だけでなく、今回もたらされた原発事故もそれ自体、われわれにとって制御できるものではなかった。環境にやさしいはずの原子力発電に、今、われわれは悩まされ、未来の世界をどうするかという岐路に立たされている。

日本では、社会が放射性物質への日常的な対処を余儀なくされるようになったポスト3・11時代に突入して以来、福島原発危機そのものに焦点をあてたすぐれた本・論文は、数多く発表されてきた。そして、内閣官房では「東京電力福島原子力発電所における事故調査・検証委員会」、国会では「東京電力福島原子力発電所事故調査委員会」、そして民間では「福島原発事故独立検証委員会」などがそれぞれ組織化され、福島原発危機に焦点をあてながら、さまざまな分野の専門家の視点からその原因究明がなされてきた。

むしろ本書は、より長期的な時間軸のなかに福島原発危機を位置づけ、これを経済学、経営学、社会学などの社会科学の観点から考察すべきだと考えた。もちろん実際には、福島原発危機をもたらした要因はさまざまな分野にわたっているため、社会科学と自然科学をも広く網羅した超学際的な研究が必要とされることになろう。今後、こうした取り組みが活発に展開され、福島原発危機からえられたさまざまな知見がよりよき世界の実現に向けて活用されることを期待してやまない。

実際、世界のフクシマにたいする関心は高い。私は、二〇一二年六月二六日にケンブリッジ大学法学部で開催された"Nuclear: Clear or Unclear?"（『原子力発電――その明暗』）というコンファレンスに出席した。そこで、原子力発電の研究者・実務家はみなフクシマに言及せざるをえない流れとなっていた。なかでも、欧州委員会のピエール・コッカロル氏よりフクシマの現状報告がなされたが、学生を含む多くの参加者の関心はきわめて高かった。彼と話した際に気にかかったのは、日本の政府・電力産業は、実際に海外からのケイパビリティ移転にたいして閉じており、海外の専門機関による提案すら難しいという点である。原子力村の強大な支配力はもとより、こうした内向きの行動原理が学習を阻害してしまうのだろう。村社会に根差した内向き志向を打破しなければ、日本による地球の持続可能性にたいするグローバルな貢献はありえまい。

さらに私は、これまで日本の経済発展にたいして多大なる貢献をはたしてきたコーポレーション――多様な産業を構成する企業、そのコーディネーターである経団連、経済同友会、日本商工会議所などの財界組織、潜在的に市場を補完しうる政府、科学的知識の生産をになう大学・研究機関など――が、今回の原子力発電の失敗を機にグローバルなケイパビリティ移転につとめると同時に、ポスト3・11時代にふさわしい新しい産業進化に向けてさまざまな活動（マルチタスク）の同時追求を行うにたるほどのダイナミック・ケイパビリティ（とくに多能）を習得するよう強く願う。これら一連のコーポレーションはこれまでと同じく、今後の会社経済のあり方を左右しうる重要なカギをにぎることに間違いない。さらにいえば、既存のコーポレーションの内部でイノベーションに取り組もうとしている、ないしそこからスピンアウトした起業家的個人、そして日本の将来を背負う次世代の起業家予備軍などにも、この国の刷新と持続可能性の実現に向けて行動するよう大きな期待をこめておきたい。そうした変化は、コンパクトにまとまった閉じた価値を棄却し、世界をうけいれる寛大さがなければ成功しえないだろう。そして、これから本書で提示する新たな価値が、会社、産業、地方自治体、日本、そして地球の持続可能性にたいして少しでも貢献できれば、と願う次第である。

本書が完成にこぎつけるまでに、実に多くの方々のお力添えを拝受した。このことを記し、お世話になった皆様方にお礼を述べておきたい。とくに、著者の在外研究期間中、滞在先であるイギリスのケンブリッジ大学での研究のために、さまざまな便宜を図って下さったホストの方々にお礼を申し上げたい。まず、二〇一〇年一一月から二〇一一年一〇月までケンブリッジ・ジャッジ・ビジネススクールでの研究機会を与えて下さったクリストス・ピテリス博士、ならびに二〇一一年一一月から二〇一二年一〇月まで企業研究センターでの研究機会を与えて下さったサイモン・ディーキン教授に心よりお礼を申し上げたい。著者がケンブリッジ大学での在外研究をすすめていくうえで、貴重なご助言をいただいた青木昌彦名誉教授に深く感謝を述べさせていただきたい。そして、渡英に際して適切なご助言を下さったマーク・フルーエン教授、吉森賢名誉教授に心よりお礼を申し上げておきたい。

本書は、慶應義塾大学「義塾派遣留学」による研究成果である。二年に及ぶ財政的支援をつうじて在外研究を可能にしてくれた慶應義塾大学、そこで長いあいだ薫陶を与えて下さっている指導教授である植竹晃久名誉教授、清水雅彦常任理事にたいして心よりお礼申し上げたい。在外研究期間中さまざまな面で著者の活動を支えて下さった共同研究者である渡部直樹常任理事、木戸一夫教授、そして、著者が所属する商学部の方々、とくに樋口美雄商学部長、榊原研互教授、園田智昭教授には、さまざまな形でお力添えいただいたことに心よりお礼申し上げたい。

さらに、バヌ・バシ博士、カトリン・ダーズリー氏、カルミネ・ダゴスティーノ博士、ジョン・カイル・ドートン博士、江崎哲彦氏、井口宏博士、河原茂晴氏、ピエール・コッカロル氏、児嶋裕太郎氏、リチャード・ラングロワ教授、サイモン・ラーマウント博士、李維安教授、グレッグ・リンデン博士、望月勇氏、エフスタシア・ピツァ氏、レア・クワイン氏、ジャンクロード・セルバンシュレベール氏、瀧澤弘和教授のご支援たいして心よりお礼申し上げたい。

ただし、本書に残されたありうべき過誤は、著者の責任であることをここに申し添えておく。そして本書では、登場する主体の名前・肩書などについては、話の文脈にあわせて当時のものを用いていく。とくに人名については、非礼ながら敬称を省いて記述している箇所もある。この点、ご容赦いただきたい。時間の経過により、データや資料などのアクセスに変更が生じるかもしれない。さらに内容については、執筆時点（二〇一二年七月一日）後の展開によって変更すべき箇所が不可避的に生じているかもしれない。これらのことを、あらかじめお断りしておかねばならない。

本書の出版にあたって、慶應義塾大学出版会の島崎勁一氏、木内哲也氏には大変お世話になった。このように本書が出版にこぎつけられたのも、お二方の適切な編集作業と著者にたいするあたたかい励ましがあったからにほかならない。とくに島崎氏には、イギリスと日本のやり取りに際して行き届いた配慮を頂戴したことにたいして心よりお礼申し上げたい。また本書の校正にあたって、谷川孝一氏には大変お世話になった。あらためて、皆様方には心から感謝を申し上げたい。

そして最後に、本書の執筆中は何かと迷惑をかけてしまったにもかかわらず、著者を支え続けてくれている家族――美樹、君子、美代子――にたいして、この場を借りてお礼の言葉を述べさせていただきたい。ありがとう。

二〇一二年一〇月

ケンブリッジ大学企業研究センターの研究室にて

谷口和弘

日本の資本主義とフクシマ・目次

制度の失敗とダイナミック・ケイパビリティ

はじめに　i

第1章　福島原発危機を日本の資本主義のなかに位置づける　3

第2章　日本の電力産業史と東京電力の戦略変化　17

1　原子力開発における政治的企業家と組織　17
2　電力産業の社会主義的性格　29
3　なぜ福島だったのか　48
4　福島第一原発建設後の東京電力の戦略変化
　　――民間主導から官民協調へ　60
5　福島原発危機　72

第3章　なぜ福島原発危機はおきたのか　89

1　システム事故と構造的不確実性　89
2　福島第一原発事故による基本財毀損問題　92

3 一つの世界としての共有無知
——資本主義の呪縛とケイパビリティの欠如 96
4 共有無知としての福島原発危機の類推的推論 107

第4章 日本の資本主義とビジネス・エコシステム・ガバナンス 209

1 みえる手は消えていない
——電力産業の社会主義的性格の再検討 209
2 制度の複合的失敗に特徴づけられた日本の資本主義 223
3 多能とビジネス・エコシステム・ガバナンス 232

第5章 競争と多様性のためのダイナミック・ケイパビリティ 275

注 333
参考文献 348
人名索引 350
事項索引 354

日本の資本主義とフクシマ

制度の失敗とダイナミック・ケイパビリティ

第1章　福島原発危機を日本の資本主義のなかに位置づける

日本の原子力発電の分野でさまざまな主体が結合した「原子力村」と呼ばれる政官財学複合体は、原発は絶対に安全だ、という原発安全神話を喧伝してきた。[1]だが、二〇一一年三月一一日の東日本大震災の後、東京電力の福島第一原子力発電所（以下、福島第一原発）は、複数の原子炉がメルトダウン（炉心溶融）をおこして制御不能に陥り、大量の放射性物質を拡散させた。福島第一原発事故とそれにともなう一連の難問――福島原発危機――は、原子力産業やエネルギー政策の根幹を揺るがしたばかりでなく、資本主義の有効性、地球の持続可能性、究極的には人類の存続すらも脅かしかねない。そのため、日本にとどまらず世界からも多くの人々の関心を集めている。

本書では、福島原発危機――世界的には、"Fukushima"（「フクシマ」）として知られる危機――がなぜおきたのかを一般的・歴史的に検討する。すなわち、福島原発危機の原因を理解するために、組織の知識・ルーティンなどに注目するケイパビリティ論[2]の視点から一般的説明を試みるとともに、日本の電力産業史を概観しながら歴史的説明をも試みる。さらに、ケイパビリティ論や電力産業史にとどまらない社会科学の広範な知見を動員することで、会社を超えた高次のシステムのガバナンスの実現はもとより、地球の持続可能性の実現にも資するような分析枠組を模索したい。[3]かくして本書は、フクシマというブラック・スワン（予期せぬ事象）自体、あるいは原子力発電を中心としたエネルギー政策を扱った他のすぐれた研究・論考とは一線を画し、この事象を日本の資本主義の進化プロセスという広い枠のなかに位置づけた歴史分析と、より普遍性の高い理論分析とを結合する。それにより、フクシマの原因、ひいては日本の資本主義が抱える問題を理解することをめざす。[4]

マグニチュード九・〇の東日本大震災は、避けがたい自然災害だったとしても、福島第一原発事故は、東京電力が津波リスク、全交流電源喪失の想定を意図的に回避してきたことだけでなく、総じて日本の原子力政策において安全性が軽視されてきたことを反映した人災だともいわれる。[5]さらに、その事故の対応にあたった菅直人内閣総理大臣（以下、首相）も、二〇一一年八月一一日に開かれた参議院予算委員会において、地震・津波の危険性を予測することで大規模な事故を回避できなかったことは、政府にも責任があり人災の側面も大きい、と述べた。[6]人々のなかには、福島原発危機の人災の側面ばかりを強調し、福島原発危機の原因をもっぱら東京電力による不適切な意思決定・行動のみに帰すナイーブな人災論を唱える者も多い。だが、正確には福島第一原発事故は、原子力発電所での未曾有の自然災害、原子力発電にまつわる不完全な物理的技術、そして原発安全神話に代表される社会的技術にたいする過剰依存といった三者が結合して生じた複合災害、あるいは「原発震災」[7]として解釈すべきものである。かくしてわれわれには、「理系」「文系」などといった垣根を超えた超学際的な視点が求められる。

福島県における一連の原子力発電所の建設というストーリーにせよ、その高次に横たわる日本における原子力開発のストーリーにせよ、産業政策、エネルギー政策、地球環境、生物学、政治学、倫理学、法・規制、放射線科学、外交問題、経済発展、地域開発、労働格差、工学教育、グローバル経営など、実に多岐にわたる問題に関連する。その意味でこれらのストーリーは、特定の会社――福島第一原発を運営する東京電力――のガバナンス、すなわちコーポレート・ガバナンスという伝統的なカテゴリーにとどまるものではない。しかも、原発事故の舞台となった福島県だけでなくその周囲の県、これらが存在する日本という国にとって、さらに世界にとっても直接的・間接的に関係をもつ。したがってフクシマは、福島県の問題でも日本の問題でもなく、世界の問題としてとらえなければならない。

かくして本書では、原子力発電所を運営する電力会社にとどまらず、関係・下請会社、原子力産業、研究者、研究機関、マスメディア、政治家、政党、官僚、所管官庁、業界団体、他組織など(8)からなる政官財学複合体としての原子力村を超え、社会――一般市民、地域共同体、電力需要者など――をも含んだ高次のビジネス・エコシステム(9)を分析単位とする。とくにグローバル時代においては、国内の原子力村と何らかのつながりをもつ外国企業・政府の意思決定・行動も分析対象としなければならない。そして、こうしたビジネス・エコシステムのなかで、コンセンサス形成、知識移転、問題解決、行動の規律づけなどといった一連のガバナンスをどのように機能させるかという問題、すなわちビジネス・エコシステム・ガバナンスに焦点をあてる。

だが、本書で提示するビジネス・エコシステム・ガバナンスは、現実的にはうまく機能しておらず、理念的な概念にとどまっている。であるがゆえに、不幸にも福島原発危機が生じてしまったともいえよう。ビジネス・エコシステム・ガバナンスの対象となる原子力村は、とくに石油ショック以降、一枚岩の凝集性をもつほどに強く結びついたタイト・カップリング・システムへと変貌を遂げ、そこでは原子力推進文化という価値《バリュー》がそのメンバーに深く植えつけられた。そして原子力村のなかでは、原子力推進文化にしたがわない者は厳格な社会的排除の憂き目にあったといわれる(10)。

結果的に、原子力発電についての多様な議論の機会は封殺され、原子力開発の推進、ひいては原子力村の持続可能性にかなう見解だけが、そのメンバーである電力会社のトップ・マネジメント、所管官庁の一部の官僚などによって尊重されてきた。彼らは、二酸化炭素排出につながる石炭、ガス、石油などの化石燃料に依存しない点で、原子力発電は環境にやさしいうえに安価でもある、という神話にもとづいてエネルギー政策を推進してきた。だが、原子力発電は石炭による火力発電より費用が高く、経済的に見合うものではないことは、世界の主要研究機関のコンセンサスだったようである(11)。つまり、原子力発電の発電原価をめぐる日本の常識は、世界的にみれば非常識にすぎず、原子力開発にとって有利な神話にすぎなかったように思われる。だがあいにく、原子力村のメンバーの認知では生じるはずのなかったシビア・アクシデント（過酷事故(12)）に実際に直面するまで、原子力発電の社会的技術（たとえば、原発安全神話など）の開発・精緻化にたいする彼らのひたむきな努力のせいで、原子力発電にかかわる物理的技術（たとえば、万一の事故時における炉心冷却のための電源確保など）の危険性・脆弱性は露呈せぬまま隠されてきた。

他方、政治家、官僚などの多数の主体を囲い込むことで法・規制の後ろ盾すらをもえた東京電力は、原子力開発を正当化することができ、地域独占体制の下で消費者から選択の自由を奪ってきた。また意図的にではないにせよ、福島県の地域住民から原子力発電とは無縁に平穏な生活をおくる自由――誰もが必要とする基本財(13)――をも奪った(14)。さらにこの会社は、地域独占にもとづく強大な支配力をもつため、大震災後には悪名高き「計画停電」を企てることができ、日本経済にたいして無視しえない社会的厚生の損失をもたらした。しかし理論的には、電力産業では、発電所、送電網などへの初期投資が大きく、発電（電力の生産）によって規模の経済を実現できるため、一つの電力会社が特定地域の需要を独占するのが効率的とされてきた。こうした自然独占の効率性は、政府が電力会社の地域独占を認めることを正当化した。

さらに地域独占に加え、発送配電一体、総括原価主義は、日本の電力産業の三種の神器とでもいうべき制度的特徴である。これらは、電力会社が独占レントを享受するうえで不可欠かつ神聖なものとみなされ、そのビジネス・モデルの基礎をなしている。概してこれらの起源は、電力統制、電力国家管理といった集権的な計画化を模索していた戦前期の日本に求められる。その意味で、社会主義的遺産とでもいうべき制度として位置づけられよう。かくして、これらをはじめとした一連の（陳腐化した）制度によって、東京電力のインセンティブには歪みが生じ、消費者、地域共同体、社会全体にたいして正確な情報を開示せず不自由を与えてきた、と一般的にはみなされるかもしれない。だがこうした見解は、インセンティブの不整合、情報の非対称性といった状況でのモラル・ハザードや機会主義(16)の可能性を重視する主流派の組織経済学(17)にもとづくもので、先のナイーブな人災論と同様、福島原発危機の原因を明らかにするうえで、かならずしも十分でない部分的な説明しか与えてくれないように思われる。

福島原発危機は、非歴史的文脈でのインセンティブの歪みや情報の非対称性にもとづく不適切な行動の問題というより、歴史的文脈での陳腐化した価値にもとづく不適切な世界の問題としてとらえるべきだと思われる。つまり、企業境界を超えた原子力村は、時間をつうじて原発安全神話の普及・信仰という道を選択し、ごくまれにしかおこらないものの、おきたときの被害が甚大となりうるシビア・アクシデント――テール・リスク――にたいする高費用の備えを切り捨て、社会にたいして適切な対応をせずにすむ世界を創造してきたようにみえる。これは、一時的な行動の問題というより、そうした行動が歴史的に積み重ねられてつくられた世界の問題である。そして、こうした世界の創造に寄与した原子力推進文化は、高位の不確実性と複雑性に特徴づけられた原子力発電所を平時の安定的状況で運転するのに必要な一般的ケイパビリティ（オペレーショナル・ケイパビリティ）の開発・蓄積にたいしてそれなりに寄与したとしても、彼らが有事の危機的状況に敏速に対処するのに必要なダイナミック・ケイパビリティ(18)の開発・蓄積を妨げてしまったのだろう。要するに、原子力発電にたいする社会の不安を払拭するための取り組み（たとえば、原発安全神話の普及）によって、原子力村のメンバー（たとえば、電力会社、一部の官僚組織など）の危機意識もすっかり麻痺してしまったこと——自己埋め込み——により、環境変化を先取りする、あるいは環境に適応するために変化を創出するインセンティブはそがれ、テール・リスクの軽視につながったのだろう。

だが、この世の中に変化と無縁の物事など存在しない。環境変化を前提とすれば、電力会社は、原子力発電所を運転しているからといって、原子力発電にかんして世界で日々生み出されている物理的・社会的技術を知りつくせるわけではない。さらに、自社の原子力発電所で物事がどう進展するか、どのような物事が生じるかについて合理的に思考し、現実的に想像してみたところで、そうした問題の認識・発見を適時かつ適切な仕方で実現できるわけではない。こうした複雑な状況は、解くべき問題が明示的に与えられるとしても、限定合理的な主体ではその最適解にたどりつくことができない、といった単純な状況とは根本的に異なる。こうした単純な状況は、伝統的な組織経済学が対象としてきたものだが、とくに、今日われわれが直面しているフクシマは、問題認識、問題解決がともに困難である複雑な状況として特徴づけられよう。

合理性・想像力の限界だけでは説明のつかない複雑な状況においては、当事者間の情報の限界・非対称性ではなく、世界における知識の欠如を問題にしたほうが適切だと思われる。すなわち、何らかの形で表現できる伝達可能なデータ（形式知）としての情報を超えて、主体に体化された暗黙知をも含む知識に焦点をあてることで、複雑な状況での人間の認知・行動をより詳しく描き出すことができる。複雑な状況とみなされるフクシマの事例についていえば、原子力推進文化は、原子力村のメンバーの認知に作用し、原子力開発の明るい未来という理想の下で彼らのためのスモール・ワールドを創造し、その維持に必要な行動を彼らのあいだで促進してきたようである。さらに、原子力村の部外者が会社の持続可能性にとどまらず高次のシステム――たとえば、地球――の持続可能性にとっても望ましい、いかに重要な物理的・社会的問題を提起しようとも、原発安全神話を死守するためにそうした問題提起を無視するとともに、原子力推進文化と整合的な認知・行動をつうじて、原子力開発の推進にとって有利な制度を構築してきたようである。

この意味で、ビジネス・エコシステムにおける知識の真空とでもいうべき深刻な問題が生じたのだろう。すなわち、原子力開発の推進が至上命題となった原子力村は、原子力発電にかんする物理的・社会的問題を認識・発見しようとせず、したがってそれらの解決にも取り組もうとせず、ひたすら社会にたいして原子力発電の安全性を喧伝することで、その潜在的な危険性を無視し続けざるをえなかったのだろう。すなわち、原子力村にとっての安全性とは、原子力発電の危険性を減らすよう物理的な取り組み（たとえば、重要免震棟の建設、防波堤の設置、非常用ディーゼル発電機の設置対策など）を拡充するという意味ではなく、より安全に聞こえるもっともらしい原発安全神話を創作することで、社会にたいして、原発は安全、安心だ、と信じこませるという意味だったと思われる。そのため、社会が原子力発電の専門家集団にたいして抱く期待——たとえば、専門家なのだから、原子力発電のことは詳しいだろう——とは裏腹に、問題認識、問題解決を怠り、問題がないふりをしてきたようにすらみえる原子力村、そして原子力村が創造した神話の世界に閉じ込められてきた社会にも、原子力発電にかんする問題と解の無知が蔓延し、知識の真空がもたらされたのではないか。

したがって、原子力発電の専門家集団であるはずの原子力村は、原子力安全神話を信じこみ、解ばかりか問題にすら気づいていなかったのだから、原子力村と社会のあいだの情報の非対称性に焦点をあてたところで、福島原発危機の真因にたどりつけるとは思えない。原子力村は無知という点では、原子力発電の素人である一般市民とほとんどかわりがなかったようにすらみえる。原子力開発の推進が自己目的と化した原子力村は、時間の経過のなかで原子力発電の危険性そのものを忘却してきた。そして、新聞、テレビなどのマスメディアを取り込んだ壮大な仕掛けをつうじて社会にたいする情報供給をうまく統制し、物理的な危険性を秘めた原子力発電を、社会的には安全とみなす一つの世界を経時的に構築し、原子力開発に邁進してきたということだろう。

ところで日本において、制定される法律の多くは内閣提出法案で、それに比べて議員提出法案は少ないといわれる(19)。この点からも、行政府（内閣とそれに附属した行政機関としての官僚組織）が突出し、なかでも官僚が事実上の立法能力をもつことは理解できよう。したがって、議会制民主主義のプロセスで選ばれた国民の代表であるはずの立法府（国会）の国会議員（政治家）の不十分な立案能力、彼らを支援するインフラストラクチャの未整備などの理由のために、とくに原子力発電の所管である経済産業省の官僚のなかには、原子力開発に資する法案を作成することで自分たちに有利な仕方で権益を拡張する者もいたと思われる。そして、過去の基準・判断のあやまちを認めないという無謬主義にもとづき、実際にそうしたあやまちがあったとしても、これを認めないですむよう原子力開発に邁進してきたようにもみえる。他方で政治家のなかには、これまで原子力開発に適した立法に取り組む者がいた。だが、経時的に開発・蓄積されてきた有能な官僚組織の組織ケイパビリティなしに立法は不可能であるため、結局、彼らにたよらざるをえなかったのだろう。[20]

他方で電力会社は、立法府である国会に息のかかった政治家を送り込むだけでなく、既存の有力政治家を票、政治献金などのインセンティブで囲い込もうとしてきた。そして、新聞、テレビなどのマスメディアはいわば自縛的に、そのスポンサーである電力会社、その業界団体の意図を忖度し、国民にたいして伝達する情報に一定の枠をはめた――とくに、原子力開発にとって不利な情報を封印してきた――ようにすらみえる。かくして社会は、真の情報が伝達され、財産権の確立・保護が実現した状況で効率的かつ公正な取引が行われる資本主義とは質的に異なる世界、すなわち限定的な情報しか供給されず、資本主義が演じられるだけの体裁の世界に幽閉されてきたといえよう。さらに、福島原発危機を経験した後のポスト3・11時代ですら日本においては、基本財を瞬時に奪いかねない原子力発電の開発を推進するか否かを、主権者である国民が直接意思表示する機会が限定されている。[21]

ところで周知のように、日本では、原子力発電所の建設をめぐって原発推進派と反原発派のあいだに激しい敵対関係が生じてきた。[22] 福島原発危機が生じるまで、原発推進派である原子力村のメンバーは、反原発派を「反体制派」「左派」「共産主義者」とみなし、その問題提起すらも無視するという傲慢に陥ったようにみえる。しかし、実際に未曾有の福島第一原発事故に直面したことで、自分たちがそれぞれの専門分野について断片的な知識をもっているとしても、これらの専門分野を統合して原子力発電というシステムに昇華するための全体的な知識を欠く、という現実に対峙せざるをえなくなった。だが彼らは、法・規制という正当化されたルールの陰に身を潜め、国民の生活を守る、混乱を防ぐ、秩序を維持する、被災地をいち早く復興させる、などといった誰もが疑いえないようなもっともらしい大義の下、人命はもとより国の存亡にもかかわる危機的状況においてさえ、情報を統制してまで体裁の世界を維持しようとしている、という厳しい批判が国内外で生じた[23]。

私は、このように知識の欠如——正確には、知識にとどまらず、経験、スキルをも含むケイパビリティの欠如[24]——が共有された状況を「共有無知」と呼ぶ。ただしそれは、情報の非対称性とは根本的に異なる。つまり共有無知は、原子力村と社会のあいだに非対称情報が存在する局面において、前者が一時的に機会主義的行動を選択するといった状況ではない。より詳しく述べれば、東京電力が実質のない安全性にとらわれ、原子力村と社会の双方がケイパビリティを欠如した場面で、過剰な法・規制に守られた原子力村が時間をかけて真実の世界と体裁の世界とを分離し、社会が体裁の世界に幽閉されてしまった状況——過剰制度化のわな——を表す。そこで社会は事実上、原子力発電にまつわるゲームから締め出され、原子力開発の盲目的・機械的推進が実現をみることになったのだろう。

原子力開発の盲目的・機械的推進とは、すなわち原子力開発が合理化されたことを意味する。この点で、原子力村は成功をおさめた。しかしその成功は、社会の多様な声を封殺した帰結としての原子力推進であり、民主主義を利用する費用の節約によってもたらされた。したがって奇妙なことに、日本の資本主義のなかには、集権的な計画化に特徴づけられた原子力産業という社会主義[25]——原子力社会主義——が残存することとなった。またそれは、戦前期に起源をもつとみなされる日本の電力産業の制度的特徴によって支えられている。こうした事実が、フクシマによって明るみに出たのである。

だが、そうした原子力村の成功というコインには、原子力開発の合理化という表側のほかに、原子力村と社会の共有無知という裏側があることを忘れてはならない。そして長期的には、共有無知の問題によって、会社はもとより地域経済、国、地球も存亡の危機にさらされる、すなわちそれぞれの持続可能性が脅かされるかもしれない。持続可能性を持続するには、福島原発危機の原因を解明すること、そしてそれに匹敵するカタストロフィの再発を世界的に防ぐためにグローバルなケイパビリティ移転を敏速に実行することが必要である。いかにつらい現実であれ、それに取り組むことを先延ばしにすれば、よりつらい現実が待っている。かくしてわれわれは、できるだけ早く共有無知の問題に取り組む必要がある。

くり返しておくが、この問題は、伝統的な組織経済学の視点に依拠したコーポレート・ガバナンス研究のカテゴリーを超えている。つまり、特定の会社における株主と経営者のあいだの情報の非対称性、費用のかかるモニタリング、インセンティブの整合化といった観点だけで説明できるものではない。私は、そうした視点の有効性をけっして否定するものではないが、会社のガバナンスとは質的に異なるより高次のビジネス・エコシステムのガバナンスに焦点をあてるべきだと考える。だが、ビジネス・エコシステムに利害をもつ主体を同定すること自体、簡単な営みではない。この点で、たとえば福島原発危機の被害者である地域住民のなかに、原子力発電所で働くことで生計を立てていた労働者がいたように、ビジネス・エコシステムの主体は、会社のステイクホルダーという伝統的概念が示唆するような単一のアイデンティティではなく、多様なアイデンティティをもちうることを勘案せねばならない[26]。

さらに私は、ケイパビリティの欠如にもとづく制度の失敗[27]という観点から、福島原発危機の事例を検討する。それは、トヨタのリコール問題の事例[28]にもあてはまる。だが後者の事例は、「無知の無知」にかかわるものであり、特定の会社が問題認識していないことを知覚していなかったにすぎない。しかし、複数の主体が問題認識していないことを知覚せぬまま、複数の世界が分離するという前者の事例は、後者よりもかなり複雑で、時として危険ですらありうる。そこでは、より広範なプレイヤーが関与し、さまざまなゲームがより広範に連結しているのにとどまらず(29)、特定の会社の持続可能性――局所的持続可能性――というより、会社よりも高次のシステムである国や地球の持続可能性――大局的持続可能性――が深刻なダメージを被ったという点で莫大な社会的費用が発生した。かくして第4章で試みるように、大局的持続可能性という観点から制度の失敗という概念を精緻化する必要があろう。

原子力村が福島原発危機に直面した際、そのメンバーはそうした未曾有の危機的状況にフレキシブルに対処するのに必要なダイナミック・ケイパビリティを欠いていたため、日本をはじめ地球の持続可能性は脅かされることになったのだろう。私は、原子力村を中心に原子力開発の盲目的・機械的推進を可能にしてきた原子力社会主義、それを支える価値としての原子力推進文化を過度に重視した個々の主体による自縛的犠牲、そしてそれにともなう制度の失敗を克服するようなビジネス・エコシステム・ガバナンスについて論じ、電力産業はもとより日本という国が、競争と多様性の利益を獲得しうるよう新しい資本主義へと移行していく可能性について検討したい。

理論的にいえば、本書は、高位の不確実性ないし危機的状況における認知・行動、ないし組織・制度変化を扱い、比較コーポレート・ガバナンス(30)、ダイナミック・ケイパビリティ(31)、ネオ・カーネギー学派(32)、制度経済学(33)などといった研究分野への貢献を意図する。他方、青木昌彦とジェフリー・ロスウェルは、原発事故の一般的な分析枠組の構築に向けた嚆矢的な研究成果において(34)、比較制度分析の視点から福島第一原発事故を含む国際的なシビア・アクシデントに焦点をあてる。これにたいして本書は、ケイパビリティ論的視点と歴史的視点から福島原発危機の原因、ひいては日本の資本主義が抱える制度的問題の一般的・歴史的説明を試みる。

私見によれば、日本の資本主義は、原子力発電に依存しながら成長至上主義のイデオロギーを効率的に実現してきたシステムである。そして、その存続・成長を合理的に実現していくために原子力社会主義に支えられ、その価値としての原子力推進文化に埋め込まれてきた。つまり日本では、社会主義が経済成長のエンジンとして機能してきた。この意味で、資本主義は社会主義による呪縛をうけ、その価値に埋め込まれてきた。そして、日本の会社、官僚組織、政府などのコーポレーション（永続的な社団組織）[35]は、その高次のシステムである資本主義の持続・発展に資する原子力推進文化に埋め込まれてきた。さらに日本のコーポレーションは、そのメンバーである個人にたいして自縛的犠牲を求めてきた。つまり個人は、コーポレーションという永続組織の分身としてその組織の存続・成功を支えている価値に自らを縛りつけ、適応してこなければならなかった。かくして、コーポレーションが自律化した日本の資本主義――社団資本主義とでも呼ぶべきもの――において、ミクロ・レベルでは、高次のシステムの価値にたいする個々の主体の自縛的犠牲が求められる一方、マクロ・レベルでは、社会主義に呪縛された資本主義それ自体も変化の動因を失っている。こうしてミクロとマクロのあいだには、負の連環が生じている。本書では、日本の資本主義におけるそうしたミクロ的な自縛の病理、マクロ的な制度の失敗を浮き彫りにし、これらを打破するためのダイナミック・ケイパビリティの重要性について論じる。

本書は、以下のように構成される。第2章では、日本の電力産業史に言及し、一九五〇年代に原子力開発に取り組んだ政治的企業家や官僚組織の役割を検討するとともに、福島原発危機の当事者である東京電力の経営史に言及し、なぜ福島第一原発が福島県に建設されたのかを歴史的に検討する。第3章では、原子力村の行動原理に加え、東京電力の過去の原発事故、今回の福島第一原発事故の対応にも焦点をあて、福島原発危機が生じた原因を一般的・歴史的に考察する。第4章では、単一の会社のガバナンスを問題にするコーポレート・ガバナンス概念を超え、とくに原子力村と社会の双方を射程としたビジネス・エコシステム・ガバナンスの可能性について吟味する。そして第5章では、ダイナミック・ケイパビリティにもとづく競争と多様性の利益の実現に向け、福島原発危機からえた教訓を記す。ただしそれは、電力産業、日本の持続可能性にとどまらず、他産業、他国、ひいては地球の持続可能性にたいする教訓にもなりうる。

第2章　日本の電力産業史と東京電力の戦略変化

1　原子力開発における政治的企業家と組織

日本の原子力開発史は、一九五〇年代にさかのぼる。[1] 一九五一年九月、日本はサンフランシスコ講和条約に調印し、それにより核エネルギー開発を禁止した条項が撤廃されることとなった。当時の共産主義勢力の勃興、朝鮮戦争の勃発を背景として、アメリカは、日本を反共産主義勢力のための軍事拠点とし、戦後日本で広がりつつあった反米感情を弱めていかなければならない、という認識を抱いていた。[2]

吉田茂が率いる自由党は一九五二年五月、科学技術庁設立案を明らかにすることで、この新しい機関が核兵器を含む科学兵器、原子力の開発研究を目的とするものと位置づけた。これをうけ一〇月、武谷三男は、核保有の意思表明にたいして原子力平和利用の三原則――民主、自主、公開――を提唱した。[3] その後、日本学術会議の総会で茅誠司、伏見康治といった二人の物理学者は、日本政府が原子力研究を促進するために原子力委員会を設置すべきだ、という提案を示した。だがこの提案は、軍事研究の可能性にたいして強く異を唱える多くの研究者にとってはうけいれ難いものだった。[4] さらに一一月、九電力会社により電気事業連合会（以下、電事連）が設立され、原子力を含め日本の電気事業の円滑な運営を促すための業界団体として確立されていく。当時の日本は、産業発展、戦後復興に必要な電力を欠如していたことが問題だったため、やがて原子力は、火力、水力に代わる有望な電源の一つとみなされるようになっていく。

一九五三年一〇月、アメリカは新たな電源開発のために日本にたいして四二〇〇万ドルにも及ぶ借款を行うこととなり、アメリカの代表的な原子炉メーカーであるＧＥ（ゼネラルエレクトリック）、ウェスティングハウスがその保証に立った。また、アメリカのドワイト・アイゼンハワー大統領は、一九五三年一二月八日にニューヨークで開かれた国連総会で「平和のための原子力」と題した有名な演説を行い、原子力平和利用に向けてＩＡＥＡ（国際原子力機関）の設立を呼びかけた。さらに一九五四年一月、アメリカ国務省は原子力発電の経済性にかんする秘密文書を日本政府に送ってきた[5]。これら一連の動きにより、日本の政治家・電力業界関係者は原子力開発の推進に向けて取り組みはじめた。

実はアメリカのこうした方針転換は、国際的に原子力の機密化・独占化が大きな意味をもたなくなっていたことを反映していた[6]。すなわち、ソ連は一九五三年に世界初の水爆実験に成功した一方、フランスは一九四七年に完成させた俗に「ゾエ」と呼ばれた最初の原子炉ＥＬ-１の情報公開をすすめる方針を示した。さらに一九五三年には、イギリスも情報公開方式でコールダーホール原子力発電所（以下、コールダーホール原発）の建設をすすめる旨を発表した。そこでアメリカは、原子力平和利用の名の下に友好国へ原子力技術を移転し、ソ連にたいする自国の優位を保持しようと企てた。つまり原子力平和利用は、「資本主義 対 社会主義」というイデオロギー対立図式を反映していた。さらにそれは、アメリカにとって原子力産業という新規事業機会の生成をも意味していた。
しかし一九五四年三月一日、ビキニ環礁でマグロ漁をしていた第五福竜丸がアメリカの水爆実験によって被曝するという深刻な事件がおきた。この事件は、日本の原子力政策に水を差すかのようにみえた。だがその直後、原子力導入に躍起になっていた野党・改進党の稲葉修、川崎秀二、中曾根康弘、齋藤憲三といった政治家は、学界の強い反対があったにもかかわらず、国会で原子力研究予算を突如として通過させた。結果的に一九五四年三月四日、二・六億円の原子力研究予算が承認された。(7)(8)
とくに原子力研究予算の成立という点でいえば、内務官僚をつとめた後に政治家に転向した中曾根は、日本における原子力開発の推進の旗振り役として強力なリーダーシップを発揮した。彼は以前、ヘンリー・キッシンジャーが主宰していたハーバード国際セミナーに招かれたことがあった。その帰途の一九五三年末、カリフォルニア大学バークレー校に留学していた東京大学教授の嵯峨根遼吉をたずね、日本の原子力政策の推進について意見を求めた。そこで、日本が長期的な国策を確立し、法と予算の力で第一線の学者による安定的研究を保証すべきことを学んだ。その結果、中曾根自身、政治家主導で原子力平和利用を国策として推進していく決意を固めたようである。(9)
ところで一九五五年は、原子力開発という点で日本にとって記念碑的な年となった。後に日本の「原子力の父」と呼ばれることになった正力松太郎は、保守合同、原子力平和利用といった政策の二本柱を掲げ、一九五五年二月の総選挙に立候補して当選をはたした。正力は、自分の傘下にある読売新聞、日本テレビという二つのマスメディアを有効に活用することで、日本人にたいして原子力平和利用の重要性についてのプライミングを図った。そして、水爆実験によって第五福竜丸事件をひきおこしたアメリカにたいする彼らの反米感情だけでなく、原子力開発にたいする不安をも払拭しようと試みた。

そして一九五五年四月、正力は原子力平和利用懇談会を立ち上げ、自分がその会長として原子力平和利用に向けリーダーシップを発揮していることを国内外にアピールすると同時に、原子力政策にかんして幅広い支持をえようとした。とくに正力の目的は、日本の原子力開発において私企業の参入機会を確保する点にあり、この点で傘下のマスメディアをつうじて彼自ら費用を負担せねばならなかった。(10)

一九五五年一一月には、自由民主党（以下、自民党）の結党が実現することで、正力のめざした政策の二本柱の一方が実現されただけでなく、彼には国務大臣の座が与えられることにもなった。彼は、トップ・マネジメント兼政治家という有利なポジションを活用するとともにアメリカの庇護をうけながら、日本の原子力開発において次第に影響力を強めていった。だが一一月二四日、国務大臣として政策の二本柱のもう一方に注力すべく読売新聞、日本テレビというマスメディアの経営者の職を辞した。当時の彼は、原子力開発を成し遂げることで首相になれるのではないか、という野心を本気で抱いていたようである。(11)

日本の原子力開発の基礎的な体制づくりという点でいえば、一九五〇年代に七つの重要な波が生じた。すなわち第一に、一九五五年一一月、日米両国のあいだで原子力平和利用の面での協力関係を促進するため、日米原子力研究協定が締結された。これにより、アメリカから日本へ濃縮ウランを研究炉用に貸与し、アメリカに使用済核燃料を返還することが規定されることになった。

第二に、一九五五年一二月、原子力基本法、原子力委員会設置法、総理府設置法一部改正法からなるいわゆる「原子力三法」が、日本における原子力開発を推進するための原子力委員会、原子力局といった機関の設置に向け、議員立法として国会に提出された。とくに原子力基本法は、「原子力の研究、開発及び利用は、平和の目的に限り、安全の確保を旨として、民主的な運営の下に、自主的にこれを行うものとし、その成果を公開し、進んで国際協力に資するものとする」[12]という基本方針を明確にした点で、重要な意味をもっていた。

第三に、一九五六年一月、総理府の附属機関として原子力委員会が設置され、その初代委員長に正力が就任した。その第二回定例委員会の後、彼は声明を発表した[13]。結果的に日本は、正力の声明にもとづき、原子力発電の実現について「五年以内」という明確な期限を設定しただけでなく、原子力平和利用という大義の下、技術面ではアメリカのケイパビリティに依存するという国策を示した。しかし、海外からの原子力の早期導入という正力の意図とは反対に、湯川秀樹をはじめとする原子力委員会の委員の多くは、日本が原子力の基礎研究から積み上げて時間をかけながら独自の技術を開発すべきだ、という慎重論を唱えた[14]。

第四に、一九五六年三月、電力会社、重電機メーカーを中心として三五〇社以上からなる日本原子力産業会議が発足し、原子力の事業化・啓蒙活動などを民間レベルで推進する組織として位置づけられた。日本原子力産業会議の組織化に尽力し、その初代事務局長についた橋本清之助は、旧内務省人脈でつながっていた正力に最も早く原子力を教えた人物だといわれる。そして、その橋本に原子力発電についての情報を教えたのは、元内務省警保局長の後藤文夫だったとされる[15]。

第五に、一九五六年六月、科学技術庁の主導の下、原子炉の基礎研究を行う日本原子力研究所（以下、原研）が、そして同年八月、国内ウラン鉱開発に向けて原子燃料公社がそれぞれ設立された。増殖炉自主開発を究極的な目標として掲げ、公的部門での原子力開発の推進がなされることとなった[16]。

第六に、一九五六年九月、原子力委員会は原子力開発利用長期基本計画（以下、長計）を策定し、原子力の基礎研究からはじめて動力炉の国産化を実現することを究極的な目標としたうえで、動力炉関連の技術を獲得するため動力炉を海外に発注することを明らかにした。長計は、原子力開発についての国家政策の中核をなし、この年以降、数年ごとに改定されることとなった。(17)

そして第七に、イギリスから招かれた二人の使節は、今後の日本の原子力開発の進化経路を形づくるうえで正力に大きな影響を与えた。すなわち一九五六年三月、かつてイギリスのエネルギー省大臣だったジェフリー・ロイドは日本に招かれた際、数カ月以内に原子力発電所の設計が完成し、一九六一年ないし一九六二年には実際に発電を開始できる見通しだ、と述べた。その後、コールダーホール原発の開発におけるケイパビリティの移転・普及を図るべく、その最高責任者をつとめ、イギリスの「原子力の父」として知られてもいたクリストファー・ヒントンが日本に招かれた。とくに彼の見解は、日本の初期の原子力開発にたいして相対的に大きなインパクトをもたらした。(18)

結果的に、正力は原子力委員会委員長として、原子力先進国の実態を把握するためにイギリスに使節団を派遣する決定を下した。実はその理由は、イギリスが技術面での比較優位をもっていたからというより、原子力開発の支援、動力炉の購入にかんしてアメリカとの交渉が決裂していたからだったといわれる。(19)かくして一九五六年一〇月、原子力委員会のメンバーで経済団体連合会（以下、経団連）(20)会長だった石川一郎を団長とした日本原子力産業会議の原子力産業使節団がイギリスを中心とした視察に出発し、そこでは、UKAEA（イギリス原子力公社）(21)との公式会議に加え、コールダーホール原発、ウィンズケール再処理工場などの核関連施設の視察が行われた。他方、ウェスティングハウスは使節団が訪英している最中、出力一三万キロワット級のPWR（加圧水型軽水炉）を輸出する用意がある、と正力に提案してきた。[22] 使節団は一九五七年一月、イギリスのコールダーホール型原子炉[23]は日本に導入するのに適した有望な候補の一つとみなされるのにたいして、アメリカのＰＷＲの導入は現在のところ時期尚早である、と原子力委員会委員長にたいして報告した。[24] 最終的に三月、原子力委員会はイギリスからコールダーホール型原子炉を導入することを正式に決定した。この結果は、正力の強力なリーダーシップの産物とみなしてよいだろう。[25]

次のステップとして、原子炉の受入体制が主な議題となった。九電力体制という特徴をもつ日本の電力産業は、九社の電力会社が原子力発電事業の運営のために民間会社を設立すべきだ、と一様に主張した。対照的に、議員立法で制定された電源開発促進法により、一九五二年九月に国の特別会社として設立された経緯をもつ電源開発は、原子力発電事業は直ちに高い収益性を実現できそうにないので、国家投資に必要な忍耐強い資本を供給しうる自社こそ、原子力発電事業をになうのに最も適している、と強く主張した。[26] だが結果的に、正力の率いる原子力委員会は、前者の九社の電力会社による見解を支持する決定を下した。

しかし河野一郎経済企画庁長官は、原子力委員会が下した決定にたいして横槍を入れてきた。彼の主張によれば、イギリスは収益性の観点からみて実用段階に到達しつつある原子炉をもつとしても、日本がその導入を直ちに図るのはいまだ時期尚早であるため、長期的視点から一年ほど動向を見守るべきとされた。さらに原子炉の導入は、政府によって運営と人事が扱われる特殊法人が実施すべきで、原子力発電の失敗に起因した電気料金の引き上げがおこらないようにするためにも、民間主導は望ましくないとされた。[27] したがって、正力と電力会社の民間主導論は、河野と電源開発の政府主導論と真っ向から対立した。[28]

結果的に一九五七年八月、正力と河野は会談の機会をもち、河野は新設する会社の所有権にかんして、正力にたいして大幅に譲歩する形となった[29]。そして九月、以下の点が閣議で了解された。すなわち、原子炉受入のために日本原子力発電を設立すること、当該会社の資本金は必要最小限度にとどめること、政府は必要に応じて当該会社に法的措置を加えること、当該会社への出資は政府（すなわち電源開発）二〇％、民間会社八〇％とすること、そしてその役員人事は事前の政府の了解を必要とすること、といった点である[30]。

官民対立の帰結についていえば、こうした会社の所有権の配分をみてもわかるように、河野にたいする一定の政治的配慮がなされたとはいえ、実質的には民間主導論に軍配が上がったといってよい。その結果として一一月一日、民間側の電事連と官僚側の電源開発が一〇億円を出資することで、日本原子力発電が発足した。日本原子力発電は、一九六〇年一月より茨城県那珂郡東海村で日本初の原子力発電所である東海発電所の建設工事に着手した。そしてイギリスから技術を導入することで、一九六六年七月には東海発電所の運転を開始した。

東海発電所での日本初の原子力発電所の運転に先立ち、一九六一年六月に「原子力損害の賠償に関する法律」が制定された。この原子力損害賠償法（以下、原賠法）は、原子炉の運転などにより損害が生じた場合の損害賠償にかんする基本的な制度であり、そこでは、原子力発電所を運転する電力会社などの原子力事業者が原子力損害の被害者にたいして無限の損害賠償義務を負う。その際、原子力事業者は、保険会社が提供する原子力損害賠償保険への加入、国と原子力損害賠償補償契約の締結を行う必要がある。賠償措置額を超過した損害については、国が必要な援助を提供する（原賠法については、第3章で立ち返る）。

原子力開発を推進する組織について、日本では科学技術庁を中心としたネットワークと、通商産業省、電力会社を中心としたネットワークとからなるいわば二頭式ネットワークが生成した。前者は、原研、原子燃料公社を両軸として高速増殖炉、新型転換炉、核燃料再処理、ウラン濃縮を軸とした研究をつうじた内部化戦略を採用し、商業化の前段階をになった。これにたいして後者は、日本原子力発電によるイギリスからの技術導入を皮切りに、その後はアメリカとのライセンス契約にもとづく外国技術の導入、ウラン購入、ウラン濃縮サービス委託、使用済核燃料再処理サービス委託といったアウトソーシング戦略を採用することで、原子力発電の商業化の段階において諸活動を推進した。つまり、原子力発電の分野で相対的に大きな成果を挙げてきた後者は、原子力発電に必要なケイパビリティについて、内部化ではなくアウトソーシングを志向する選択を行った(31)。

日本の原子力開発の推進に寄与してきた二頭式ネットワークは、科学技術庁の設立（一九五六年）、日本原子力発電の設立（一九五七年）によりフォーマルに生成したとみなされる。そこでは、政治家、官僚、財界人からなる一部の集団が原子力政策の意思決定を独占することとなった。そして、二つの異なるネットワークの利害調整を実現するために、原子力委員会が利用されてきた。つまり、法的には原子力政策の最高意思決定機関とされる原子力委員会は、主体的にイニシアティブを発揮するのではなく、実際にはその事務局である科学技術庁の影響力はもとより、通商産業省、電力会社の影響力をも反映する形で政策決定を行ってきた。原子力委員会に加え、一九五二年に設置された電源開発調整審議会、一九六五年に設置された総合エネルギー調査会は、国策としての原子力政策に発言権を有する政府諮問委員会として位置づけられ、これらの組織をつうじて、官僚は強大な権力を行使してきた(32)。吉岡斉がいみじくも述べているように、「このような仕組は、国家総動員時代から敗戦後の統制経済時代にかけての名残りであり、先進国では日本だけが、こうした『社会主義的』体制を現在もなお引きずっている」[33]。

しかし、日本において原子力開発の推進を実現する社会主義的なプロセスを理解するには、そうした一連の組織に言及するだけでは十分でない。それに加え、原子力政策を正当化によって確実に前進させるという点で、法・規制がはたした役割にふれておく必要があるうえ、原子力開発に有利な法・規制の実現において原子力村がはたした役割にも言及しておかねばならない（原子力村については、第3章で扱う）。まずここでは、とりわけ田中角栄が立法において発揮してきた政治的リーダーシップに着目しよう。

田中は、一九四七年の衆議院総選挙で当選をはたした後、郵政大臣、大蔵大臣、通商産業大臣（以下、通産大臣）などを歴任し、首相に就任することとなった。一九三四年、新潟県刈羽郡二田村から上京した田中は、数年がたってから理化学研究所（以下、理研）の所長だった大河内正敏と知己をえた。大河内は、資源小国・日本の弱点を克服するための工場を建設し、理研を組織化した。理研は、田中が後に結実させるエネルギー政策、資源外交、列島改造などの国のビジョンの生成に大きな影響を及ぼしたとされる[34]。

ところで、一九六六年七月に東海発電所では日本初の原子炉が稼働しはじめたものの、その後は、予測不能な事故の多発にとどまらず、地震のないイギリスからもちこんだ原子炉にたいして日本特有の耐震設計を施すのに莫大な追加費用が生じてしまうなど、コールダーホール型原子炉の技術的・経済的問題が次々と露呈した。折しも、一九六四年にジュネーブで開催された第三回原子力平和利用会議では、アメリカ企業の軽水炉——とくにＧＥのＢＷＲ（沸騰水型軽水炉）、ウェスティングハウスのＰＷＲ――が世界的な注目を集めた。さらに、一九五〇年代から一九六〇年代にかけて中東での大油田の発見により、エネルギー資源の主役は石炭から石油にシフトした。

一九六四年一〇月、原子力委員会は動力炉開発懇談会を設置し、高速増殖炉、新型転換炉の開発を推進していった。そして一九六七年一〇月、原子燃料公社の廃止・吸収合併という形をとり動力炉・核燃料開発事業団（以下、動燃）が発足するにいたった。科学技術庁を中心としたネットワークは、原研から動燃へと研究開発の軸足をうつしていく。他方、通商産業省、電力会社を中心としたネットワークは、原子炉の導入国をイギリスからアメリカへとうつし、軽水炉の積極的な導入を図っていった。

こうした状況の下、田中は一九七一年七月、佐藤栄作内閣において原子力発電所の建設を許可する通産大臣に任命された。そして、一九七二年六月に著書『日本列島改造論』[35]を発表し、一九八五年には原子力が全電源の三〇％を占めるまでに成長するとして、将来的に多数の原子力発電所の建設が必要だという含みをもたせた。さらに七月には、首相に就任した。

田中は当時、対内的に原子力発電所の立地を促進すべく積極的に立法に取り組んだ[36]。というのも一九六〇年代中頃、原子力発電所の立地計画にたいして大規模な反対運動が出現したからである[37]。そこで田中首相の下で一九七四年六月、電気事業の全般的な管轄権をもつ通商産業省が立法化の作業にあたり、発電用施設周辺地域整備法、電源開発促進税法、電源開発促進対策特別会計法からなるいわゆる「電源三法」を制定した。その仕組は、原子力のみならず他のあらゆる電源を対象として、電力会社から販売電力量に応じて徴収した電源開発促進税を電源開発促進対策特別会計の予算としたうえで、それを電源立地の促進のための交付金として、とりわけ発電所を立地する当該・周辺自治体にたいする電源立地促進対策交付金——いわゆる「電源三法交付金」——として支給するというものである。[38]

以上でみたように、電力は官民対立図式によって特徴づけられてきた。そして、高次の不確実性をともない、潜在的には危険性を秘めた原子力発電という創発的分野にまで、電力という高次の分野での官民対立図式が拡張された。そして、二頭式ネットワークによって、国策として原子力開発の推進がなされた。このように、日本で進化を遂げた体制は「原子力社会主義」とでも呼ぶべきものであり、このような体制によって、国策という大義の下で、原子力政策にかんする計画化[39]——市場という民主主義プロセスの除去——が合理的にすすめられた。後述するように、日本では石油ショック後に原子力開発の合理化が進展したため、その物理的技術の潜在的な危険性（たとえば、圧力容器の中性子脆化、配管のギロチン破断、再循環ポンプの停止など）が正しく認識される機会すら十分に与えられなかったようである。[40]さらに悪いことに、その社会的技術の創出（たとえば、法・規制、ガバナンス・システムなどの制度設計）においても、集権的な計画化と比べて高い費用を必要とする分権的な民主主義が利用されることはなかった。

このように、主としてソ連の社会主義に対抗するためのアメリカの原子力平和利用の試みは、皮肉なことに、資本主義国家の日本では社会主義的体制の下で推進されてきた。やがて原子力発電は、戦後日本の経済成長のアイコンと化した。学習効果による生産費用の低減効果をもつうえ、経済波及効果も大きいとみなされる原子力発電に依存しつつ、成長至上主義のイデオロギーを効率的に具現化していく原子力社会主義に異論を唱える反原発派の人々は、奇妙なことに「反体制派」「左派」「共産主義者」などという烙印を押され、戦後日本においては社会的排除の対象とされてきた。あたかもそれは、戦時中の弾圧で用いられた「非国民」という烙印と何ら変わりがないようにみえる。二一世紀のグローバル時代をむかえたにもかかわらず、戦前期に取り残されたままの日本とその電力産業は、当時に源流をもついわば社会主義的遺産――とくに、地域独占、発送配電一体、総括原価主義といった三種の神器――をいまだ神聖化し、堅持している点で、ガラパゴス化の典型的事例とみなされよう。以下では、これら一連の歴史的特徴の起源について詳しく検討する。

2　電力産業の社会主義的性格

(a)　戦前・戦時中――一八八三－一九四二年

日本の電力産業の起源は、東京電燈という最初の電力会社が設立された一八八三年にさかのぼることができよう(41)。アメリカ、イギリスでの電燈会社の確立に動機づけられ、日本での電燈会社設立を模索した藤岡市助(42)が、矢島作郎、大倉喜八郎などに出資を求め、華族、政商などの出資も取り込んで設立されたのが、東京電燈にほかならない。それは一八八七年、火力発電設備を利用して日本橋周辺の需要家にたいする配電を開始した。

当初、電燈にとどまっていた電力需要が新たな用途に向けて広範に拡大していくにつれ、電力事業が収益的に有望だと期待した多くの企業家は、次々と新規参入を試みるようになった。そのため、電力産業では過当競争が展開されるほどの活況を呈した。日本国内では電力事業の拡大が進展していったので、地方の枠を超えた全国的な法制にたいするニーズが次第に高まっていった。そして一八九六年、電気事業取締規則が公布されたことで、逓信大臣の許可が必要になった。

二〇世紀をむかえ日本の電力需要がさらに高まると、保安行政より電力事業の促進を志向した立法が求められた。それにより一九一一年に電気事業法が制定されたものの、従来通りの料金届出制が保持されることになった。この法によれば、電力事業のオペレーションは地方別警察免許制の下で行われ、規制がないため事業者は電気料金を自由に設定できた(43)。

時間をつうじて増殖した電力会社のあいだで活発なM&Aがくり広げられるようになり、その結果、東京電燈、宇治川電気、大同電力、東邦電力、日本電力といった五大電力の時代が到来した。しかし、一九二〇年代に水力を中心とした無秩序な電源開発が行われ、水力発電所の余剰電力を背景として、主に五大電力のあいだでは、大口需要家の争奪をめぐって「電力戦」と呼ばれるほどの熾烈な競争が展開された。

しかし、電力戦による業績悪化に疲弊した五大電力の経営者は、東邦電力の松永安左ヱ門をはじめとして、供給区域独占と公益規制——とくに料金認可制——の強化との組み合わせを支持し、安定的な利潤獲得を模索しはじめた。日本の電力産業は一九一四年に開戦した第一次世界大戦を機に、遠距離高圧送電の普及、産業用電力需要の増大といった環境変化に直面し、これに適応した経営のあり方を模索した。この点で松永は、一九二八年五月「電力統制私見」の発表によって電力産業のビジョンを提示した。すなわち、卸売電力会社と小売電力会社の分離によって余剰電力がもたらされたとみなし、全国を九地域に分割し、各地域内で企業の統合をすすめていくことで、発送配電一体の電力会社による地域独占を確立すべきだと主張するとともに、各地域間の密な送電連絡を実現し、電力プールを設置することで、電力の過不足を調整すべきだと主張した(44)。

一九二〇年代後半、電力会社のみならず政府、財閥もさまざまな電力統制構想を提示したが、彼らのあいだには、政府の財政的理由により国営、半官半民経営がいずれも困難で、民有民営を前提とした電力統制が望ましいという点でコンセンサスが形成された。こうした状況で政府主導論を志向しながらも、これをやむなく棚上げにした逓信省は、電気局内に臨時電気事業調査部を設置し、電力統制に向けて電気事業法の全面改正に取り組んだ。その結果、一九三一年四月には改正電気事業法が公布され、それにもとづき一九三二年一二月に電気委員会が設置された。さらに、その設置に先立つ一九三二年四月、電力連盟は電力会社間の自主統制組織として、逓信省の後押しもありすでに成立していた。[45]規制機関としての電気委員会、独占組織である電力連盟は、いずれも五大電力間の電力戦の終結に寄与しただけでなく、供給区域独占の確立、余剰電力の縮小、料金の安定化という効果をもたらした。[46]

電気料金については、改正電気事業法が公布されたことで従来の届出制から政府認可制へと移行した。この法の下で電気料金認可基準として採用されたのが、アメリカで考案された総括原価主義である。政府が適正利潤の大きさを規制し、総括原価の回収が期待できる水準で電気料金を設定するという費用積上方式による総括原価主義は、一九三三年七月に開かれた二回の電気委員会での議論の末、電気料金認可基準として採用された。[47]総括原価とは、つまり適正原価と適正利潤の和を表す。より具体的には、原価主義にもとづき減価償却費、営業費、電力会社の事業の利得といった項目を合計したものである。これらのうち第三の項目は、事業財産の評価額に公債もしくは地方債の利回りプラス二分を乗じたものと定められた。実は、これが適正利潤に該当し、政府が適正と判断した支払利息、配当金、利益準備金を合計した和となる。

一九三〇年代の日本では、国家による統制経済の志向性が強まるなか、一九三八年には近衛文麿首相の下、戦争時における国の人的・物的資源の有効な統制・運用を可能にするために国家総動員法が制定されたのに加え、日本国内に存在する電力設備を国家が接収・管理するために電力管理法、日本発送電株式会社法も制定された。そして、電力会社が電力設備の現物出資により大株主になることで一九三九年に設立された日本発送電株式会社は、そうした設備を一元的に管理するようになり、かくして国内の発送電は統合されることとなった。これと同時に、電力国家管理をになうべく電気庁が発足した(48)。

統制経済の流れを形づくった革新官僚は、不平等、腐敗を生み出した資本主義を突破するためにナチス、ソ連における経済システムの統制に注目した。そして、彼らを中心に法制化された電力管理法は、低価格で豊富な電力供給という目的の下、電力を国家の管理下におくべく一九三五年にナチスが制定したエネルギー経済法を参考にしたものとされる。とくに、逓信省の革新官僚だった奥村喜和男は、国有民営を前提としたエネルギー経済法に依拠しつつも、公債を発行せずにすむよう国営民有を前提とした「電力国策要旨」を提示した。電力国家管理の是非については、一九三七年に設立された臨時電力調査会において官民間の議論がなされたものの、革新官僚が押し切る形で国家統制の推進に向けて一連の法律が制定された(49)。

このように、電力をめぐる官民対立図式の起源は、一九三〇年代後半の電力国家管理をめぐる争いに求められる。しかし、松永をはじめ電力会社の経営者が危惧したように、革新官僚が描いたシナリオにそって国営にすれば、低価格で豊富な電力供給が実現できるはずだったが、実際には、主力となるはずの水力発電が渇水により機能せずに停電が相次ぎ、しかも火力発電のための石炭の調達にも失敗したため、電力不足が深刻化してしまった。当然、電力国家管理によって成果をあげられない政府にたいしては、議会、財界から激しい非難が浴びせられた。

　だが悪いことに、政府は、水力発電所、配電事業が残されたままになっていることが電力不足の原因だとして、電力会社にたいして不当な責任をおしつけた。そして一九四一年八月、配電統制令を施行した。これにより一九四二年四月、全国九地域に配電会社――北海道配電、東北配電、関東配電、中部配電、北陸配電、関西配電、中国配電、四国配電、九州配電――を設置した。このときまでに、電気会社が有する出力五〇〇〇キロワットを超えた水力発電設備はあまねく日本発送電に現物出資されていた。このように、一九四二年の九配電会社の発足をもって電力国家管理は完成をみたといえよう。

(b) 戦後――一九四五－二〇一一年

　第二次世界大戦は一九四五年八月に終戦をむかえたものの、結果的に日本の電力設備は甚大な戦禍を被ってしまった。一九四八年二月、持株会社整理委員会は、GHQ（連合国軍最高司令官総司令部）の意向を背景として、日本発送電、九配電会社にたいして過度経済力集中排除法（以下、集排法）を適用することになった。このことは、電力再編成が現実化していく契機となった。

　だが集排法が制定された後ですら、電力産業内では電気事業再編成のシナリオについてコンセンサスが形成されぬまま混乱が続いた。まず日本電気産業労働組合は(50)、官僚の影響力を排除する形での全国一社による発送配電一体案を発表した。そして日本発送電は、株式会社形態をとる全国一社による発送配電一体案を提示したのにたいして、九配電会社は、九電力会社による民営化にもとづく地域別の発送配電一体案を提示した。その後、電力再編成の動きに目立った動きはなかったが、GHQは一九四九年五月、いわゆる七ブロック案、すなわち北海道、東北、関東、関西、中国、四国、九州といった七ブロックに設立された発送配電一体の七電力会社による民営化案を、日本発送電にたいして内示した。その後、初代通産大臣の稲垣平太郎は、GHQによる七ブロック案の強行を懸念し、政府において電力再編成を検討するための諮問機関の設置をGHQに申し入れ、これが承認された[51]。

かくして一九四九年一一月、東邦電力元社長だった松永を会長として、彼を中心に全員で五人の委員からなる電気事業再編成審議会が設置され、電気事業再編成のあり方について審議が重ねられた。この審議会は、一年余りのあいだにGHQと合計七回に及ぶ会談を行った[52]。一九四九年一二月の第二回会談において明らかにされたGHQの案は、日本発送電をブロックごとに分割する一方、各ブロックに発送配電一体の民営会社を設け、その会社が発送配電設備を各ブロック内に保有するというものだった。これにたいして松永は、電源地域と給電地域を一致させるというGHQ流の属地主義にたいして強く反対した。というのも、実際の給電地域である大都市とそこから遠く離れた水力発電所とを送電線で結ぶことで電力需給の調節を図ることは、戦前にはよく行われていたからである。

さらに、一九五〇年一月の第六回会談では、九配電会社が立地する九ブロックの他に新たに信越を加えた一〇ブロックへと日本発送電を分割する、という一〇分割案がGHQから提示された。しかし電気事業再編成審議会は、一〇分割案にたいして反対という点で意見は一致していた。とはいえ、給電地域外での電源保有を認めるという厠揚げ地帯方式での電力需給の調節を行う一方で九ブロックでの発送配電一体の民営会社を妥当とする松永案と、電力融通会社による電力需給の調節を行う一方で九ブロックでの発送配電一体の民営会社を妥当とする三鬼案とのあいだの対立が存在していた[53]。結局、電気事業再編成審議会の答申は、三鬼案を本文とし、松永案を参考意見として添付した形で稲垣通産大臣に提出された。

これをうけ通商産業省は一九五〇年二月、その答申をＧＨＱに届けた。だが、ＧＨＱの視点からすると、電力融通会社の設置を主眼とした三鬼案は集中排除の方向性と反していた一方、参考意見としての松永案は十分な期待に到達するほどではなかった。そのため、ＧＨＱと通商産業省のあいだで度重なる折衝が行われ、結果的に吉田内閣の下で松永案をベースに電気事業再編成法案、公益事業法案が作成され、一九五〇年四月に第七通常国会に提出された。しかし、与野党から多数の反対をうけ廃案となった。ＧＨＱは、いったん廃案となったこの法案を概して支持していたが、吉田内閣にすれば、それに回帰することは困難な選択だった。そこで一九五〇年一一月、ＧＨＱは膠着状態を打破すべく強権を発動したため、ポツダム政令の形をとって電気事業再編成令、公益事業令が公布されるにいたった。そして一二月には、これら二つの政令が施行され、電力の国家統制を支えていた電力管理法が廃止され、電力事業を管轄する新たな行政機関として総理府の外局として公益事業委員会が発足した(54)。

政府内での電力行政の変化(55)にかんしていえば、終戦直後、戦時体制の解体という意図の下、軍需省が廃止された代わりに商工省が復権をはたし、これにより商工省が電力行政を管轄することになった。さらに一九四九年五月、商工省がその外局である貿易庁、石炭庁との統合により通商産業省へと改組された際、その外局として資源庁が発足し、資源庁電力局がこれまでの商工省電力局の業務を継承した。すなわち、新たに通商産業省が電力行政を管轄することになった。一九五〇年一二月、電気事業再編成令、公益事業令が施行され、独立性の高い公益事業委員会が発足した。だがその発足は、資源庁から公益事業委員会に管轄権がシフトし、通商産業省が電力行政の主管官庁ではなくなることを意味した。その委員長は元東京帝国大学教授・元商工大臣・元国務大臣の松本烝治がつとめることになったものの、委員長代理となった松永が実質的には主導的な役割をはたした。

他方、日本の電力産業を特徴づけてきた官民対立図式についていえば、電力管理法、日本発送電株式会社法の成立（一九三八年）によって官僚側に有利にふれていたパワー・バランスの振り子は、電気事業再編成令、公益事業令（一九五〇年）の成立によって再び民間側に揺り戻されることとなった。一九五一年五月、日本発送電、九配電会社が解散した代わりに発送配電一体の民営の九電力会社――北海道電力、東北電力、東京電力、中部電力、北陸電力、関西電力、中国電力、四国電力、九州電力――が誕生した。[56] これにより電力は、官の手から民の手にうつされることとなった。

だが、松永案に依拠した民間主導の電気事業再編成は、政府主導ひいては官僚主導を模索する勢力にしてみれば、うけいれ難い帰結であった。さらに、電力行政の管轄権を総理府に奪われた通商産業省にしても同様だった。政府主導派、通商産業省の双方は、一九五二年四月に発効したサンフランシスコ講和条約を機に、連合軍による占領が終結したことをうけ、電力行政における巻き返しを図った。その意味でいえば、一九五二年は、パワー・バランスの振り子がまたもや官僚側にとって有利に揺り戻され、官民対立図式において重要な変化が生じた年とみなされよう。

第一に、一九五二年七月に電源開発促進法が公布され、九月に電源開発が設立されるにいたった。九電力会社は火主水従を志向したのにたいして、電源開発は水主火従を志向しながら大規模な水力発電所の建設を手がけた。この会社は、大規模な電源の開発を政府主導ですすめていくための特殊法人として設立され、戦時中に日本発送電がになったのと同じ機能を期待された。[57] とくに、静岡県の佐久間をはじめとして大規模な水力発電所の建設に次々と着手した。しかし水力開発にかんして、隣接する電力会社が共同出資によって開発会社を設立すべきだ、という公益事業委員会の民間主導論とは矛盾する存在だった。したがって電源開発促進法について、政府主導派、通商産業省の双方は、公益事業委員会に何の相談もないまま暗黙裡に法案の作成・提出をすすめた(58)。

第二に、公益事業令が失効になったのをうけ、一九五二年八月に公益事業委員会が廃止となり、電力行政を管轄するために通商産業省の内部には公益事業局が設置された(59)。その結果、通商産業省が電力行政の主管官庁の座を取り戻すこととなった。かくして電力の主導権は、民間主導論の守護神である松永が取り仕切る公益事業委員会から、官僚主導論を唱える通商産業省公益事業局へとうつされた。

しかし、公益事業委員会の委員長代理をつとめた松永は、その立場を利用して九電力会社のトップ・マネジメントの人事に加え、経営基盤を強化するための電気料金体系についてリーダーシップを発揮し、日本の電力産業の進化経路にたいして大きな影響を及ぼすことになった(60)。まず電力会社のトップ・マネジメントについては、電力再編成の進行プロセスで松永の下で仕事に取り組んだ各配電会社のメンバーのなかから、関西電力社長となる関西配電の芦原義重、東京電力社長となる関東配電の木川田一隆など、電力産業の将来をになう人材が輩出されることになった。

とくに木川田は、一九二六年に東京電燈に入社したが、その頃、この会社は、松永が率いる東邦電力とのあいだで激しい電力戦を展開していた。より具体的に述べれば、松永は一九二五年に東京電力(61)という東邦電力の子会社を設立し、東京電燈の大口顧客である京浜電車、東武電車、目蒲電車を奪っていったのだが、それは、電力産業の再編成に消極的だった東京電燈にたいして圧力をかけることで、業界再編における主導権を獲得するためであった(62)。

このように、各人が関与する会社は互いに激しく対立していたものの、松永、木川田の両者は、電力産業における電力戦での過当競争、および戦時中の電力国家管理にかんする問題点を認め、民間主導論に固執したという点で共通し、互いに親和的な関係を築いていたとみなされる。彼らの関係は、電気事業再編成の局面で強固なものになっていったと思われる。とくに木川田は、松永の下で九ブロックでの発送配電一体の民営会社案を、GHQに認めさせようと懸命だったことを述懐するとともに、以下のように述べた。

戦前の、ひどすぎる過当競争と国家統制との弊害を身をもって経験したわたくしの結論は、人間の創意工夫を発揮するためには、民有民営の競争的な自由企業とすること、電源部門と配電部門を分割する現状は、積極経営上面白くないので、これを縦の一貫経営に改めること、そして全国一社は、需要家に対する行き届いたサービスを提供する上から不都合なので、適当に地域的に分割すべきこと――これらの原則を貫くことが理論的にも実際的にも最も妥当であるとの確信をもっていた。(63)

なるほど木川田は、松永の下で、地域独占、発送配電一体という戦後日本の電力産業の制度的基礎の確立に寄与した人物の一人だったのである。

次に、電気料金体系についてみよう。電力国家管理がなされていた状況では、電気料金は他の公共料金と比べて低位に抑えられていた。実際、発足まもない九電力会社の経営基盤がそうした低料金によって不安定化し、電源開発の立ち遅れによる電力不足という深刻な問題が生じる可能性は、完全に社の経営基盤の確立に向けた電気料金の引き上げを模索しはじめた。そして、一九五一年八月、一九五二年五月の二回にわたって、九電力会社が実施した料金値上げを牽引した。(64)

ところで前述したように、一九三一年の改正電気事業法の公布をうけ、一九三三年に行われた電気委員会での議論の末に電気料金認可基準として採用されたのが、費用積上方式にもとづく総括原価主義だった。もちろん、こうした法制化において逓信省電気局がはたした役割は大きかったといえよう。そして戦時経済の下で、一九三九年に設立された日本発送電、一九四二年に発足した九配電会社は、それぞれ名目的には民有民営であった。とはいえ、政府は電気料金を決定できるほど強大なパワーをもっていた。

だが敗戦後、日本発送電、九配電会社が一九五一年に解散し、電力国家管理は終焉をむかえた。電気料金は、一九五〇年の公益事業令にもとづき一九五一年六月に定められた公益事業委員会規則第一三号によって規制された。ここでも適正利潤の算定を行ううえで、費用積上方式にもとづく総括原価主義に依拠したが、新たにレートベース方式という総括原価主義の可能性が通商産業省により模索された。というのも、従来の費用積上方式は、大幅な需要増大にともない急速な発展が求められる電気事業には適さず、電力会社に弱いインセンティブしか与えないという理由で、限界に達していたからである。結果的に一九六〇年一月、電気料金制度改正要綱の決定によりレートベース方式の採用が決まり、二月に「電気料金の算定基準に関する省令」が発せされた。その第八条には、「事業の報酬は、真実かつ有効な事業資産の価値に対し、通商産業大臣が定める報酬率を乗じて得た額としなければならない」としてレートベース方式の概要が明記された。さらに算定の具体的な内容は、同年に通

図2.1　「通商産業省による電気料金の算定基準に関する省令」（1960年）にもとづく総括原価主義（レートベース方式）

総括原価＝適正原価＋適正利潤
適正利潤＝レートベース×報酬率
報酬率＝自己資本比率×自己資本報酬率＋他人資本比率×他人資本報酬率

商産業省が示した報酬率等を定める告示によって規定された。(65)

戦後日本が経済成長を実現しつつあるなか、一九六四年七月に新たに電気事業法が制定された。そして、通産大臣の諮問に応じて電気事業にかんする重要事項の調査・審議・建議を行う電気事業審議会が設置された。電気事業法の第一九条二項一には、「料金が能率的な経営の下における適正な原価に適正な利潤を加えたものであること」とある。ここでいう「適正な原価に適正な利潤を加えたもの」とは総括原価のことであり、ここでの適正利潤の算定においてレートベース方式が用いられた。

しかし、電気事業法それ自体は料金算定の大枠を示しているにすぎず、実際には、通商産業省の内規である供給規定料金算定要領に依拠して決められた。(66) この要領にしたがって総括原価を算定する際、対象となる期間は原則として三年とされ、**図2・1**の式にしたがうものとされた。すなわち、当該期間内で策定された計画に則した形で減価償却費、営業費、諸税の三項目からなる適正原価に加え、電気事業固定資産、建設中資産（建設仮勘定の二分の一）、繰延資産、運転資本の四項目からなるレートベースに報酬率を乗じた適正利潤が算定されることになった。また、一九六〇年の日本経済の状況を勘案したうえで自己資本比率、他人資本比率をそれぞれ五〇%とする一方で自己資本報酬率を八・五%、他人資本報酬率を七・五%とすることにより、報酬率を八%と定めたのだった。(67)

だが後に、通商産業省電気事業審議会料金制度部会は、装荷中および加工中等核燃料という項目をレートベースに付加した。つまりこの部会は、電力会社が原子力発電所を所有すれば、その運転に必要とされる核燃料は電気事業固定資産に類似の性質をもつようになるという解釈を示した。さらに一九七六年、電力事業の能率的な経営に必要であれば、それが収益を生みにくい投資案件であっても特定投資とみなし、レートベースに組み入れる判断を下した。かくして、レートベースへの算入にかんして、原子力発電所の建設前には加工中核燃料、建設中には建設中資産が認められるだけでなく、収益につながらない投資案件（たとえば、日本原子力発電への投資など）も特定投資として認められ、これにより人為的に拡大された利潤を銀行からの借入金の利子支払などに振り向け、さらに原子力発電所の建設のための多額の資金を獲得するというビジネス・モデルが存立可能になった(68)。

すでにみたように、一九五〇年代に日本では原子力時代が幕開けとなった。とくに、原子力三法の成立をうけ原子力委員会が設立されたことで、日本の原子力開発は正当性を与えられ、合理的に推進されていく。電力会社が原子力発電所の建設に取り組むにつれ、電力の需給調整のために揚水発電所の建設も同時にすすめるようになった。というのも、原子力発電所には安全性の確保という観点からフル出力での継続的な運転が求められ、出力の頻繁な調節を行うことは望ましくないからである(69)。原子力発電所と揚水発電所の補完的な組み合わせは、レートベースを大きくする効果があるので、電力会社にたいするインセンティブを強化したとみなされよう。

ところで従来、日本における原子力開発の二頭式ネットワークのなかでも、科学技術庁は、原子力委員会をつうじた原子力分野での政策決定権に加え、あらゆる原子力施設の許認可権を独占していた。そのため、通商産業省の政策的権限は商業段階の事業に限定されていた。しかし通商産業省は、発電から核燃料サイクルのバックエンドにいたる軽水炉発電システム全体にわたる許認可権の獲得を課題として掲げ、石油ショックに乗じてその実現に成功した。とくに、総合エネルギー政策を重要政策の一つとして位置づけ、一九六二年五月に総合エネルギー部会を設置した。やがてこの部会は、一九六五年六月に公布された総合エネルギー調査会設置法にもとづき総合エネルギー調査会へと改組されたものの、原子力政策についての発言権を有するものではなかった。しかし、一九七三年一〇月の第一次石油ショックを機に、総合エネルギー政策が国策とみなされるようになっただけでなく、そこでの原子力発電の地位が大幅に上昇した。というのも、エネルギー安全保障、非石油エネルギーの供給拡大が大義とみなされたからである。かくして通商産業省は、原子力政策を独自に審議しうるほどの強大な権限をえた(70)。

したがって石油ショック以降、二頭式ネットワークにおけるパワー・バランスに変化が生じた。すなわち、科学技術庁が事務局をつとめる原子力委員会と、資源エネルギー庁が事務局をつとめる総合エネルギー調査会とのあいだで、これまで科学技術庁がほぼ独占してきた原子力政策の意思決定権が分割された。資源エネルギー庁は、一九七三年七月に田中首相、中曾根通産大臣という原発推進派の二人の政治的企業家が中核をなす内閣の下、商業向け原子力政策の統括機関として設置された。かくして、国と国民の安全保障に向けたエネルギーを獲得するための一元的な国家戦略を実行することとなった(71)。

しかし国策としての原子力政策の下、レートベース方式にもとづく総括原価主義を認められた電力会社にとって、八％という高位の報酬率を採用して高位の電気料金を設定することは、環境変化によって次第に困難になっていった。すなわち、一九八〇年代になると日本経済を取り巻く環境は変化し、一九八五年九月のプラザ合意による円高に見舞われただけでなく原油価格の低下が確認されるようにもなった。その結果、消費者、財界から円高差益の還元による電気料金の引き下げが求められた。こうした状況で、通商産業省は一九八八年四月から電力会社の報酬率を七・二%に引き下げさせた。さらに一九九五年、電気事業審議会では鉄道、ガスなど他の公益事業を参考に、報酬率を算定する際に必要な自己資本比率、他人資本比率をそれぞれ三〇%、七〇%とすることが決められた。(72)

他方で一九九〇年代になって、日本経済がバブル崩壊の悪影響から脱するべく経済自由化、規制緩和が模索されはじめた。とくに電力産業では、新規参入した売電会社が発送配電一体の垂直統合型電力会社と公平に競争できる条件を整備するための電力自由化が議論されるようになった。実際、世界のなかでもきわめて高い日本の電気料金は、企業の国際競争力にとって望ましいものではないうえ、経営効率を改善するインセンティブを妨げていると思われる発送配電一体、地域独占、総括原価主義といった電力産業の三種の神器は、あまねく見直す必要がある、といった議論が展開された。

こうした状況のなか、電力会社に電力を供給する事業にIPP（独立系発電事業者）の参入を容認することを目玉として、一九九五年四月に電気事業法の一部改正が認められ、(73)一二月より施行された。そして一九九九年五月にも電気事業法が改正され、大規模工場、デパートなどに電力を供給するPPS（特定規模電気事業者）の新規参入を可能にすべく二〇〇〇年三月より施行された。さらに二〇〇三年六月にも電気事業法の改正が行われ、二〇〇五年四月に本格的に施行された。ただしそこでは、電力会社にとって超過利潤（独占レント）の源泉の一つとみなされる発送配電一体による安定供給が堅持され、事実上、電力自由化を打ち止めにするものとなった。(74)電力会社にとって不都合な電力自由化が打ち止めされるにいたったのは、二〇〇〇年におけるアメリカのカリフォルニア州で頻発した停電、二〇〇一年における電力自由化のシンボルだったエンロンの粉飾決算が明るみに出たことが遠因となった。

しかしそれ以上に重要だったのは、東京電力がその強大な政治力を発揮し、甘利明をはじめとする自民党の族議員と組んで、電力自由化を封殺すべく動き出したことである。とくに、彼が属する自民党エネルギー総合政策小委員会で検討された法案の骨子をもとに、二〇〇二年六月に議員立法によりエネルギー政策基本法が制定された。この法律には「原子力」という言葉が一度も登場しないにもかかわらず、それは実質的には「原発促進法」[75]とみなされる。その第一二条には、「政府は、エネルギーの需給に関する施策の長期的、総合的かつ計画的な推進を図るため、エネルギーの需給に関する基本的な計画（以下「エネルギー基本計画」という。）を定めなければならない」といった内容が記されている。エネルギー基本計画の策定という場面では、十分な政策立案能力をもたない政治家は経産官僚にたよらざるをえなかった。有能な経産官僚の抜け目ない計算の結果、エネルギー基本計画には、再生可能エネルギー（自然エネルギー）ではなく、むしろ原子力発電にとって好都合なエネルギー政策の経路を決定づける運命が与えられたのである。[76]

さらに一九九〇年代以降、レートベース方式の総括原価主義における適正利潤を左右する報酬率にも動きがあった。すなわち報酬率は、一九九六年改定で五・二五％、一九九八年改定で四・四％、二〇〇〇年改定で三・八％と推移し、現在では三・〇％となっている。他方の適正原価のなかには、電力会社に地域独占が認められているため、広告はそもそも不要であるにもかかわらず普及開発関係費と呼ばれる広告費も含まれる。そして、結果的に電力会社が算出した電気料金は、形式的には資源エネルギー庁によってモニターされることになっている。[77]

では、原子力発電所の安全性を確保するためのモニタリングはどうだろうか。放射能漏れ事故をおこした原子力船の帰港拒否という一九七四年九月のむつ事件をふまえ、安全行政に特化した原子力安全委員会が一九七八年一〇月に原子力委員会から分離して総理府に設置された。だが、あいにくそれは「原子力安全宣伝委員会」[78]と揶揄されてきた。その後も、日本では原子力事故が多発したという意味でいえば、安全行政の点で電力会社にたいする適切なモニタリングが行われていたとは、残念ながらいい難い。

一九九五年一二月、福井県敦賀市にある動燃の高速増殖炉もんじゅでナトリウム漏洩事故が生じ、現場での不適切な対応に加え、事故の意図的な秘匿・捏造すら行われた。また一九九七年三月、動燃の東海再処理工場のＡＳＰ（アスファルト固化処理施設）で火災・爆発事故が生じた。動燃は、科学技術庁の意向を反映してか、低費用かつ海洋投棄に好都合という理由でグローバル・スタンダードではないアスファルト固化を選択し、火災・爆発事故を想定外とみなし火災訓練を怠った。その結果、政官財関係者は一様に、核燃料サイクル開発政策の見直しに言及せぬまま、動燃解体論を唱えはじめた。[79]

そして一九九九年九月、茨城県東海村にあるＪＣＯ の東海事業所のウラン加工工場で臨界事故が生じた。その結果、この工場では正規マニュアルから逸脱した作業が日常的に行われていたことが判明し、規制当局である科学技術庁が適切なモニタリングを怠ってきたことにたいして厳しい批判の目が向けられた。これをうけ一九九九年一二月、原子力にともなう防災体制の整備・強化を目的として、原子力災害対策特別措置法が制定された。[80]

日本における原子力推進のための二頭式ネットワークの一翼をなす科学技術庁は、原子力発電にともなうこれら一連の事故により国民からの強烈な批判をうけ、不祥事の責任をとる形で解体の運命をたどった。橋本龍太郎首相は、行政改革、構造改革に取り組み、一九九八年六月に中央省庁等改革基本法を成立させ、省庁・局などの数を減らすことを決定した(81)。実際、省庁再編が施行されたのは二〇〇一年一月であった。このいわゆる橋本行革の結果、科学技術庁は文部省に吸収合併される形で文部科学省となった。だが、文部科学省が科学技術庁から引き継いだのは、核燃料サイクル開発機構、原研(82)による研究開発段階の事業のみで、残りの事業についてはすでに商業段階に達していたこともあり経済産業省に引き継がれた。また、科学技術庁はこれまで原子力委員会、原子力安全委員会の双方について事務局をつとめてきたが、これらは内閣府の直属となり関係省庁の出向組からなる事務局によって運営されるようになった。結果的にこれらの法的権限は、従来よりも弱められた。

かくして、通商産業省の後裔となった経済産業省は、原子力行政の包括的な権限を集権的に獲得できた。とくに安全行政については、二〇〇一年一月に経済産業省に新設された原子力安全・保安院がになうことになった。ただし、それは法的には、原子力開発を推進してきた資源エネルギー庁の一機関として位置づけられるため、ガバナンスの独立性という点で重大な問題を抱えることになった。さらに原子力安全・保安院の傘下には、原子力安全基盤機構が経済産業省所管の独立行政法人として二〇〇三年一〇月に設置された。そして、商業原子力発電を含むエネルギー行政を包括的に所轄してきた総合エネルギー調査会は、省庁再編を機に総合資源エネルギー調査会に改組された。

福島原発危機が生じた二〇一一年三月現在、原子力の推進行政と安全行政とを統合的ににになう経済産業省の主導の下、原子力の研究開発は内閣府の原子力委員会、商業原子力発電の推進は経済産業省の資源エネルギー庁、原子力発電の安全規制の実務は経済産業省の原子力安全・保安院、そしてそのダブル・チェックを内閣府の原子力安全委員会がそれぞれ担当している(83)。かくして旧来の二頭式ネットワークは、科学技術庁の解体後に発足した文部科学省の相対的地位の低下、経済産業省の相対的地位の上昇を反映する形で、完全に崩壊したとはいえないまでも大きな変化を経験した。その結果、「経済産業省を盟主とする国策共同体(84)」と呼ばれるような一頭式ネットワークへと変貌を遂げた。

以上、日本の電力産業史を概観しながら、その制度的特徴であると同時に電力会社にとって重要な超過利潤の源泉とみなされる三種の神器――地域独占、総括原価主義、発送配電一体――の起源を検討してきた(85)。このように、電力産業の三種の神器は戦前に起源をもつ。この意味で、日本の電力産業は二一世紀をむかえたにもかかわらず、いまだ戦前に取り残されたままになっている。環境変化によってそれぞれの制度的特徴の正当性が薄れたにもかかわらず、日本の電力産業は一丸となって、広義には超過利潤の獲得、狭義には原子力開発の推進にとって合理的な社会主義的性格を堅持しようと努力してきたようである。

近年、電力会社は、戦前から戦後にかけて日本の電力産業のビジョンを提示することで「カリスマ的」リーダーシップ(86)を発揚してきた松永の意図から、どうやら乖離してしまったようである。なぜだろうか。社会のために適正水準での電力供給、電気価格の低減を実現するという本来の存在意義を忘れてしまったのだろうか。そして、原子力開発の国策民営体制が確立した現代の豊かな日本社会において、原子力発電の諸問題から目をそらされた社会の人々の背後で、権益の保護・拡大に向けて暴走を続けてきただけなのだろうか。これらの問題は、福島原発危機の原因を解明していくうえで無視しえないものであって、とくに第3章で取り上げる。次節では、福島における東京電力による原子力発電所建設をめぐる歴史を概観する。

3　なぜ福島だったのか

東京電力の前身は、一八八三年に設立された東京電燈である。その設立から五〇年あまりの時間が経過した一九三九年に日本発送電は、国家が電力会社より接収した電力設備を一元的に管理するようになった。さらに一九四二年、配電統制令にもとづき全国九地域に配電会社が設置された。日本では戦時中、これら二つの会社をつうじて電力国家管理が行われた。だが、日本は敗戦を経験し、一九四八年にGHQの意向でこれらには集排法が適用され、電気事業再編成が進展することになった。その結果、それらは解散を余儀なくされ、その代わりに発送配電一体の民営の九電力会社が設立された。そのなかの一社で関東配電の営業地域を継承して誕生したのが、東京電力にほかならない。

前述したように、日本の電力会社は一九五〇年代に原子力開発に取り組みはじめた。とくに、正力松太郎原子力委員会委員長の決定をうけて、原発先進国の実態を把握するために日本原子力産業会議の原子力産業使節団は一九五六年にイギリスに向けて出発した。この使節団のなかには、木川田一隆東京電力副社長が含まれていた。木川田は、日本の電力産業の制度的基礎を確立した松永安左ヱ門のビジョンの実現に協力してきた人物である。彼は、原子力産業使節団のイギリス視察に先立つ一九五五年一一月、東京電力に原子力発電課を設置し、原子力発電所の建設に向けた準備に取り組んだ。かくして東京電力は、原子力発電が未開発の状態だっただけでなく、専門家、関連資料・データがかなり限定されてもいた時代に、原子力開発に着手することになった(87)。

ところで松永は、戦後の電力事業再編成の際、電力会社による凧揚げ地帯方式の採用をGHQに承諾してもらっていた経緯がある。そのため、東京電力が原子力発電所の建設立地を選定するうえで、その供給地域である東京都、神奈川県、千葉県など人口過密地域での土地買収は難しいという判断がなされたとしても、供給地域に比較的近い立地点を選出することは可能だった。しかも東京電力によれば、地域経済の発展を志向していた福島県のほうから原子力発電所誘致の話がもちこまれたという。

候補地点として福島県と茨城県の沿岸地域を対象に調査・検討が進められることになった。当時、福島県双葉郡では地域振興を目的に工業立地を熱心に模索しており、また福島県も独自の立場から双葉郡への原子力発電所誘致を検討していた。こうしたなかで、一九六〇年五月に福島県の佐藤善一郎知事から、双葉郡の大熊町と双葉町にまたがる旧陸軍航空基地および周辺地域に原子力発電所を建設するプランが打診された。(88)

すなわち東京電力は、「福島県と茨城県の沿岸地域」での原子力発電所の立地を検討していた際、「福島県の佐藤善一郎知事」のほうから福島県双葉郡に原子力発電所を立地するよう「打診された」のだった。(89)

しかし実際、東京電力が原子力発電所の立地をさがしているという情報を、佐藤に提供したのは木川田だったとみなされる。(90)そして彼は、原発誘致の立役者とみなされている佐藤と組んで強力な誘致活動をくり広げた。(91)木川田は、福島県伊達郡で父親が開業医を営む家庭に生まれた。これにたいして佐藤は、福島県福島市出身であり、元町長・元県議会議員・元衆議院議員という経歴をもつ。同じ福島県出身の二人は、原子力発電所の立地選択・建設をめぐって福島県庁で会談を重ねていたようである。

結果的に東京電力は、一九六〇年八月に福島県にたいして正式に用地確保の意図を伝えた。これにたいして、福島県は同年一一月、双葉郡への原子力発電所の誘致計画を発表した。しかし一九六四年三月、佐藤は原子力発電所の完成を目にすることなく、現職のまま急逝してしまった。(92) これをうけ彼の後任として一九六四年五月に知事の座についたのは、福島県出身にして元開業医・元参議院議員で衆議院議員をつとめていた木村守江だった。実は、木村家と木川田家は同じ医者だったということもあって昵懇の間柄だったという。そのため彼らは、木村が知事に就任する以前から密に接触する機会があったようである。(93) 木村は、原子力発電所誘致にいたる経緯について述べている。

一九五八年頃かな、私は衆議院議員でして、いま原子力発電所がある、大熊、双葉という地区は、実は私の票田だったのです。ところが、あの辺は実に貧しい。大体、福島県というのは、全国でも指折りの貧しい県…なのですが、大熊、双葉のあたりというのは特に貧しい。そこで、地元では、さかんに産業誘致を図ったのだがうまくいかない。町長たちから何とかしてくれと頼まれて、木川田さんに話したのです。(94)

これにたいして、木川田は「原子力発電所がよいのではないか」(95) と答えたという。

木村は一九五五年八月、ヘルシンキで開催された万国議員会議に参加した際、原子力に関心を抱くようになり、双葉郡の用途にかんして「ある時、私はふと、この地を利用するには原子力発電以外にないのではないか」(96) と思いいたった。そして、素人の地域住民はもとより、専門家であるべき東京電力ですら原子力の詳細を理解していなかった一九五七年一月、自らの原子力発電所誘致構想を支援者にたいして発表した。もちろん彼自身も、原子力が何たるかをよく理解していなかったようである。にもかかわらず、福島県は、原子力発電所誘致において他に競合が存在しない初期段階で名乗りをあげたことが、誘致成功への道を開いた。

したがって現実は、誘致の主体を佐藤知事にもっぱら求める見解より、福島県出身という属性を共有した人的ネットワークに求める見解のほうが高い信憑性をもつように思われる。すなわち、佐藤知事の誕生を契機に、彼が知事として地方政治に携わる一方、木村が参議院議員として中央政治に携わる形で、福島県出身という共通属性をもつ二人による中央・地方協力体制が生成した。そしてその下で、同郷の木川田を取り込みつつ地域開発のための原子力発電所誘致が組織的に行われた、と。[97] こうした体制は、特定の地方出身の政治家、官僚、電力会社のトップ・マネジメントなどがコーディネーターとなり、原子力発電に関連したさまざまな主体が密に結合してできた政官財学複合体としての原子力村と、原子力発電所を中心とした地域共同体とのあいだの利害調整を実行するものだった。[98] とくにコーディネーターは、原子力開発の推進という原子力村の意図を、地域経済の維持・発展という地域共同体のニーズにあわせて擦り合わせていく重要な役割をはたした。このように共通属性にもとづいて結合し、異なるネットワークの境界で擦り合わせを行う主体を、私は境界コーディネーターと呼びたい。

福島への原子力発電所誘致にかかわった人々、すなわち佐藤、木村、木川田が福島県出身という共通属性をもっていたために結合し、地域開発のために境界コーディネーターとして組織的に活動したとしても、原子力発電所を建設するための巨大な土地を確保できなければ、その建設計画を前進させることは不可能だったはずである。福島県が双葉郡への原子力発電所の誘致計画を発表してから一年近くが経過した一九六一年九月、大熊町議会が用地買収の誓約書を議決した一方、同年一〇月、双葉町議会が原子力発電所誘致を議決した(99)。

では、なぜ福島県のなかでも、大熊町、双葉町を含む双葉郡が選ばれたのだろうか。第一に、双葉郡は木村の選挙区で、そこは平坦地が少ないうえ、その海岸線は絶壁で利用価値がないため、地元有権者から彼にたいする工場誘致の陳情がたえなかったからである(100)。とくに、福島県北端の新地町から南端のいわき市にいたる海岸通りは浜通りと呼ばれ、双葉郡はその真中に位置する。いわき市から双葉郡にわたる地域でかつて発展した常磐炭鉱は、石炭から石油へのエネルギー代替が進展するにつれ衰退の一途をたどり、それにあわせて地域経済も縮小していった。こうした状況で、地域共同体が存続をかけて地元の国会議員の木村にかける期待はかなり大きかったといえよう。

第二に、町議会の議決後には土地取得に向けて動き出さなければならなかったが、双葉郡には、原子力発電所を建設できるほど広大な候補地が存在していたからである。双葉郡には、第二次世界大戦によって荒廃した土地が残され、その多くは堤康次郎の国土計画興業に払い下げられた。そこで堤は、大規模な塩田で製塩に取り組んだ。しかし、技術進歩によって塩田事業が陳腐化したため塩田が不要になり、製塩場跡は荒地となった(101)。木村は、元衆議院議長の堤と会う機会が多かったので、堤が所有していた双葉海岸の長者ヶ原という荒地が敷地も広く、原子力発電所によいと判断したことを回想している(102)。木村は、個人的な人間関係をつうじて堤と会うことができ、巨大な土地の取得プロセスを円滑にすすめることができた。しかも当時は、人々のあいだで原子力のイメージが確立されていなかったこともあり、地域住民による反対運動に直面するリスクもほとんどなかった。そのため、残りの土地の取得プロセスでも大きな問題に直面せずにすんだ。

かくして、福島県出身の境界コーディネーターの一人だった木村は、衆議院議員時代に地元有権者からの陳情をうけた際、双葉郡の土地の有効活用として原子力発電所誘致を思い描く一方、双葉郡に広大な土地を有していた堤との人間関係をつうじて彼から土地を取得する準備をすすめたと考えられる。その頃、地域住民は原子力のイメージをまだ確立していなかったため、双葉郡での土地取得は円滑にすすめられたのだろう。そして木村は、知事就任後も中央から地方への予算の獲得の場面で政治力を発揮し、知事就任前の原子力発電所誘致にたいする貢献を含め、彼の一連の政治活動が地域共同体から高い評価をうけ「原発知事」と呼ばれるまでになった。

他方、木川田は一九六一年七月に東京電力の社長に就任し、その翌年九月の常務会において、ＧＥからＢＷＲを導入して原子力発電所を建設する、と突然発表した。東京電力が原子力発電課を設置し、原子力開発に取り組みはじめたのは、木川田がまだ副社長をつとめていた一九五五年だった。しかし彼は、少なくとも一九五四年三月頃には、部下の進言があったにもかかわらず、原子力そのものにたいして慎重な姿勢を貫いていたようである。[103] 東京電力として福島県に用地確保の意図を伝えたのが一九六〇年八月だったことを考えれば、一九五四年から一九六〇年のあいだに木川田は変節したと思われる。はたして何が彼を変節させたのだろうか。

前述したように、一九五七年一一月に日本原子力発電が発足するまでの過程では、政治家をまきこむ形で官民対立図式が表面化した。だがこの局面では、電力会社は政府、とくに通商産業省をおさえて主導権を掌握することに成功した。しかし、日本原子力発電が東海発電所の建設をすすめている最中の一九六〇年六月、イギリスはコールダーホール型原子炉の建設を今後打ち切ることを発表した。[104]

実際、東海発電所のコールダーホール型原子炉については、熱交換機のチューブのクラック、耐震設計による炉心の変更などのために追加的費用がかさんでいただけでなく、一九六六年七月に運転を開始してからも度重なる故障や事故の発生もあいまって、さまざまな技術的・経済的問題をもつことが認識された。

それに先立ち一九六〇年三月、アメリカのAEC（原子力委員会）が発表したところによれば、原子力発電は、発電原価の観点からみて一〇年以内に石油火力に匹敵するほどになり、それ以降はこれを下回ると推定された(105)。それによれば、主要なタイプの原子炉の発電原価は、BWRが二・六九円、PWRが二・八〇円、GCR（黒鉛減速炭酸ガス冷却型原子炉）が二・八八円となっていた（単位は、キロワット時あたり円）(106)。この発表は、電力会社のトップ・マネジメントのみならず通産官僚にも、BWR、PWRといった軽水炉が原子力発電の主流になり、軽水炉の主導権をえることによって日本のエネルギー産業を左右しうる、という認識を植えつけた。かくして軽水炉は、イギリスのコールダーホール型原子炉よりコンパクトで建設費も安く、将来的に改良・大型化の可能性があるといった理由により注目を集めるようになった。

その結果、通商産業省は、コールダーホール型原子炉の建設に追加的費用を必要としていた日本原子力発電に国家資金を導入することにより、これを今後、軽水炉の導入先として活用することを暗黙理に画策した(107)。しかし、松永の民間主導論を継承する木川田は、軽水炉の導入にあたって官僚主導論の復権を画策する通産官僚の意図を感知し、GEからのBWR導入を敏速にすすめざるをえなかった(108)。

このように、官僚を警戒していた木川田は、アメリカのAECが示した軽水炉の将来性を評価し、原子力発電において官僚に軽水炉の主導権を握られる前に、自らの原子力にたいする慎重な姿勢を変節させてまでも、性急にGEからのBWR導入を決定したとみなされる。この意味で、東京電力は、官民対立図式のせいで原子力開発のスケジュールを加速させた、といっても過言ではないだろう。

そして、東京電力は一九六四年一二月、原子力発電の長期計画を策定するために、田中直次郎常務を委員長とした原子力発電準備委員会を発足させ、原子力発電所の建設予定地に福島調査所を設置し、気象、地質などの調査に着手した。この委員会は、原子力発電の技術的側面を検討する技術・プラント分科会、原子力発電所の実地的な建設方針・レイアウトを検討する土木建築分科会によって構成された。また委員会の事務局は、原子力発電課がになうこととなった。やがて委員会の議題は、GEのBWR、ウェスティングハウスのPWRのどちらが望ましいかに集約していった。委員会は一九六五年一一月、出力三五万キロワット以上の先行事例のある原子炉が望ましい、という答申を行った。(109)

結局、東京電力は一九六五年一二月、四〇万キロワットの軽水炉を選択した。そして一九六六年二月、GEのBWRの導入を決定した。その理由として、以下の二つが考えられる。第一に、福島での建設に先立ちGEのBWRの導入をすでに決定していた先行事例が存在したからである。日本原子力発電は一九六三年五月、敦賀発電所の一号機としてGEからBWRを導入することを決定しており、その建設・運転後であればさまざまなデータが利用できると期待されたからである。さらにGEは、スペインでもニュークレノールからサンタ・マリアデガローニャ原子力発電所（以下、サンタ・マリアデガローニャ原発）向けに四六万キロワットのBWRをすでに受注していたので、東京電力がこれと同型の原子炉の導入を図るのであれば、コスト節約効果がえられるようになる、と営業の場面で強

調した。(110)

第二に、東京電力はGEの技術に絶大なる信頼をおいていたからである。一九世紀末から石炭火力、石油火力などGEの機器を導入しはじめ、これまで数々の成功をおさめてきたため、社内にはGE信仰に近いものが生成されていたという。したがって、木川田が一九六一年九月の常務会で、GEからBWRを導入することを唐突に発表したにもかかわらず、単にGE製ということだけで周囲は容易に納得したようである。(111)

また東京電力は一九六五年一二月、原子力発電所の建設を円滑にすすめていくために社内体制を強化した。原子力開発本部、さらにその下に原子力部を設置することにより、原子力開発の責任体制の明確化を図ろうとした。さらに、研究開発を自社ですすめる体制づくりとして東電原子力開発研究所を設置し、国内外の原子力開発機関と協力できるようにしたうえ、必要に応じて適宜に社外の学識経験者などに研究委嘱を行うようにもした。(112)

原子力発電所の建設のためにGEから原子炉を導入するうえで、東京電力はGEとのあいだにターンキー契約を締結した。つまりそれは、GEから原子炉のキーを渡された東京電力がキーをカギ穴にさしこんでひねる、すなわちターンするだけで原子力発電を開始できるという意味で、着工から運転開始にいたるまでメーカーがすべての責任を負い、ユーザーの費用節約に寄与する仕方である。GEにすべてを委ねるターンキー契約は、一九六六年一二月に締結されたが、東京電力ではその後、国際契約を締結する際のプロトタイプとなった。

契約後、GEから数多くのエンジニアが福島に訪れ、日本の提携メーカーを駆使しながら原子力発電所の建設をすすめる過程で、東京電力は提携メーカーとともに、原子炉の国産化をできるだけ早期に実現できるよう、GEがもつ原子力発電所建設のケイパビリティを試行錯誤によって学習する以外になかった。実際に提携メーカーとして、東芝、日立、石川島播磨が原子力発電所の建設に加わった。東芝、石川島播磨は原子炉圧力容器の製作、原子炉周囲の据付工事を、そして日立はタービン発電機の据付工事をそれぞれ担当した[113]。

一九六七年九月、福島では一号機の建設工事に着手したとされる[114]。建設がはじまると、GEの従業員は、家族とともに原子力発電所の敷地内に設けられたGE村と呼ばれた宿舎で生活するようになった。GE村は、六号機の建設が終わった一九七九年一一月まで存続した[115]。福島で建設された一号機は東京電力で最初の原子力発電所となったため、その建設過程ではさまざまな問題に直面せざるをえなかったものの、地域開発という点では正の効果がもたらされた。この点について、以下の記述をみよう。

> 大熊、双葉の海岸線は、標高三五メートルの切り立った丘陵地で、太平洋の波浪が四六時中断崖を洗っており、この強烈な破壊力に逆らって、直接外海に向かって防波堤を突き出して港湾をつくり、冷却水の取水と重量物の荷揚げに備える構想は、当時、発電所建設地点としては世界にも例をみないものであった。これをあえて断行したのは、当社の先見性と決断による（…）…一号機の建設は、地域開発のうえからも、道路設備が進められるなど、多くの役割を果たしたが、地元雇用の拡大の面でも、専業農家が少ない土地柄、いきおい京浜地区に働きに出ることの多かった人たちが地元で就労でき、非常に喜ばれた[116]。

表2.1　福島県に建設された原子力発電所

	福島第1原発						福島第2原発			
	1号機	2号機	3号機	4号機	5号機	6号機	1号機	2号機	3号機	4号機
着工	1967.9(?)	1969.5	1970.10	1972.9	1971.12	1973.5	1975.11	1979.2	1980.12	1980.12
運転開始	1971.3	1974.7	1976.3	1978.10	1978.4	1979.10	1982.4	1984.2	1985.6	1987.8
主契約者	GE	GE, 東芝	東芝	日立	東芝	GE, 東芝	東芝	日立	東芝	日立
所在地	双葉郡大熊町				双葉郡双葉町		双葉郡楢葉町		双葉郡富岡町	

注）東京電力株式会社（2002）にもとづき作成。本章の脚注114も参照。

したがって東京電力は、波の「破壊力に逆らって」まで困難な立地を選択し、原子力発電所の建設により「地元雇用の拡大」を実現したということになる。ただし、そうした「世界にも例をみない」困難な立地をあえて選択したのは、「先見性と決断」の賜物だった、と自己満足に浸っているかのようにもみえる。

さらにその後、東京電力は福島県で二番目の原子力発電所が富岡町、楢葉町に原子炉を設置する許可をえた一九七四年六月、双葉町、大熊町に設置された最初の原子力発電所を福島第一原子力発電所とし、二番目のものを福島第二原子力発電所（以下、福島第二原発）とすることに決定した[117]。**表2・1**に要約されるように、結果的に双葉郡には一〇基の原子炉——福島第一原発には六基、福島第二原発には四基——の原子炉が建設されることになった。

しかし木村知事の下、一九六八年一月に福島第二原発の建設計画が発表されたが、福島第一原発のときとは違い、土地収用のプロセスで地権者からの抵抗にあった。というのも、一九六〇年代後半には原子力と公害の関係に注目した環境運動が生じ、不明確ながら反原発のイメージが人々のあいだで形成されていたからである。さらに一九七〇年代初頭になると、社会党、共産党をはじめとした左派政党は、反原発の姿勢を鮮明に打ち出した。だが、このように原子力開発の推進に不利な状況のなかでも、木村知事は、原子力施設の見学のためにアメリカを訪問するなどして、それが高度かつ安全な科学技術だと強調し、原子力の明るい将来性のイメージづくりに注力した。その結果、福島第二原発は運転開始にこぎつけた。(118)

前述したように、福島における原子力発電所の建設は、福島県出身であることを共通属性とした境界コーディネーターが中心となって推進されてきたが、ここで新たに渡部恒三の名前を挙げておく必要があるだろう。渡部は、一九五九年四月に県議会議員に初当選し、木川田が思案していた原子力発電所の建設計画を支持し、建設用地の提供を申し入れたほどだった。(119) そして、一九六九年一二月には衆議院議員に選出され、後に自民党より追加公認をうけ田中派に加わった。彼は、派閥のリーダーである田中の下で一九七四年の電源三法の成立に貢献した。そして自民党では、商工部会長、電源立地等推進本部事務局長をつとめ原子力発電の開発の先頭に立ち、地方への利益誘導に注力してきた。(120)

さらに渡部は、一九九三年六月に自民党を離党し、一九九八年四月に結党した民主党に参加した後も、福島県を舞台として原子力開発の推進に取り組み続けた。彼について特筆すべき点は、民主党に参加した後は電力会社の労働組合に接近し、とくに東京電力、東北電力の組合票をまとめ、元秘書で甥の佐藤雄平（以下、佐藤［雄］）をはじめとして息のかかった人物を政治の表舞台に送りこんでいったことである。とくに、佐藤（雄）知事、そして経産副大臣をつとめた増子輝彦は二〇一〇年八月、福島第一原発三号機でのプルサーマル計画をうけいれ、核燃料サイクル交付金六〇億円を地方に誘導するのに一役買ったとされる。(121) 次節では、福島第一原発建設後の東京電力の経時的な戦略変化に注目し、この企業が原子力発電への依存度を高めていくプロセスを確認しよう。

4 福島第一原発建設後の東京電力の戦略変化——民間主導から官民協調へ

前述したように、境界コーディネーターの一人として福島に原子力発電所の立地を推進したのは、東京電力の木川田だった。彼は、安藏彌輔、高井亮太郎、青木均一に続く、四代目にしてはじめての生え抜きの社長となった。以下では、彼以降のトップ・マネジメント、すなわち福島第一原発の建設後の時期を対象とした東京電力のトップ・マネジメントの戦略的意思決定に焦点をあて、その戦略変化を時系列的に考察する。ここでいう戦略変化とは、これまでとは違った存在になる、これまでとは違った物事を創造するといった会社の長期的な成功・失敗に関連した変化を表す(122)。したがって、当該期間をつうじて東京電力の歴代社長が原子力発電のドメインにおいてどのような戦略的意思決定を実行し、会社の長期的な成果に影響を及ぼしてきたかを吟味する(123)。

木川田が社長に就任した頃の日本経済は、ちょうど高度成長期にあたる。彼の社長時代は、とくに一九六〇年に池田勇人内閣が発表した所得倍増計画のため経済成長が促進され、電力需要の増大によって電力会社の経営に追い風が吹いていた時期とみなされる。木川田は、こうした時期に企業を経営するにあたり、需給双方の取引主体の利益をあわせた社会的便益を最大限に実現し、これを両者のあいだで公正に分配する共益活動を重視した。つまり共益活動は、地域独占に特徴づけられた電力産業、すなわち不完全競争の現実世界において取引主体間の協力をすすめ、完全競争経済という理論世界の合理性を創造する試みだった(124)。それは、新しい技術革新の成果を取り入れ、効率的な経済取引を先取的に提案していくという彼のビジョンであり、電力事業のあるべき理想像を示していた。

前述したように、木川田は、貧困からの脱却に向けて地域発展を実現すべく、選挙区である双葉郡の有効活用を模索していた木村にたいして原子力発電所の建設を示唆した。このことは、木川田にとって原子力発電が「技術革新の恩恵」であると同時に、市場にたいして「時代の進歩にマッチする最も能率的な経済取引」を提供しうる可能性でもあることを含意していた。そして彼は、原子力発電によってエネルギーの安定供給が実現できると無条件に信じていただけでなく、原子力発電そのものが十分に理解されていない初期段階であったがゆえに、それに過大な期待を抱くことが許された時代において、高速増殖炉による核燃料サイクルの確立を究極的な理想として描いてもいた(125)。そして、原子力発電という有望な事業の主導権を国家に掌握されぬように、との思いで性急にその導入・開発に取り組み、国家からの自律性を保持しようとしたのではないか、と推測される。

そして、一九七一年五月に木川田は会長に退いたが、それにあわせて水野久男が社長に就任した。またその翌月には、木川田の師でもあり、日本の電力産業の基礎をつくった松永が死去した。当時の日本経済は、高度成長にかげりがみえはじめ、一九七三年一〇月の第四次中東戦争を契機とした第一次石油ショックによって、石油・電力の使用制限が課された。その後、日本の電力需要は伸び悩んだ。東京電力では、一九七四年六月、一九七六年八月に電気料金値上げを実施した。にもかかわらず、木川田会長のリーダーシップの下、水野社長、平岩外四副社長の両者が補佐役として財務体質の安定化、燃料の手当などに尽力せねばならなかった。

だが第一次石油ショック後、日本を含む石油消費国では電源の脱石油化が進展した。その際、総合エネルギー政策が国策とみなされ、原子力が石油代替エネルギーの本命とみなされるようになった。主にそれは、原子力発電が一九六〇年代後半に実用化段階に入っていただけでなく、核燃料サイクルの確立によってエネルギー自給を実現することを期待されてもいたからである(126)。日本において第一次石油ショックは、やがてエネルギー資源の海外依存にたいする危惧をもたらし、高速増殖炉による核燃料サイクルの確立をめざす官民協調の動きを生み出す(127)。

他方、東京電力では一九七六年一〇月、平岩が社長に就任した。その際、木川田は会長を辞めた一方、水野は社長を辞めたが会長にはつかずに取締役相談役にとどまった。これにより、木川田に代わって平岩が東京電力の実権をえた。だがまもなくして、イランにおける反政府デモのため一九七八年一二月に石油輸出が全面的に停止されたのを機に、第二次石油ショックが生じた。こうして立て続けに生じた石油ショックは、石油を中心としたエネルギー問題を経済から政治の舞台へと押し上げ、私企業が対処できるものではなくなった。

他方、東京電力では一九七六年四月の福島第一原発での火災をはじめ、一九七七年四月と六月、一九八〇年三月に原子炉の配管で応力腐食割れをおこした。さらに悪いことに、一九七八年一一月には三号機で日本初の臨界事故をおこしてもいた(128)。また一九七九年三月、アメリカ・ペンシルバニア州のスリーマイル島原子力発電所（以下、ＴＭＩ）では、原子炉冷却材喪失によるメルトダウンが生じる大事故がおきた。その結果、一九七四年のむつ事件以来、国内で高まりつつあった反原発運動にいっそうの拍車がかかった。

石油ショック後の脱石油化にともなう原子力開発の必要性、エネルギー問題の政治化、そして東京電力内外での原発事故にともなう原子力発電への逆風といった一連の要因によって、平岩は電力会社のトップ・マネジメントとして、私企業の自立性を政府、官僚から守り抜くという民間主導論を放棄せねばならなかった。すなわち、国のお墨付きをもらい、官僚と私企業の連結を促す官民協調論にもとづく経営を志向せざるをえなくなった。佐高信(129)によれば、平岩は、通商産業省の息のかかった電源開発を認知することで、実質的には九電力体制から一〇電力体制へと切り換え、リスク軽減を図る選択をした(130)。官民協調論にもとづく防御戦略への転換は、電力産業にとって厳しい環境のなかで、私企業としての東京電力の存続・安定化を優先した戦略的意思決定である。と同時に、官僚、研究者、政治家にたいして原子力推進文化への埋め込み(131)を図り、彼らが密に連結することで原子力村が形成される契機とみなされよう。

平岩は、一九七七年七月に電事連会長に就任した後、第二次石油ショックにより電力会社の経営は深刻な打撃をうけたため、代替エネルギーとして原子力への依存をいっそう高め、産油国との友好関係の構築のみならず中国からの原油輸入にも着手せねばならなかった。さらに電力産業は、厳しい環境のなかでエネルギーの安定確保・供給を課題とする点で財界全体の利害と一致していた。そのため彼は、経団連会長の土光敏夫の下で副会長をつとめた。さらに後に一九九〇年一二月、木川田ですら望みをかなえられなかった経団連会長の座につき「財界総理」と呼ばれるほどの強大な権力をもつまでになった。

平岩時代に政府と電力産業は急速に距離を狭め、高速増殖炉による核燃料サイクルの確立に向けて協調するようになった。原子炉設置の許認可権を掌握する科学技術庁は、使用済核燃料の再処理事業を電力産業にひきうけてもらおうと画策した。だが電力産業は、再処理の海外委託を検討していたが、こうした動きにたいして通商産業省は否定的な見解を示し、電力産業に再処理工場の建設を求めた。結果的に電力産業は、再処理事業での国策協力を決め、電源開発を加えた一〇電力会社は、一九八〇年三月に再処理のための日本原燃サービス、一九八五年三月にウラン濃縮のための日本原燃産業を、それぞれ設立することとなった。

こうして設立された両社は、一九八五年四月に青森県、上北郡六ヶ所村の双方と「原子燃料サイクル施設の立地への協力に関する基本協定書」を締結し、核燃料サイクル施設の集中立地計画を始動させた(132)。この計画の実現に向けて中心的な役割をはたしたのは、平岩と関西電力社長の小林庄一郎だった。しかし実際、六ヶ所村での核燃料サイクル施設の建設をすすめたのは、平岩の後をうけ一九八四年六月に社長に就任した那須翔だった。日本原燃サービスと日本原燃産業は、一九九二年七月に合併により日本原燃に改称された。そして、一九八八年一〇月にはウラン濃縮工場、一九九三年四月には再処理工場の建設に着工した。

那須は、反原発運動の高まりに特徴づけられた当時の環境変化のなかで、原子力発電を定着させるべく尽力した。しかし、彼が社長に就任して二年がたとうとしていた矢先の一九八六年四月、ソ連のチェルノブイリ原子力発電所（以下、チェルノブイリ原発）でメルトダウンによる史上最悪の事故が生じた。チェルノブイリ原発事故により、多数の死者・被曝者が生じたばかりか、放射能汚染による広大な不毛地帯が残されることにもなり、ヨーロッパ全土に放射性物質がまき散らされるという深刻な事態が招来された。日本では輸入食品の放射能汚染問題に関心が向けられ、社会では一般市民による反原発運動が活発化した。こうした状況にもかかわらず、東京電力は一九八七年八月、福島第二原発四号機の運転を開始したことにより、合計出力一〇一九万六〇〇〇キロワットに到達し、民間レベルとしては世界最大の原子力発電設備を擁することになった(133)。

だが那須時代は、福島第一原発、福島第二原発で続いて発生したトラブルに悩まされた。福島第一原発では、一九八八年二月に四号機での定期検査中の制御棒の脱落、一九九〇年九月に三号機での主蒸気隔離弁のピン破壊による自動停止、さらに福島第二原発では、一九八九年一月に三号機のインペラーの溶接部破壊といった一連のトラブルが生じた。この点について、那須は述べた。

技術への過信がいちばんの問題。事実に対していつも謙虚でなくては（。）…（原子炉の運転を）止めたら住民の不安を呼ぶ（。）…いくら反省しても反省しすぎることはないと思っています[134]、

彼は、技術への過信がトラブルにつながったという事実を認めるとともに、原子炉を運転し続けないと住民の不安を生むので、その運転をやめるにやめられない、という東京電力の特異な行動原理を明らかにした。

そして一九九三年六月、荒木浩が新たに社長に就任した。彼は、兜町を意識した普通の企業への変化を志向し、コスト削減の徹底化に取り組んだ。当時の日本経済はバブル崩壊のあおりをうけ、一般的に企業には、肥大化した事業規模の削減を実現するダウンサイジングに加え、高コストのプロセスを抜本的に見直していくビジネス・リエンジニアリングも求められていた。さらに彼の社長時代には、一九九五年一二月の動燃の高速増殖炉もんじゅのナトリウム漏洩事故、そして一九九七年四月の動燃の新型転換炉原型炉ふげんの放射性物質漏洩事故といった重大な事故が生じた。だが結果的に、荒木が導入したコスト削減運動は功を奏し、一九九九年末の増配につながり四一年ぶりに六〇円の年間配当を実現した[135]。

だが、実はその頃にはすでに荒木は会長に退いていた。というのも一九九九年四月、南直哉が社長に就任していたからである。一九九五年には電気事業法が改正され、ＩＰＰの出現、電力小売販売事業の実現、ヤードスティック査定の採用、保安規制の合理化などを柱として日本の電力産業に競争原

理が取り入れられた。さらに一九九九年にも電気事業法の改正が行われ、特別高圧需要家を対象にした電力小売の部分的な自由化、電力会社による送電ネットワークの開放などが織り込まれた。こうした電力自由化時代の到来は、一九八〇年代後半の円高の進行にともなう電気料金の値下げ圧力によるものだった。(136) 南には、電力自由化の流れを阻止するとともに、電力産業にとって利潤の源泉である三種の神器、なかんずく発送配電一体を死守することが期待された。

しかし、南が社長に就任していた時期、日本では深刻な臨界事故が生じただけでなく、高速増殖炉による核燃料サイクルの確立にも暗雲がたちこめた。第一に、一九九九年九月のＪＣＯの東海事業所の臨界事故などにより、原子力発電所にたいする一般市民の信頼は根本から揺らぐこととなった。第二に、日本国内の核燃料サイクル関連施設での一連の事故はもとより、フランスがイタリア、ドイツと共同で運営していた高速増殖炉スーパーフェニックスの運転を一九九八年一二月に停止し、核燃料サイクルを確立する取り組みから撤退したという事実は、日本のプルトニウム利用政策の見直しにつながった。そこで、電力産業およびその所管省庁は、一九九七年一月に原子力安全委員会が決定していた軽水炉でのプルサーマル計画の促進に活路を見出すこととなった。

だが悪いことに、プルサーマル計画の実現に水を差すかのように、東京電力が福島第一原発の一号機から六号機、福島第二原発の一号機から四号機、そして柏崎刈羽原子力発電所（以下、柏崎刈羽原発）の一、二、五号機で一九八七年から一九九五年にかけて点検作業で発見されたシュラウドのひび割れなどを隠蔽して運転を続けてきた事実が、ようやく二〇〇二年八月になって明るみに出た。というのも、かつてＧＥの原子力エネルギー部に所属し、ＧＥＩＩ（ゼネラル・エレクトリック・インターナショナル）に派遣され、原子力発電所の点検作業に取り組んでいた日系アメリカ人社員ケイ・スガオカは二〇〇〇年六月、福島での二件のデータ改竄について通商産業省の資源エネルギー庁に内部告発したからだった。その結果、時間はかかったが、福島第一原発、福島第二原発、柏崎刈羽原発で二九件にも及ぶトラブル隠しがあったことが明るみに出た。[137] 東京電力による一連のトラブル隠しについて、その従業員一〇〇名近くが隠蔽指示・黙認など何らかの形で事情を把握していた。[138] これをうけ東京電力は、二〇〇二年九月二日に記者会見を開き、南社長、荒木会長、平岩相談役、那須相談役、榎本聰明副社長の辞任を発表した。南は、トラブル隠しの原因について述べた。

日本の原発の安全基準が現実に合わず、現場に大きなプレッシャーがあった。…現在の原子力施設のメンテナンスは、どんな小さな傷があってもならない。新しい工法で修理しようとすると、実証・検証のため長期間プラントを停止しなければならない。[139]

彼は、一連の企業不祥事が隠蔽されてきた理由を規制の厳しさに求めたようにみえる。

他方で、一連のプロセスにおいて、内部告発における個人情報の保護・対応の遅さなど行政側の問題も提起された。二〇〇〇年七月に内部告発文書をうけとった資源エネルギー庁は、早々に原子力申告調査委員会を開き、データ改竄、情報隠蔽の当事者である東京電力にも内容の照会を行っていた。しかし二〇〇〇年一二月、告発者の個人情報にかんする資料を東京電力にすべて渡していた。[140] このような動きをふまえ、東京電力のトラブル隠し事件の後、行政の対応を評価するために「東京電力点検記録等不正の調査過程に関する評価委員会」、そして再発防止のために「総合資源エネルギー調査会原子力安全・保安部会原子力安全規制法制検討小委員会」の二つが経済産業省内に設置された。しかしこれらは、原発推進派の委員を中心とした形式的な委員会にすぎないとみなされた(141)。

トラブル隠し事件の後、二〇〇二年九月に勝俣恒久が社長に就任した。そして、東京電力は彼の主導により、原子炉本体、再循環系配管については過去一四年間、そして格納容器については直近の検査記録を見直し、新たな不正は他にみあたらなかったとする最終報告書を、二〇〇三年二月に原子力安全・保安院に提出した(142)。さらに、企業倫理委員会の設置、独立性の高い社内監査組織、地域住民との対話などデータ改竄などの企業不祥事を未然に防ぐための再発防止策をまとめ、同年三月に原子力安全・保安院、福島県、新潟県に提出した(143)。勝俣は、自分の前任者たちの時代に積み重ねられてきた組織の悪弊を断ち切るべく「しない風土、させない仕組」をスローガンとして組織改革をすすめた(144)。

だがあいにく、再び東京電力のトラブル隠しが明るみに出た。中国電力が岡山県新庄村にある水力発電用の土用ダムでデータ改竄を行っていたことが、二〇〇六年一〇月に発覚した。これを機に、国土交通省、経済産業省は電力会社に調査の実施を指示した。東京電力も、二〇〇六年一二月より調査をすすめ、翌年一月になって福島第一原発の一号機から六号機、福島第二原発の一号機から三号機、そして柏崎刈羽原発の一、二、三、七号機の合計一三基について定期検査の際に一九九件のデータ改竄があったことを公表した(145)。勝俣は、「自発的に調べて公表したことは、風土改革が進んだ証しと評価してほしい(146)」と述べた。つまり彼は、今回のトラブル隠しが明るみに出た原因は、前回の内部告発とは違い、組織としての自発的な取り組みによることを強調した。

だが勝俣には、さらなる試練が待ちうけていた。二〇〇七年三月、北陸電力が志賀原子力発電所一号機で一九九九年六月に生じていた臨界事故を隠蔽していたことが明らかになった。これをうけ、東京電力は社内調査を開始したところ、過去に類似の事故があった疑いが強まり、原子炉メーカーであ

表2.2　東京電力の歴代社長と原子力発電所の開発

社長	出身	在任期間	内部での原発関連の主な動き	外部での原発関連の主な動き
木川田一隆	企画部	1961.7- 1971.5	福島第1(1,2,3)着工 福島第1(1)運転開始	
水野久男	総務部	1971.5- 1976.10	福島第1(4,5,6)着工 福島第2(1)着工 福島第1(2,3)運転開始	第1次石油ショックによる石油の原子力への代替
平岩外四	総務部	1976.10- 1984.6	福島第2(2,3,4)着工 柏崎刈羽(1,2,5)着工 福島第1(4,5,6)運転開始 福島第2(1,2)運転開始 ✓福島第1(3)日本初の臨界事故	第2次石油ショックによる原子力への依存の高まり ✓スリーマイル島原発のメルトダウン
那須翔	総務部	1984.6- 1993.6	柏崎刈羽(3,4,6,7)着工 福島第2(3,4)運転開始 柏崎刈羽(1,2,5)運転開始	✓チェルノブイリ原発のメルトダウン
荒木浩	総務部	1993.6- 1999.4	柏崎刈羽(3,4,6,7)運転開始	✓もんじゅのナトリウム漏洩事故 ✓ふげんの放射性物質漏洩事故
南直哉	企画部	1999.4- 2002.9	✓福島第1(1-6)トラブル隠し ✓福島第2(1-4)トラブル隠し ✓柏崎刈羽(1,2,5)トラブル隠し	フランスによる核燃料サイクル撤退 ✓JCOの臨界事故
勝俣恒久	企画部	2002.9- 2008.6	✓福島第1(1-6)トラブル隠し ✓福島第2(1-3)トラブル隠し ✓柏崎刈羽(1,2,3,7)トラブル隠し ✓中越沖地震による震災事故	
清水正孝	資材部	2008.6- 2011.6	福島第1(3)プルサーマル発電実施 ✓東日本大震災にともなう福島原発危機の発生 ✓福島原発危機にともなう基本財毀損問題	
西澤俊夫	企画部	2011.6- 2012.6	✓福島原発危機にともなう基本財毀損問題	日本におけるすべての原子力発電所の運転停止
廣瀬直己	営業部 福島原子力被災者支援対策本部	2011.6- 現在	✓福島原発危機にともなう基本財毀損問題	関西電力大飯(3)再稼働 脱原発に向けた世論の高まり

注：原子力発電所の後に記された括弧内の数字は原子炉を、そして✓は社会にとって望ましくないバッズの生産を表す。

る東芝、日立にも調査を依頼した。その結果、東芝から制御棒の脱落を示す社内記録の存在を伝えられ、一九七八年一一月に福島第一原発三号機で原子炉圧力容器の耐圧試験の準備中に制御棒一三七本中五本が脱落し、臨界が七・五時間近くも続いていたことが明らかになった(147)。結果的に、一九七八年から二〇〇〇年のあいだに東京電力、東北電力、中部電力、北陸電力で合計八件の制御棒の脱落が生じていたにもかかわらず、いずれも国に報告されていなかった事実が判明した(148)。電事連会長もつとめていた勝俣は、一連の企業不祥事について陳謝し、プルサーマル計画の実現にせめてもの意欲を示すしかなかった(149)。

そして、二〇〇七年七月一六日にマグニチュード六・八の新潟県中越沖地震が生じた。この地震の直後に柏崎刈羽原発では、変圧器の火災にとどまらず放射性物質を含む汚染水の海への流出など深刻な事故がおきた。二〇〇七年一二月末の時点で、柏崎刈羽原発でのトラブルは結果的に約三一〇〇件にも及ぶとされた(150)。後述するように、柏崎刈羽原発の震災事故は、防火対策や耐震設計の根本的な不備を露呈させただけでなく、原子力発電所の立地選択における活断層の過小評価など多くの課題を残すこととなった(151)。

このように、原子力発電所をめぐるトラブル隠し・震災事故の後、勝俣は二〇〇八年六月に会長に退き、社長の座を清水正孝に譲り渡すことになった。清水は、発電所や変電所で用いられる資材の調達プロセスを本社で一元化することでコスト削減に貢献してきた。また、勝俣が企画部長をつとめていた時代に企画部ＴＱＣ推進室副室長をつとめ、両者のあいだには密接な関係があったとされる。**表2・2**に示された東京電力の歴代社長の経歴をみてもわかるように、企画部出身、総務部出身が主流となっていたなかで、資材部出身の清水が社長に抜擢されたことは、きわめて異例の出来事とみなさ

れる。(152)

しかし異例の処遇をうけて誕生した社長は、図らずも歴史的に異例の危機的状況にまきこまれた。二〇一一年三月、史上最大の東日本大震災による大地震・大津波の影響をうけた福島第一原発は、あいつぐ原子炉建屋の水素爆発のみならず、複数の原子炉のメルトダウンという深刻な事態をも招来した。東京電力では二〇一一年六月に西澤俊夫が社長に就任し、勝俣会長とともに福島第一原発事故の解決に向けた陣頭指揮をとることになった。そして二〇一二年六月、原子力損害賠償支援機構運営委員長だった下河辺和彦が会長に就任し、その下で、多様な経歴をもつ廣瀬直己が社長をつとめることになった。

だがその後、東京電力をはじめ政府すらも、原発事故にともなう放射性物質の漏洩、福島第一原発の近隣に住む地域住民の生活基盤の回復などといった未曾有の難問を迅速かつ適切に解決するのに苦難している。後で立ち返るように、こうした問題は、元来は軍事用の核兵器と同じ核エネルギーに依存しているという点で、原子力発電所が秘めた潜在的な危険性が顕在化したものであり、それにより地域共同体、日本、ひいては地球の持続可能性が脅かされているという意味で、まさに「危機」と呼ぶのが適切だと思われる。

以上、福島原発危機の当事者である東京電力がその舞台となった福島第一原発の建設後、どのように戦略を変化させてきたかについて述べた。とくに原子力発電に関連した動向については、**表2・2**に要約される。実際、東京電力の原子力開発は、平岩が実質的にこの企業を統率していた時代に突出した成果——原子力発電所の着工・運転開始についてみれば、社長時代に一一基、そして会長時代(那須の社長時代)に九基——を実現した。

だが平岩時代、那須時代、荒木時代には、TMI、チェルノブイリに代表されるように国内外で深刻な原発事故がおきた。また南時代、勝俣時代には、東京電力では社内で隠蔽してきた原発事故が次々と顕在化した。とくに勝俣時代には、平岩時代の一九七八年に福島第一原発三号機で臨界事故がおきていたことが明るみに出ただけでなく、中越沖地震によって、柏崎刈羽原発では設計時の想定を超えた揺れにより深刻な震災事故が生じた。しかし東京電力は、二一世紀にはいっても一貫して原子力開発の推進を続けてきた。だがきわめて残念なことに、一連の原発事故の教訓を生かせぬまま、今回の福島第一原発事故を招いてしまった。以下では、福島原発危機について述べよう。

5　福島原発危機

二〇一一年三月一一日一四時四六分、宮城県三陸沖を震源とした史上最大のマグニチュード九・〇の東北地方太平洋沖地震が発生し、それにともない大津波が東北地方から関東地方の太平洋沿岸部を襲った結果、壊滅的な被害がもたらされた。津波については、岩手県宮古市で観測されたものが最大とされ、そこでは海面から四〇・五メートルの高さを記録するほどの大津波が確認された[153]。さらに、津波はもとより、度重なる余震、地盤沈下、液状化現象、建造物の全壊・半壊などの深刻な影響ももたらされた。その結果、東日本大震災と呼ばれる一連の災禍による死者数は一万五八四四名（北海道・東北・関東地方）、行方不明者数は三四五〇名（東北・関東地方）にそれぞれ及んだ[154]。

しかし被害は、天災にとどまらず人災によってさらに深刻化した。その日、福島第一原発では一号機から三号機までの原子炉が自動停止した。だが一五時三〇分頃に津波の影響をうけ、一五時四二分頃には一号機から三号機までが全交流電源喪失という危機的状況に見舞われた。これに加えて一六時三六分頃、一号機、二号機ではECCS（Emergency Core Cooling System－非常用炉心冷却系）が作動停止に陥った結果、注水不能になった。そこで東京電力本店は、福島周辺の各支店に電源車の確保を指示した。しかし電源車は、地震後の道路被害・渋滞により福島第一原発に到着できなかったため、一八時二〇分頃に東北電力に高圧電源車の派遣を要請した。他方で政府は、一九時三分頃に日本初の原子力緊急事態宣言を発令した。高圧電源車の到着は二三時頃となり、暗所で障害物が散乱していたため、ケーブルの敷設は難航した[155]。福島第一原発を運転する東京電力は、未曾有の危機をひきおこした当事者となった。

この日、清水社長は出張先の関西地方にいた。そうした緊急事態をうけて東京に戻るべく、名古屋空港にある東京電力のヘリに乗ろうと新幹線で名古屋に向かった。しかし、名古屋空港は緊急事態にもかかわらず、空港の運用時間をすぎていたことを理由に東京電力に使用許可を出さなかった。そこで東京電力は、首相官邸の緊急参集チームを介して防衛省に依頼することで、名古屋空港と同じ敷地内にある小牧基地から航空自衛隊の輸送機C一三〇に清水が乗り込み、入間基地へと移動すべく飛び立った。だが、その離陸を把握していなかった北澤俊美防衛大臣が被災者支援を優先するよう指示し、この輸送機を引き返させた。その結果、清水は一二日朝にヘリで東京に戻ることとなった[156]。その時点では発表されていなかったものの、実は福島第一原発では一号機のメルトダウンが生じていた。他方でその頃、勝俣会長は皷紀男副社長（原子力・立地本部副本部長）を引き連れ、マスメディア・労働組合出身者などとともに愛華訪中団という組織で中国・北京を訪れていた[157]。かくして、社長、会長ともに原発事故について適切な判断を下せる状態ではなかった。

福島第一原発は危機的状況にあったにもかかわらず、東京電力は官邸にたいして、原子炉の冷却ができなくなっても非常用ディーゼル発電機があるので八時間は問題ない、と伝えた。つまり、八時間のあいだに冷却機能を復旧できると判断した。また三月一一日夕方、班目春樹原子力安全委員会委員長は官邸を訪れ、「外部に放射能が出るような事態にはなっていない。電源に問題があるというだけで、連鎖反応は完全に止まっている。あとは冷やすだけ」[158]と述べた。しかしながら、冷却機能の回復を実現できぬまま時間だけが経過し、官邸では三月一二日一時三〇分頃、班目、東京電力は、一号機の圧力上昇が続いているので原子炉格納容器の健全性を保つべく、内部の水蒸気を排出する原子炉格納容器ベントが必要だ、と菅直人首相、海江田万里経済産業大臣（以下、経産大臣）の双方に進言せざるをえなくなった。

結果的に菅首相はベントが不可避と判断し、これをうけ三時に枝野幸男官房長官は会見を開き、原子炉格納容器ベントの実施と首相による現地視察を発表した。しかし六時になっても、官邸には東京電力からベントを実施したという連絡はなかった。実のところ東京電力は、現場での電源喪失、放射線量の高さを理由にベントを実施できずにいた。菅は七時一一分頃に福島第一原発に到着し、武藤栄副社長（原子力・立地本部長）にベントを早急に実施しない理由をあらためて問いただした。一方、吉田昌郎福島第一原子力発電所長からベントをかならず実施するという言質をえた。その結果、一〇時一七分頃にようやく一号機のベントが実施された[159]。そして一五時頃に高圧電源車のケーブルがつなぎ終えたのだが、そのかいなく一五時三六分頃、一号機は水素爆発をおこし原子炉建屋の上部は吹き飛んだ。

さらに東京電力は、二〇時二〇分頃に一号機へ消防車のポンプなどでホウ酸入りの海水を注入した。(160)だが、すでに一一日の段階で菅首相から海水注入の指示をうけていたものの、それによって原子炉を再稼働できなくなり、廃炉以外に選択肢がなくなってしまうという理由で、あえて海水注入を遅らせてきたのではないか、と社会から疑いの目すら向けられた。このように、廃炉を前提とした海水注入は、一基三〇〇〇億円以上にも及ぶ原子炉を無駄にするばかりか、一〇〇〇億円以上にも及ぶ廃炉費用の負担を追加的に生み出すという点で、企業にとってはリスクの大きい選択であったことはたしかである。(161)かくして東京電力は、その真偽はさておき、一般的には躊躇のために海水注入の実施を遅らせたといわれた。(162)

三月一三日には、二号機、三号機でベントを開始した。(163)しかし三号機では、燃料棒の上部が冷却水から露出して圧力が上昇した。そこで、この原子炉に海水注入を実施しはじめた。こうした危機的状況のなか、東京電力は、二〇時頃から清水社長の記者会見を開いた。そこで彼は、管内を五グループに分割し、三時間ずつ輪番で停電していく計画停電をはじめると発表した。五二〇〇万キロワットに及ぶ震災前の供給能力が一四日には三一〇〇万キロワットに落ち込んでしまうため、計画停電にふみきることを突然発表した形となった。さらに清水は、「このたび、私どもといたしましては、これまで我が国が経験したことのない大規模地震といった自然の脅威とはいえ、このような原子力の重大な事故に至ってしまったことは、痛恨の極みでございます(164)」と述べ、直面している福島第一原発の危機の原因を自然災害に帰そうとした。そして、地震、津波の影響を評価した。

今回の地震による影響は、プラントそのものは地震の揺れによって正常に制御棒も働き、停止したということであります。そういう意味では高年化のために揺れによる影響があったという評価はしておりません。したがって、一番の問題は津波によって非常用の機器が海水につかってしまったということで、その機能が失われたというのが最大の要因だと思います。そういう意味では、津波そのものに対するこれまでの想定を大きく超えるレベルであったという評価はしております。[165]

したがって清水は、危機の原因をつきつめていくと想定外の津波に逢着する、と解釈した。

　また三月一四日には、本来はNBCテロ[166]に対処する専門部隊である陸上自衛隊中央特殊武器防護隊が三号機の海水注入の支援に加わったものの、一一時一分頃に水素爆発が生じてしまった。[167]さらに悪いことに、この部隊のメンバーのなかには爆発にまきこまれ被曝した人も出た。[168]他方で二号機では、一四日一六時三四分頃、二号機への海水注入が行われたものの、燃料棒がすべて露出してしまい原子炉は空焚きの状態になった。[169]

　この日の二一時頃、東京電力から海江田経産大臣、枝野官房長官に現場からの撤退を示唆する連絡があった。実際に深夜、東京電力では社長による撤退命令を出そうとする動きがあった。[170]そこで、菅首相は清水社長を呼び出した。呼び出された清水は、一五日四時一七分頃に官邸を訪れた。その結果、五時三〇分頃、首相を本部長として政府、東京電力が一体となり危機対応できるよう、福島原子力発電所事故対策統合本部（以下、対策統合本部）の設置が発表され、菅はその直後、東京電力本店二階の統合本部へと向かった。そこで彼は、「テレビで爆発が放映されているのに、官邸には一時間くらい連絡がなかった」[171]と述べ、東京電力の不適切な情報提供のあり方を批判した。さらに、「あなたたちしかいないでしょう。撤退などありえない。覚悟を決めて下さい」とも述べたと報じられた。[172]

　しかし、一五日六時頃に四号機、六時一四分頃に二号機で立て続けに爆発音が確認され、原子炉建屋五階屋根付近、圧力抑制室がそれぞれの爆発で損傷してしまった[173]。他方、福島第二原発では同日、一号機から四号機までのすべての原子炉が冷温停止状態となったことが発表された[174]。

三月一六日五時四五分頃、四号機の原子炉建屋四階からの出火が確認された。その消火のために消防車四台、消防隊員一七名がかけつけたが、放射線量が最大毎時四〇〇シーベルトにも及ぶ危険な敷地で消火活動にあたらなければならなかった[175]。さらにこの日、東京電力は、政府とともに対策統合本部を立ち上げたにもかかわらず、官邸がアメリカに支援の必要性を伝えない可能性があったため、直接アメリカの国防総省に支援を求めたといわれる[176]。かくして政府と東京電力のあいだには、信頼関係が構築されていなかったようである。

そして三月一七日、三号機の使用済核燃料プールを冷却するために、陸上自衛隊のヘリコプター四機が仙台市の霞目駐屯地から出発し、UH六〇が上空から福島第一原発周辺の放射線量を調査し、一機あたり最大四〇分までであれば作業が可能だと判断した。そこで残り三機のCH四七のうち一機が投下を指揮し、残りの二機が九時四八分頃より上空九〇メートルから容量七・五トンの水嚢でくみあげた海水を交互に投下した。四機に乗りこんだ合計一九名の乗員は防護服を着用していたが、上空の放射線量は毎時八七・七ミリシーベルトと測定された[177]。

さらに、福島第一原発周辺の海でも変化がおきていた。三月二一日、東京電力は〇・五リットルの海水を採取して調査した結果、ヨウ素一三一、セシウム一三四、セシウム一三七が検出された[178]。さらに三月二九日、四号機の放水口から南に三三〇メートルの地点、および五号機、六号機の放水口から北に三三〇メートルの地点でも同じく三つの放射性物質が検出された[179]。海への放射能汚染をもたらしうる原因にかんして、東京電力は四月二日、二号機の取水口付近の作業用のピットに高濃度汚染水がたまり、壁面の亀裂から海へと流出していることを発表した(180)。水を注入しても原子炉、使用済核燃料プールを水で満たすことができぬまま、結果的に水が汚染水となって地下へと漏れ出していた。汚染水の海への流出を食い止めるべく、吸水性が高く固まりやすい高分子ポリマーを投入したもののうまくいかなかった(181)。

ついに四月四日、東京電力は原子力安全・保安院にたいして、汚染水を意図的に海に放出したいと打診し、四つの条件——放出した汚染水の濃度・量の確認、放水時点の海洋状態の確認、放水前後の海洋のモニタリング、適切な影響評価の実施——を満たすことを前提に、海洋放出は避けられないとの判断が正式に認められた。そして一九時頃より、原子力発電所内の低濃度汚染水を海へと放出しはじめた。集中廃棄物処理施設の一万トン、五号機、六号機の周囲の地下水をためている升の〇・一五万トンを数日かけて海洋に放出することで、高濃度汚染水の保管場所の確保、設備の浸水防止を図ろうというねらいがあった。そして、水深約五メートルに匹敵する大きさのポリエステル製のシルトフェンスを浮きでつりさげ、海中を仕切ることにより汚染水が海で拡散するのを防ごうとした(182)。

しかし共用財《コモンズ》としての海は、放射能汚染によって危機的状況におかれたといわざるをえず、海産物はもとよりそれを対象とする漁業にも甚大な負の影響がもたらされることとなった。だが問題は、漁業の経済損失だけにとどまらない。放射能汚染を心配する消費者が福島県産の海産物を差し控えることを心配した消費地市場の担当者は、その仕入れを差し控えるようになった。そして、このことを心配した漁業従事者は、福島県内での水揚げを避けざるをえず、近隣県の漁港に水揚げすることもあった。というのも、それにより本来「福島県産」であるはずの海産物を他県産として流通できたからである。こうしたケースは、漁業以外の業界でも確認され、風評被害と呼ばれるようになった。深刻な放射能汚染は海だけでなく大地にも拡大し、時間の経過とともに風評被害も深刻化した。

当然、福島第一原発の近くの土地で生活する人々も放射能汚染の危険にさらされているので、土壌などの除染が急務となっている。政府は八月二六日、「除染に関する緊急実施基本方針」を決定した。この基本方針は二年間の暫定目標として、汚染地域の年間被曝線量を約五〇％削減するとともに、学校、公園などの除染の徹底化により子供の年間被曝線量を約六〇％削減することを掲げた。そして、福島第一原発から半径二〇キロ圏内で立ち入り禁止となっている警戒区域、および二〇キロ圏外で年間線量二〇ミリシーベルト超となりうる計画的避難区域は、除染を国主体で行うとされた(183)。

しかし、こうした区域の境界は政府が恣意的に設定したものにすぎず、放射能汚染はそうした人為的な境界を超えて東日本をはじめ日本全国へ拡大していった。この点にかんして、人間が生み出した拡延的認知資産である法(184)は、原子力発電所の敷地外が放射能汚染によって深刻な被害をうけ、こうした除染にともなう廃棄物処理が不可欠となるということを想定していなかったようである。

このように放射能汚染の影響が国内で拡散していくなか、政府は四月一二日、福島第一原発がＩＮＥＳ（国際原子力事象評価尺度）でレベル七（深刻な事故）に該当することを認め、レベル五（事業所外へのリスクをともなう事故）というこれまでの評価を引き上げた。これは、福島第一原発で事故発生から数時間にわたり一時間以上も最大一万テラベクレルの放射性物質を放出していた、という原子力委員会が前日に示した見解をうけた動きだった。つまり、実のところ福島第一原発事故の深刻さは、チェルノブイリ原発事故に匹敵するレベルだった。そうした政府による評価の引き上げは、世界各国のメディアで大きく報じられ、適時に必要な情報を提供していない、という厳しい指摘がとりわけ国際社会から日本にたいして向けられた(185)。

また原子力安全・保安院は、一号機から三号機まで原子炉の燃料棒の一部が溶融していることを認め、四月一八日に原子力安全委員会に報告した。燃料棒の溶融は、放射性物質が大量に漏出することで冷却水、原子炉の蒸気の高濃度汚染につながることを意味する。原子力安全・保安院は、燃料棒の表面をおおう被覆管が熱で傷ついて放射性物質が放出されることを炉心損傷、燃料棒の内部にあるペレットが溶けて崩れることを燃料ペレットの溶融、そして溶けた燃料棒が原子炉下部に落ちることをメルトダウンと定義していた。そして、三つの原子炉にかんしてこれまでは炉心損傷という評価だったが、これをあらため燃料ペレットの溶融を公式に認めたのだった(186)。さらに五月一二日になって、東京電力は一号機がメルトダウンをおこしていたことを、遅ればせながら認めたのだった(187)。

結果的に清水社長は、レベル七の深刻な原発事故をおこしたことにかんして、「それが私どものオペレーション上のミスうんぬんという点については、私どもはこれまでもベストを尽くしてきて、また、現在もベストを尽くしつつある、このように考えております(188)」と述べた。はたして東京電力は、福島第一原発事故をおこしてから実際に「ベスト」な仕方でその収束に向けて取り組んできたといえるだろうか。この点を理解するには、この事故が発生・深刻化して危機にいたったプロセスを時系列的に考察する必要がある。この課題については、第3章で試みる。

その前にここでは、四月一七日に発表した「福島第一原子力発電所・事故の収束に向けた道筋」(いわゆるロードマップ)の時系列的な動きにふれておこう。そこには、原子炉、使用済核燃料プールの冷却状態を安定化させ、放射性物質の放出を抑制するという基本方針が提示された。これにもとづき、三カ月程度で放射線量の減少傾向を確立していくステップ1をへた後、三カ月から六カ月のうちに放射性物質の放出を管理することで放射線量を抑えるステップ2を達成するという目標を策定した。そして具体的に、冷却（原子炉、燃料プール）、抑制（滞留水、地下水、大気・土壌）、除染・モニタリング（測定・低減・公表）といった形で括弧内に記されたいくつかの課題からなる三つの取り組むべき分野を示した。[189]

そして五月一七日には、「『福島第一原子力発電所・事故の収束に向けた道筋』の進捗状況について」を発表し、一カ月間の取り組みを反映する形で抑制（地下水）、余震対策等（津波・補強他）、環境改善（生活・職場環境）といった変更を加えたことで、合計八課題からなる五分野での取り組みの必要性を明示した。とくに、原子炉、使用済核燃料プール、滞留水にかんしていえば、ステップ1においてはそれぞれに安定的な冷却、安定的な冷却、保管場所の確保を、そしてステップ2においては冷温停止状態、より安定的な冷却、汚染水全体の低減を、それぞれ順に図ることが示された。[190] また六月一七日には、環境改善の分野に新たに放射線管理・医療という課題が追加された。[191]

これにたいして、政府は五月一七日に「原子力被災者への対応に関する当面の取組方針」を発表した。その序文において、東京電力のロードマップに示された（ステップ2の原子炉の）冷温停止状態の実現が必至であることに加え、国策による被害者である原発事故の被災者にたいして、東京電力任せではなく自らが前面に立ち、できる限りの対応をしていくことを明らかにした。そして政府は、五月中旬の福島第一原発の現状を記したが、依然として原子炉、使用済核燃料プールでは、安定的な冷却状態には到達しておらず、放射性物質による水・空気・土砂・がれきなどの汚染が予断を許さない状態だったとみなされる。[192]

政府、東京電力ともに、ロードマップにそった原子炉の冷温停止状態の実現を重視していたようだが、七月一九日には「東京電力福島第一原子力発電所・事故の収束に向けた道筋進捗状況」を発表した。[193]それによれば、一号機から三号機にかんして原子炉圧力容器底部温度は一〇〇度程度で安定し、原子炉の安定的な冷却、滞留水の抑制と循環注水冷却の実現、注水の信頼性の確保、格納容器への水素充填による水素爆発の回避をもってステップ1を完了し、ステップ2に移行するとされた。

こうした状況で、八月三〇日に衆議院、参議院の両院で野田佳彦が首相として指名され、九月二日に野田内閣が発足した。野田首相は、国会における所信表明演説において原発事故、これをうけたエネルギー政策の将来像について述べた。

原発事故の収束は、「国家の挑戦」です。福島の再生なくして、日本の信頼回復はありません。大気や土壌、水への放射性物質の放出を確実に食い止めることに全力を注ぎ、作業員の方々の安全確保に最大限努めつつ、事故収束に向けた工程表の着実な実現を図ります。世界の英知を集め、技術的な課題も乗り越えます。原発事故が再発することのないよう、国際的な視点に立って事故原因を究明し、情報公開と予防策を徹底します。…原子力発電について、「脱原発」と「推進」という二項対立で捉えるのは不毛です。中長期的には、原発への依存度を可能な限り引き下げていく、という方向性を目指すべきです。同時に、安全性を徹底的に検証・確認された原発については、地元自治体との信頼関係を構築することを大前提として、定期検査後の再稼働を進めます。原子力安全規制の組織体制については、環境省の外局として、「原子力安全庁」を創設して規制体系の一元化を断行します。…我が国の誇る高い技術力をいかし、規制改革や普及促進策を組み合わせ、省エネルギーや再生可能エネルギーの最先端のモデルを世界に発信します。…我が国は、唯一の「被曝国」であり、未曽有の大震災の「被災国」でもあります。各国の先頭に立って核軍縮・核不拡散を訴え続けるとともに、原子力安全や防災分野における教訓や知見を他国と共有し、世界への「恩返し」をしていかなければなりません。[194]

かくして彼も、ロードマップの実現による原発事故の収束を強調し、国内での将来的な原発再稼働とともに原子力発電所の輸出に含みをもたせた。

そして野田首相は、九月二三日に開催された第六六回国連総会への出席のためアメリカ・ニューヨークを訪れた。まず、その前日に開かれた「原子力安全及び各セキュリティに関する国連ハイレベル会合」に出席し、福島第一原発事故、日本のエネルギー政策について見解を示した。[195] つまり彼は、二〇一一年のうちに原子炉の冷温停止状態を実現すること、原子力発電の安全性を高めるべく規制・制度改革をすすめていくこと、そして今後も原子力発電の技術開発・輸出を継続していくことを強調した。さらに彼は、翌日の国連総会での演説では「東京電力福島第一原発の事故は、着実に収束に向かっています。目下、想定した工程の予定を早め、年内を目途に原子炉の冷温停止状態を達成するべく、全力を挙げています」と述べた。[196] かくして日本は、国内外にたいして年内に原子炉の冷温停止状態を実現すると宣言したことになる。

そして政府、東京電力は一二月一六日、「東京電力福島第一原子力発電所・事故の収束に向けた道筋ステップ2完了報告書」を発表した。[197] そこでは、目標とされてきた原子炉の冷温停止状態に到達したことが記され、圧力容器底部の温度がおよそ一〇〇度以下になっているのに加え、原子炉格納容器からの放射性物質の放出が管理されて公衆の被曝線量が大幅に抑制されている状態が維持されるべく、循環注水冷却システムの中期的安全性が確保されたことが記された。このように、原子炉の冷温停止状態に到達したことを好意的にみれば、国の秩序の維持、産業のブランド力の毀損防止などといった大義のためなのかもしれない。

一方、国内では農産物、海産物、肉、牛乳などで放射能汚染も確認され、風評被害が蔓延した。しかし、国外でも日本の農産品の輸入を規制する国があり、とくにクウェートは、日本の全都道府県のすべての食料品を対象として輸入を中止した。(198) また、福島第一原発事故の影響が続いていることもあり、日本への外国人観光客数も低下傾向にあり、観光産業にたいして大きな打撃を与えた。実際に外国人観光客数の推移をみると、東日本大震災直後の四月には、二九・六万人と前年同月比六二・五%の減少となり、九月は五三・九万人、一〇月は六一・六万人、一一月は五五・二万人となっていた。(199)

どうやら政府、東京電力は、原子力発電所での危機の収束とは根本的に異なっているにもかかわらず、ステップ2の実現を、秩序の回復による安全の証明として扱おうとしたのだろう。その実現を、国内外に向けて大々的に発表することにより、日本ブランドの維持・回復を図るとともに、秩序の維持をつうじて人々の安心を生み出そうとしたということだろう。福島第一原発で放射性物質の放出が続き、溶け出した核燃料・汚染水の処理も十分な形でできているとはいえないばかりか、周辺地域の人々の生活基盤が奪われたまま、彼らにたいする賠償、除染、さらには使いものにならなくなった原子炉の廃炉すら思うように進展していない。こうした現状で、安心の生産は、進行しつつある日本ブランドの毀損とそれにともなう業界への経済損失を食い止めるための苦肉の策だったのだろう。

しかしながら、東日本大震災、福島第一原発事故による被害のため自宅に住むことができなくなり、避難所、旅館・ホテル、親族・知人宅、公営・仮設住宅などで暮らすようになった避難者の数は、二〇一一年一二月一五日現在、日本全国で約三三・五万人にも及び、上位から宮城県一二万三九

図2.2　福島県における被災者の避難状況

1 川俣町（計画的避難区域【一部】，避難指示13人）
2 飯舘村（計画的避難区域【全域】）
3 南相馬市（警戒区域【一部】，計画的避難区域【一部】，避難指示8196人，自主避難2660人）
4 浪江町（警戒区域【一部】，計画的避難区域【残部】，避難指示7265人）

福島第一原子力発電所

5 葛尾町（警戒区域【一部】，計画的避難区域【残部】，避難指示240人）
6 田村市（警戒区域【一部】，避難指示379人，自主避難201人）
7 双葉町（警戒区域【全域】，避難指示3806人）
8 大熊町（警戒区域【全域】）
9 川内村（警戒区域【一部】，避難指示2人，自主避難691人）
10 富岡町（警戒区域【全域】，避難指示4720人）
11 楢葉町（警戒区域【一部】，避難指示1351人）
12 広野町（避難指示1203人）

注）福島県における警戒区域，計画的避難区域の区分はそれぞれ，http://www.pref.fukushima.jp/j/keikaikuiki.pdf および，http://wwwcms.pref.fukushima.jp/pcp_portal/PortalServlet?DISPLAY_ID=DIRECT&NEXT_DISPLAY_ID=U000004&CONTENTS_ID=23852 による。また避難者数のデータは，福島県災害対策本部（2012）による。図には福島県の一部の市町村が示されているが，双葉町，大熊町，富岡町の数字に記された下線は，全域が警戒区域となっていることを意味する。

二七人、福島県九万五五四六人、岩手県四万三八一二人となっていた。とくに福島県の場合、避難者全体の六二・七％にあたる五万九九三三人が県外へ避難していた[200]。**図2・2**をみればわかるように、福島第一原発が立地する双葉町（7）と大熊町（8）に加え、後者に隣接する富岡町（10）も全域が警戒区域となっている。これらの町で生活していた住民は、放射能汚染のために従来の生活基盤を奪われたとみなされるが、こうした人々は、しばしば「原発難民」[201]と呼ばれることもある。とくに双葉町、大熊町に注目してみると、町内から県外へ避難した人の比率は、それぞれ五一・八%、二九・九%となっていた。[202]

さらに、警戒区域、計画的避難区域などから避難したにもかかわらず、新たな避難先で二次的な放射能被害にあうケースも考えられる。[203] 生活するための土地、住むための家・マンションなどの私有財産に加え、呼吸のためのクリーンな空気、安全な飲用水などの共用財は、原発事故により放出された放射性物質のせいで半永久的に毀損されたといわれる。そして、原発事故を契機としてとられた一連の規制・法的措置を苦にした自殺者――たとえば、原子力災害対策特別措置法にもとづく農産物の出荷停止・摂取制限の指示をうけ将来を悲観した須賀川市の有機農業従事者、[204]出荷停止となった原乳の廃棄を続けてきた相馬市の酪農家、[205]そして原発事故による緊急時避難準備区域にある自宅からの避難をためらい「お墓にひなんします」という遺書を残した南相馬市の老女など[206]――が増えつつある。福島県では二〇一一年の自殺者数は、四月以降、三九九人となった。[207] 人々による自殺は、原発事故が直接的な原因とは断定できないまでも遠因となっているのはたしかだろう。

また原発事故によって、生物にとって有害な放射線を発し続ける半減期がとてつもなく長いために、身体への悪影響が半永久的に続く放射性物質が拡散されたことで、自宅からの避難を余儀なくされた地域住民は、原発事故前と同様に自宅を拠点として生活する自由を奪われたといえるだろう。しかも、彼らの権利を保護すると同時に放射能汚染の拡大を防ぐための法・規制も、いまだ十分な水準に到達しているとはいい難い。

福島第一原発事故は、未曾有の自然災害をきっかけに生じたとはいえ、政府であれ、東京電力であれ、意図的にではないにせよ、一般市民を日常から非日常へ、安心から危機へ、あるいは生から死の淵へと、結果的には送りこむこととなった(208)。この事故を契機に、政府、東京電力の不適切な情報開示のあり方をめぐり、国内外から厳しい批判が寄せられた。だが第3章で述べるように、こうした情報隠蔽体質に多くの人々の注意が向けられているあいだに、福島第一原発事故の本質にかかわる真因が遠ざけられてしまったのではないか、という一つの可能性(209)も完全には否定できない。

国策の名の下ですすめられてきた原子力開発の結果、被災者にたいして、私有財産・共用財の半永久的毀損、原発難民としての不自由、さらに悪い場合には命の犠牲という形で禁止的な負担を強いるのにとどまらず、原発作業員にたいして、高線量の過酷な労働環境の下で事故の収束に取り組ませることになったのは深刻な問題だろう。だが、もしかりにそうした原発事故の当事者が当事者意識を欠いたまま、適時かつ適切な仕方で彼らが必要とする情報開示すらも怠り、事実とはかけ離れたみせかけの安全性を生産し、恣意的に一般市民の安心を生産してきただけだとすれば、問題はさらに深刻だといわざるをえない。

本書は、原子力発電の物理的・社会的側面を統合しうる新しい理論を志向するが、その際、個人、会社、政府などの主体は、何らかの共通属性・類似性をもつ事物の整合的な集合としての世界――より正確には、可能世界――の生産に取り組むとしよう。そして、世界の生産に必要とされる素材は、物的資産の結合の仕方である物理的技術、および人的資産のコーディネーションにかかわる社会的技術であり、これらが、われわれにとって選択の余地のない制御不能な何らかの状況（文脈）の下で結合されることで一つの世界が生産されるとしよう。こうした意味で、世界はケイパビリティの配置としてみなすこともできよう。

福島原発危機は、世界の多様性にかかわる問題とみなされる。つまり、原子力村が創造した体裁の世界への社会の幽閉があり、その世界は真実の世界とは分離しているように思われる。これは、単なる情報の非対称性やインセンティブの不整合といった観点では説明しつくせない。世界の生産は、とくに個人の認知・行動とその高次のシステムの持続可能性との関係性の問題である。福島原発危機の場合に問題とすべき持続可能性は、日本という一つの国にとどまることなく、放出され続ける放射性物質による大気・海洋汚染などを考えれば、地球上のすべてという意味での世界にも関係する。したがって、フクシマとして知られるようになった福島原発危機は、文字通り福島県という局所的な地域に限定された問題ではない。むしろフクシマは、日本の問題でもあり、世界の問題でもある。次章では、こうした視点から福島原発危機の原因を探りたい。

第3章　なぜ福島原発危機はおきたのか

1　システム事故と構造的不確実性

福島原発危機について吟味を加える前に、まず「危機」について説明しよう。危機とは何かを論じるうえで、二つの区別、すなわち事故と事件の区別、およびリスクと不確実性の区別にふれておかねばならない。第一の区別は、システムの階層性に深く関係する。原子力発電所は、一〇〇万以上にも及ぶ部品（たとえば、パイプ、回転子など）によって構成され、複数の部品が機能的に関連づけられたユニットの集合である二〇近いサブシステム（たとえば、タービン発電機、蒸気発生器など）からなる一つのシステムである。チャールズ・ペローは、こうしたシステムの構造に着目し、事故と事件の区別を提示した[1]。すなわち事故とは、サブシステム、システムといった高次の失敗である。結果的にシステム全体として、人々、物体にたいして意図せざるダメージを与え、将来的に意図したアウトプットを生み出せなくなる。これにたいして事件とは、部品、ユニットといった低次の失敗である。それにより、システムが生み出すアウトプットの減少・中断がありうる。さらに彼は、事故を二分する。すなわち、部品、ユニット、サブシステムといった構成要素の失敗が予測可能な仕方で重なった構成要素の失敗による事故、および複数の失敗が予測不可能な仕方で相互作用するようなシステム事故である。

もちろん個人、その集合とみなされる組織は、ひとたび事故がおきたことによりダメージがもたらされてしまえば、犠牲者へと転化してしまう。ペローによれば、犠牲者はシステムへのかかわりあいによって四つに分類される。すなわち、システムのオペレーターである第一者的犠牲者、サプライヤーやユーザーとしてシステムに関与するもののそれにたいして影響力を行使しえない第二者的犠牲者、システムに直接的な関係をもたない巻き添えの部外者、そして放出された放射性物質の被曝時に母胎にいた胎児、次世代をになう子供など将来的に被害をうけうる第四者的犠牲者である。

後で詳しく述べるように、福島原発危機は、地震、津波、ヒューマン・エラーなどが時間の経過のなかで予測不可能な仕方で結びついた結果、福島第一原発というシステムが暴走したという点で、システム事故とみなされる。そして、このシステムの中核にいた原子炉のオペレーター、原発作業員などを第一者的犠牲者に、そして地域共同体のメンバーを否応なく第二者的犠牲者にそれぞれ転化させた。さらに、危険性の高い放射性物質の放出により海、空気、大地などに加え、食料、飲料などについても放射能汚染をひきおこし、国内外の人々にたいして巻き添えの部外者としての犠牲を強いた。

さらに問題なのは、システム事故としての福島原発危機の長期的帰結である。放射性物質の放出が続くことで日本の持続可能性、さらには地球の持続可能性にたいして長期的にどのような影響が生じるか。また、放射性物質に汚染された食品・がれき・土砂などの流通による新たな地域への放射能汚染の拡大をどう把握し、食い止めるか。これらについて十分な知見がえられておらず、そのため法・規制の整備すらも追いついていない。また、原子力発電所の敷地内で過酷な労働条件の下、収束作業に取り組む原発作業員はもとより、避難区域などが設定されているとはいえ依然として福島県内の高線量区域に住む人々、なかんずく妊婦、子供にたいする健康被害の詳細についても不明確なままである。今後、時間の経過にともない、汚染地域の地理的拡大による巻き添えの部外者の増大という問題とともに、その他の犠牲者の健康被害と放射能汚染の因果関係の立証可能性という問題が立ち現われることになろう。

次に、第二のリスクと不確実性の区別についてみよう。フランク・ナイトの伝統的な二分法によれば、リスクと不確実性の違いは、事象の客観的確率が把握できるかどうかによって決まる。[2] したがって、何らかの事象が生起する確率を主観的にしか評価できない状況が不確実性である。福島原発危機は、その長期的帰結が見通せないという意味で、高位の不確実性によって特徴づけられる。とくに今後、どのような問題が継起的におこるかさえ把握できない不確実性の高い状況では、既存の問題の最適な解を見出すのに必要な合理性より、むしろ未知の問題を先見的に創造していく豊かな想像力――予測不可能な将来についてできるだけ多くの世界を描いていくような認知活動――が求められる。リチャード・ラングロワとポール・ロバートソンは、そうした高位の不確実性を構造的不確実性と呼び、主体の限定合理性やモラル・ハザード（機会主義）に由来するパラメトリック不確実性から明確に区別した[3]。

かくして福島原発危機は、複雑なシステム事故と予測不可能な構造的不確実性によって特徴づけられた危機である。この危機的状況では、従来の物事の仕方が通用しない未知の問題が将来的に生じうる。この点でいえば、従来の整合的な世界が破綻し、新しい世界に向けた探索が必要になった状況（世界）である。さらに、現時点での犠牲者の数、将来的な国・地球へのダメージを考慮すれば、危機よりむしろカタストロフィという表現のほうがより適切かもしれない。いずれにせよこうした状況では、理論世界はもとより実践世界においても、さまざまな境界を超えながらケイパビリティの開発・蓄積をすすめていく越境活動が、認知的にも物理的にも求められるため、特定の研究分野、特定の職務範囲、特定の物事の仕方などの境界にとらわれることは、とり返しのつかない致命傷となりうる。かくして福島原発危機の解決には、創造的破壊を実現する――陳腐化した社会主義制度の慣性を破壊する一方、多様な世界を創造するための競争的な資本主義制度を創造する――ために、さまざまな境界を越えて新しい可能性を模索していくことが必要とされる。以下では、福島第一原発事故によって生じた深刻な基本財毀損問題について論じよう。

2　福島第一原発事故による基本財毀損問題

福島県での原子力開発のプロセスにおいて、原子力村と地域共同体（社会）が歩調をそろえ補完的なケイパビリティを生成してきたとはかならずしもいえない。というのも、地域共同体では原子力発電所のための用地買収、急激な原子力開発にともなう問題にとどまらず、公害や放射能汚染にたいする認識の変化が生じ、とくに一九七〇年代になって反原発運動が高まっていったからである(4)。だが原子力村は、反原発派を含め部外者を取り込むことで彼らを村のメンバーへと改宗し、社会との境界を外延しながら自らの領土を拡張してきた。

この過程で、社会の一部をなす地域住民のなかには、自分が属する地域共同体に建設された原子力発電所、その関連施設で何らかのポジションを獲得し、それにともない求められるさまざまな活動を実行するのに必要なケイパビリティの開発・蓄積に取り組み、次第に原子力村のメンバーとして内部に取り込まれ、原子力村の分身と化した者もいよう。かくして、原子力発電所が事故をおこさず稼働している平時の安定的状況に限っていえば、彼らの日常生活は、原子力発電なしには存立しえないものとなっていく。

しかし、ＴＭＩ、チェルノブイリ、福島での一連の原発事故に代表される有事の危機的状況では、平時の安定的状況とはまったく違う話になってくる。福島原発危機は、そうした地域住民のなかでも、原子力災害対策特別措置法、災害対策基本法にもとづいて警戒区域に指定された福島第一原発付近に住んでいた人々から、自宅を拠点に普段通り生活する自由を突然取り上げた。彼らは、原発事故がおきる前のプレ３・11時代には、自宅に住むか、自宅に住まないか、といった選択の自由を有していた。しかし、原発事故がおきたポスト３・11時代には、法による立入禁止・退去命令ばかりか放射性物質による環境汚染もあり、自宅に住む、という選択肢は奪われてしまった。

一般的に、物事の実行・不実行を決められる自由は権利と呼ばれる。福島原発危機によって、その被害者がもつ自由はさまざまな形で侵害された。だが人々は、法の下で財産権を、ひいては経済活動の自由を保障されている。日本国憲法第二九条によれば、財産権とは、所有権に限定されることなく民法上の物権・債権、著作権などの無体財産権などの広範な権利を含むものである。財産権の保障とは、私有財産権を保障するとともに、政府であっても法律に依拠することなしには、個人の財産権を侵害することはできず、法律によってこれを侵害するときには正当な補償がなされねばならないことを意味する。にもかかわらず、このことがかならずしも該当するとはいえないという意味で、きわめて不可解な出来事がポスト３・11時代には生じつつある。(5)

理論的には、新旧のバージョンを含め財産権理論と呼ばれる分析枠組が存在する[6][7]。財産権理論のよく知られた含意は、財産権の設定・実効化をつうじて外部性を内部化できる結果、資源の望ましい利用水準が帰結するというものである[8]。しかし福島原発危機の状況で重要なのは、これとは別の二つの含意である。第一に、特化によって財産権の生産性が増大する[9]。ハロルド・デムゼッツによれば、特化のために、組織や社会のメンバー間の近接した関係にみられる生物学的・地理的・社会的距離の近さ――コンパクト性――が意味を失い、生産性の改善が経時的に実現し、経済が処理すべき資源配分の複雑性が高まる。結果的に生成するコンパクトでない状況では、財産権をはじめ法体系の支援がなければ、取引主体間の契約の実効化にたいする信頼は生じない。これにたいして「コンパクトな状況では、文化的慣習が影響力をもち、相互作用にかかわっている人々を同定することができるのに加え、相互作用の影響は既知で、彼らが互恵的な行動をとっていることが将来、過去を問わず観察できる」[10]。福島原発危機の文脈では、資源配分問題が原子力村という特定の組織に局所化されうるという意味でコンパクト性が確認される。

第二に、事前に契約に記せない予測不可能な状況（もしくは契約の不完備性）について、法と整合的な仕方で行われる意思決定は財産権（もしくは残余コントロール権）の所有者が行い、財産権は物的資産のコントロールをつうじて人的資産に行使される権限と同値とみなされる[11][12]。福島原発危機において、裁判所は、原子力発電所から放出された放射性物質の所有者の存在を否定する――放射性物質を無主物とみなす――ことで、放射性物質によって他者の物的資産を毀損する権限を認めることもありうる。

もちろん放射能汚染は、原子力発電所の近くで事業を運営する会社に限られたものではなく、地域共同体で生活している個人にも及んだ。とくに後者の場合、自らが所有する土地・住宅という物的資産だけでなく、そうした物的資産を含むさまざまな資源を用いてさまざまな仕方で生活する自由をも侵害されたことになる。後者は、ジョン・ロールズがいう基本財とみなされる(13)。つまりそれは、合理的な人間であれば誰もが必要とする財であり、自由にとどまらず、機会、富、所得、自尊、体力、健康などもあまねくこのカテゴリーに含まれる。概して人々は、多様な資源を結合して何らかの機能（活動）を生み出している。そして機能の集合は、個人がさまざまな生活を選択できる自由を表すものであって、潜在能力と呼ばれる(14)。この点でサイモン・ディーキンは、市場関係への参加の前提条件の総体を受容能力《キャパシタス》と呼び(15)、人間が市場へアクセスする諸条件を法体系が規定するという概念を提示している。したがって法は、個人の潜在能力の保護・拡張に寄与する制度とみなされる。福島原発危機の文脈での自由の侵害という基本財毀損問題は、もちろん適切な法の支援によって解決されなければならない。

だがこうした基本財毀損問題は、人間が恣意的に設定したさまざまな境界とは無関係に拡散していく。つまり「福島」原発危機とはいうものの、福島県に接した宮城県、茨城県、栃木県、山形県、新潟県、群馬県はもとより、福島県から地理的に離れた都道府県、日本全体、他国、ないし地球全体にもかかわる。かくしてこの問題は、一国の法体系では扱いきれない地球の持続可能性にかかわることを忘れてはならない。第4章で述べるように、地球の持続可能性を持続するうえで、会社より高次のシステムを対象としたガバナンス概念が必要になる。以下では、福島原発危機を共有無知の一事例としてとらえ、その類推的推論を試みるための分析道具について述べよう。

3　一つの世界としての共有無知——資本主義の呪縛とケイパビリティの欠如

福島原発危機の原因を解明するには、法・規制のような社会的技術（制度）、原子力発電所の耐震性や原子炉の構造などの物理的技術、そして個人や組織では制御できない状況（文脈）といった三つの要素によって左右される世界（可能世界）の多様性に着目せねばならない[16]。しかし世界は、認知・行動のコーディネーションを可能にする制度である社会的技術[17]によって左右されることを強調すれば、制度的現象とみなすことができよう[18]。われわれの認知・行動の可能性を拡張するのに重要な役割をはたす想像力によって、異なる世界は創造されうる。こうした多様な世界のなかでも、われわれが実際に生活している世界は現実世界と称される。

概して可能世界論には、現実世界を絶対的なものとみなしたうえで可能世界を単なる便宜上の抽象概念とみなす現実主義[19]、および可能世界を現実世界と同じく現実的なものとして扱う可能主義[20]がある。人々は、反事実的条件法にもとづきながら想像力の産物としてさまざまな可能世界を認知的に生み出しうる。そして、それを実際に制度化する、すなわち多くの他者によって行動的にも支持されるようにすることによって、可能世界が現実世界に転化すると考えられる。認知的産物としての可能世界のなかには、すぐさま現実世界に転化しうるものもあれば、そうでないものもあるし、あるいは人々が認識していないにもかかわらず、すでに現実世界に転化しているものも含まれよう。そこで、可能世界を抽象化する現実主義を採用する代わりに、現実とはかなりかけ離れた可能世界をも含むあらゆる可能世界を、現実世界の予備軍（ないし現実世界に匹敵する等価物）とみなし、できる限り多様な可能性を許容しうるという可能主義に依拠して議論をすすめよう。可能主義によれば、すべての可能世界は現実的とみなされうる。この点で、以下では可能世界を単に世界と記述することもある。

まず現実に目を向け、日本の資本主義について素描しておきたい。第2章で論じたように、とくに一九三〇年代の日本では、革新官僚が統制経済への流れを形づくり、資本主義の限界を突破するために、ナチス、ソ連といった社会主義国家の計画化に着目した。そして、彼らを中心に法制化された電力管理法は、主として電力の安定供給をかなえるべく電力を国家の管理下におくというものだった。このように、かつての日本には、戦時経済統制を求めた計画化志向の革新官僚がいた。しかし、二一世紀をむかえた現代、しかもポスト3・11時代をむかえた有事の日本ですら、計画化のロマンを追い求めるマルクスの亡霊が日本の中枢にとりついている気がしてならない。このことは、たとえば関西電力の大飯発電所（以下、大飯原発）の性急な再稼働を契機として、従来通りの原子力開発の推進を再開・堅持したいと願う利益集団の動きからも推論できよう[21]。

とくに本書では、国策という大義の下で行われてきた原子力政策をめぐる意思決定にかんして、市場という民主主義プロセスを極力排除することにより、原子力開発の盲目的・機械的推進に向けた合理的な計画化を表すべく、原子力社会主義という言葉を導入した。日本の資本主義は、学習をつうじた費用低減効果をもつうえ、他の産業部門にたいする経済波及効果も大きい原子力発電に依存しながら、成長至上主義のイデオロギーを効率的に具現化していくシステムである。そして原子力開発の盲目的・機械的推進の完成は、第一次石油ショック後の原子力村の成功、ひいては原子力社会主義の成功を意味する。つまり、資本主義のなかには社会主義が存在し、それが経済成長のエンジンとして機能してきた。

かくして日本の資本主義は、社会主義による呪縛をうけてきた。すなわち奇妙なことに、その存続・成長を合理的に実現すべく原子力社会主義に支えられ、ひいてはその価値としての原子力推進文化に埋め込まれた。そして、日本の資本主義の中枢をなす大会社、官僚組織、業界団体などのコーポレーションの多くは、程度の違いこそあれ、原子力村と何らかの関係をもつ。とくに、財界の総本山として知られる経団連の主要役職を電力会社や原子炉メーカーなどの経営者がつとめてきたこと、原子力発電が日本の大会社に莫大な事業機会をもたらしてきたこと、そして電力産業の業界団体である電事連が経団連会館のなかに所在すること、などの一連の事実からも、日本の資本主義における電力、ひいては原子力発電の高い地位が理解できる。かくして日本のコーポレーションは、その高次のシステムである資本主義の持続・発展に資するような原子力推進文化に埋め込まれてきたといえよう。

さらに日本のコーポレーションは、そのメンバーである個人にたいして自縛的犠牲を求めてきた。つまり個人は、コーポレーションという永続組織の分身としてその組織の存続・成功を支えている価値に自らを縛りつけ、適応してこなければならなかった。すなわち、個人の自己利益のためではなく、それよりも一連の高次のシステムの利益——簡単化のため組織利益と呼ぶ——のために行動せねばならなかった。日本の資本主義の下では、組織利益の増大という大義を掲げつつ、過去にすぐれた業績を成し遂げた上司の意図を忖度し、それと整合的な物事の仕方で組織の業績を向上できた場合に、高い人事評価をうけるようなインセンティブ・システムが確立しているようにみえる。つまり、労働組合、会社、業界、国など一連の高次のシステムの組織利益のために行動するのはよいことで、しかもそれが上司の便益につながればさらによいことだ、という価値が日本のコーポレーションでは共有されているようにみえる。(22) したがって、過去の物事の仕方を否定し、新しい物事の仕方を創造するというイノベーションは、いくら社会のための価値創造につながるとしても、上司の存在意義、既存の秩序を否定することになりかねないので、組織人として望ましい行動とはかならずしもみなされない。かくして、原子力推進文化の下で成功してきたコーポレーションでは、その価値と整合的な行動を継続的に選択していくことが、個人にとっては望ましい。しかも原子力開発の推進は、国策として法・規制の面でも支援をうけてきたため、当然とみなされたほぼ間違いのない「鉄板」の選択、すなわちフォーカル・ポイントとなってきた。

国策としての原子力発電は、多くのコーポレーションをまきこみながら、戦後日本の経済成長において重要な役割をはたしてきたことに間違いないだろう。だが、そこには重大な問題点が隠れていた。竹森俊平は、それを国策民営のわなと呼び、すぐれた議論を展開する。(23) 彼によれば、産業国家としての威信を象徴するとともに、規模の経済と価値創造に貢献できるような産業が、産業政策のターゲットとして通商産業省によって選択された。なかでも電力産業は、大規模な長期保存ができないという電気の物理的特性ゆえに国内市場を輸入製品から遮断できた、それによって大規模な国内需要の確保が可能となった、そして地域独占によって原子力発電所の建設に必要な巨額の独占利潤を確保できた、という特徴をもつ。そのため通商産業省は、原子力産業の計画化をすすめるインセンティブをもつようになったという。(24)

一般的に、原子力発電所の投資リスクはきわめて大きい。というのも、たとえば原発事故、反原発運動の高まりなどの影響をひとたびうければ、原子力発電所の建設から運転までのリード・タイムは延びがちで、建設に追加的費用を上乗せする必要が生じるからである。ただし、日本の垂直統合型の独占モデル——途上国型モデル——において、そうした追加的費用は、政府が電気料金の上乗せを認めれば簡単に解決できる。したがって電力会社は、原子力発電所の建設にともなうリスクを軽視しがちとなる。しかし、需要側の大企業による反発により、そうした上乗せを実行できなくなってしまえば、電力会社が抱えるリスクは大きくなる。しかし電力会社は、国有ではないものの国策の名の下に原子力開発を遂行してきたため、市場は、政府はそうした国策会社が経営危機に陥った場合に救済の手を差し伸べる、という予想にもとづき、電力債を低金利で引き受ける。その結果、原子力推進のリスク・プレミアムが資本コストに反映されなくなってしまう。それはつまり、国策民営体制において、低金利を享受できる電力会社は、原子力開発の推進におけるリスクを軽視する形で、モラル・ハザードを生み出すことを意味する。(25) こうして電力会社は原子力開発の推進に取り組むうえで、国策民営体制の場合には、そうでない場合と比べて費用低減効果がもたらされる一方、原子力発電のリスクを軽視するモラル・ハザードに陥る可能性が高まる。

　しかし、話はこれで終わらない。竹森のいう国策民営のわなは法のなかに仕掛けられていた。すなわちそれは、一九六一年に制定された原賠法のことである。福島原発危機の文脈で、現時点でのこの法律の重要な特徴をまとめると、原子力発電をになう電力会社は、損害をもたらした場合に賠償責任を負わなければならないが、異常に巨大な自然災害、社会的動乱が損害の原因である場合は免責されること（第二章第三条）、原子力発電所の設計・製造を行うメーカーには賠償責任が及ばず、したがって製造物責任法（PL法）なども適用されないこと（同第四条）、第三条における損害がメーカーの故意によって引き起こされた場合に限り、電力会社はメーカーに損害賠償を求められること（同第五条）、損害賠償措置には、保険会社との原子力損害賠償責任保険契約、政府との原子力損害賠償補償契約の二つがあり、これらをあわせた上限は一二〇〇億円とされること（第三章第七条）、損害賠償額が一二〇〇億円を超えるとともに、この法律の目的実現に向けて必要な場合には、政府が国会の議決により電力会社にたいして援助を行うこと（第四章第十六条）、そして巨大な自然災害、社会的動乱による損害が一二〇〇億円を超えた場合、政府が被災者にたいして必要な措置を講ずること（第四章第十七条）、といった六点が挙げられる。

このようにみると、原賠法は結局、国内外の原子炉メーカー、そして原子力発電所を運転する電力会社にとって有利な法律となっていることが理解できる。その理由として、二つ挙げることができる。第一に、この法律が制定された一九六〇年代当時、原子炉については、日本にとってアメリカからのケイパビリティ移転が不可欠だったため、とりわけ海外メーカーにとって有利な法律をつくらざるをえなかったからだと考えられる(26)。第二に、この法律によって電力会社は、巨大な自然災害による損害のケースでは、損害賠償を免責されるのにたいして、そうでない損害のケースでは、一二〇〇億円以下であれば保険会社の保険金、政府の補償金でまかなわれるし、一二〇〇億円を超えたとしても政府が超過金を負担してくれる。

竹森は、途上国型モデルによって低金利を享受できる電力会社が原子力発電のリスクを軽視するというモラル・ハザードに陥ることを指摘していた。それに加え彼は、政府による手厚い損害賠償を意味する原賠法によって電力会社が原発事故のリスクを過小評価し、事故防止のための努力を怠るというモラル・ハザードの可能性をも指摘する。しかし、電力会社にとって一見好都合にみえる原賠法によって、電力会社は原子力発電に着手することで自動的にその適用をうけ、賠償責任を政府に転嫁する形で便益を享受する。しかしその一方、政府による強力な規制に服さなければならなくなり、民営性を失ってしまう。竹森は、このことを国策民営のわなと表現したのである(27)。

したがって日本の資本主義について論じる際、政府――とくに通商産業省――による産業政策の戦略的役割に注目した開発主義国家論は重要な意味をもつ(28)。とはいえ、日本の資本主義の成功、とくに戦後日本の経済成長をそうした通商産業省の働きだけに求めることはできまい。この点でいえば、とりわけ一九八〇年代の日米構造協議を契機として、企業集団や系列とよばれる企業間ネットワークの役割が着目されるようになった。日本の資本主義は、企業間ネットワークにおける株式相互持ち合い、持株会社の設立をつうじて法人としての会社が資本主義の頂点に君臨するようになった法人資本主義とみなされる(29)。こうした日本の法人資本主義は、法人として人為的に創造された会社に、ステイクホルダーが一体化していくという価値――会社本位主義(30)――によって支えられる。

さらに法人資本主義は、日本の文脈に限定せずより広い視野でとらえると、会社が個人の手を離れて自律化した経済システムとしてみなされる(31)。より正確には、日本の資本主義は、会社にとどまらず政府、官僚組織など多様なコーポレーション――ここで、永続性をもつ社団組織(32)の意味を想起しよう――が自律化した経済システムとしてとらえられる。この意味でいえば、社団資本主義として特徴づけられよう。前述したように、日本の社団資本主義は、その存続・成長を合理的に実現していくために原子力社会主義の支援、ひいては原子力推進文化による埋め込みを必要とし、さらにこの共有価値に体現された原子力開発の推進は、国策として法・規制の面から正当化されてきた。かくして原子力村は、とくに第一次石油ショック後、日本経済の発展はもとより原子力開発の盲目的・機械的推進をも達成したという点で大きな成功をおさめた。少なくとも、東日本大震災が福島第一原発を襲うまでは。

以下では、社団資本主義論をさらにすすめよう。すなわち、福島第一原発を建設した東京電力という会社にとどまることなく、他の電力会社、その所管の経済産業省、電事連などの一連のメンバーによって構成された原子力村、そして一般市民、地域共同体などを含む社会によって構成された高次のビジネス・エコシステムに注目した議論を展開する。原子力村が支持する原子力推進文化という価値は、原子力村のメンバーであるさまざまなコーポレーション、さらにはそれらの低次に位置する個人の認知・行動にたいしてどのような影響を及ぼしてきたか。その結果として、集計的にどのような世界が創造されたのか。さらに、そうした世界が時間をつうじてどのようなフィードバック効果をもたらしてきたか。これら一連の問題について、とくにケイパビリティ論に依拠しながら説明したい。つまりそれは、リチャード・ラングロワがいうように、組織が行っている物事をケイパビリティの限界・欠如という観点から説明する試みである(33)。

日本の社団資本主義の下では、原子力村を構成するさまざまなコーポレーションのメンバーである諸個人は、一時的な自己利益のためのモラル・ハザードより、むしろ時間をつうじた高次のシステムの組織利益のためのモラル・ハザードに従事すると考えられる。このことは、不適切な制度の下でのインセンティブの不整合、非対称情報を悪用してモラル・ハザードに堕し、自己利益のために企業価値を損なう、といった伝統的な組織経済学の見方とは異なっていよう。しかしだからといって、私は伝統的な組織経済学やそれにもとづく会社行動の説明（たとえば、国策民営のわな論）を否定するつもりは毛頭なく、むしろそうした研究成果を高く評価している。私の意図は、本章第1節で導入した不確実性の二分法にもとづき組織経済学的な見方を拡張し、ケイパビリティの役割を分析のなかに明示的に組み込むことにある。したがって、陳腐化した開発主義的なビジネス・モデル、政府による過剰な法・規制によって電力会社のモラル・ハザードが促進されるというパラメトリック不確実性を前提とした議論とは異なった展開を志向する。基本的にパラメトリック不確実性は、問題は既知となっており、その解決に必要とされるケイパビリティが存在するが、必要な水準よりも低い非最適な水準にケイパビリティの利用が意図的に抑えられてしまうことを意味する。むしろ、原子力発電、およびそれが自然災害やヒューマン・エラーと結びつくことで生じる原発震災は、ともに長期的帰結が見通せないという意味で、高位の構造的不確実性によって特徴づけられる。そこでは、問題はおろか解についての知識が存在しないので、必要なケイパビリティが必要なときに存在しないというケイパビリティの欠如が問題になる。

共有無知とは、すべての主体のあいだでケイパビリティの欠如が共有された状態とみなされる。原子力開発をめぐるビジネス・エコシステムについていえば、原子力村は、問題認識していないことを知覚しているが問題認識しているふり（虚偽）をし、時間の経過により問題認識しているという錯覚を抱くだけでなく、問題解決していないのにしているふりをし、時間の経過により問題解決しているという錯覚を抱いている。そして社会は、こうした状況を容認し、現状維持を選好している。結局、原子力村は問題認識していないし、したがって問題解決もしていない。他方、社会は無知ゆえに現状を単に容認しているにすぎない。とくに原子力村の中核をなすのは、国策民営のわなに陥った電力会社であって、不適切な制度ゆえに原子力発電所の物理的安全性を高める適切な努力を怠ったのかもしれない。伝統的な組織経済学に依拠したモラル・ハザード説（ないし機会主義説）は、主体が問題認識、問題解決の点で必要とされるケイパビリティを欠いているかどうかをこれまで問題にしてこなかったようである。[34]

しかし私は、こうした共有無知の事例として福島原発危機をとらえたい。[35] ビジネス・エコシステムにおいて、原子力村が問題認識、問題解決という二つの側面でふりをするという二重虚偽を行う一方、社会が企業家精神を退化させている。共有無知の下では、体裁の世界が真実の世界から分離している。これにたいして組織経済学はもとより、ゲーム理論、制度経済学、法と経済学といった分野では、皆が知っていることを皆が知っており、このことを皆が知っている、などと無限に続いていく共有知識が問題にされてきた。(36)他方で共有無知は、皆が知らないことを皆が知らず、このことを皆が知らない、などと無限に続いていく状況といえるかもしれない。とくに平岩時代の東京電力では、第一次石油ショックを契機として官民協調論への転向が生じた。こうして原子力村は形成され、政府と民間部門が一枚岩となることで原子力開発の盲目的・機械的推進へと邁進することになった。原子力村のメンバーは、自ら創造した体裁の世界に社会を幽閉したものの、時間をつうじて自らもその世界によって制約されてしまったのだろう。その結果、原子力発電の安全性を盲信することになり、原発事故を想定したさまざまな対策、そのためのケイパビリティの開発・蓄積を怠ってきたのではないか。後で詳しく述べるが、私はこのことを自己埋め込みと呼ぶ。

このような状況で未曾有の東日本大震災がおこり、福島第一原発事故の発生につながったと考えられる。とくに以下では、なぜ福島原発危機が生じたかという原因にかんして想像可能な世界（可能世界）を明らかにしよう。そこで、世界（W）が社会的技術（S）、物理的技術（P）、状況（θ）によって左右されることを示した世界関数 $W=W(S,P;\theta)$ を仮定しよう。そして、これらの変数の可能な組み合わせを検討することにより、福島原発危機の原因を明らかにする。先の共有無知の特徴づけは、社会的技術にもっぱら焦点をあてたものだが、もちろん物理的技術にも拡張可能である。そこで、知覚、無知、虚偽、時間の経過による変化に着目し、物理的技術、社会的技術をケイパビリティ

図3.1　類推的推論による福島原発危機の分析枠組

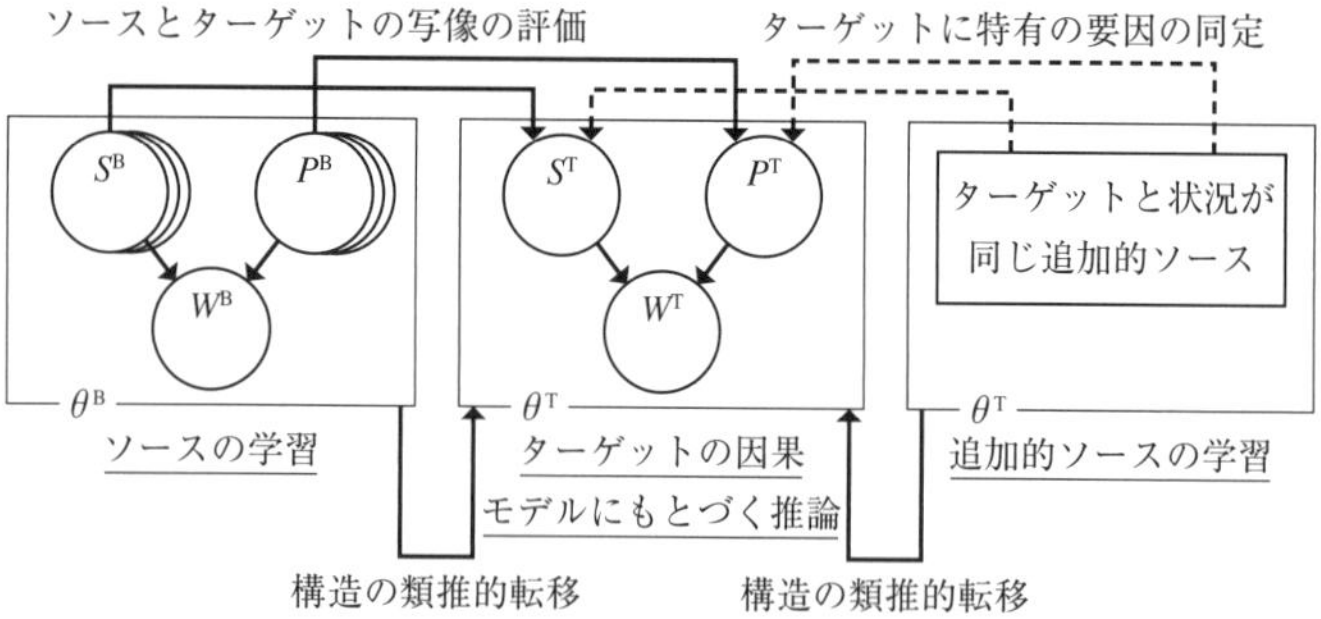

注）添字のBはソース（ベース）、Tはターゲットを示す。

とみなしたうえで、これらを状況とともに詳しく説明する必要があろう。

そのために私は、ソース（ないしベース）とターゲットのあいだの類似性を活用した学習の仕方として類推的推論(37)にしたがう。なかでも、政府、東京電力が関与した過去の原発事故についての因果関係の知識をソースとし、ターゲットである福島原発危機の原因をさかのぼっていくという因果帰属の方法が有用だと思われる(38)。その基本的な考え方は、ターゲットの因果モデルの構築に向けてソースについての因果関係の知識を用いた帰納的推論を試み、ターゲットの諸変数についてさまざまな推論の結果を導くというものである。

具体的には**図3・1**に示されるように、福島原発危機をターゲット、東京電力の過去の事例をソースとする一方、ソースを学習したうえで、ソースとターゲットの写像の評価、ソースからターゲットへの構造の類推的転移をへて、ターゲットの因果モデルにもとづく推論を行う必要がある。さらにその際、福島原発危機を分析した公表資料に代表されるように、ターゲットと同じ状況の追加的ソースを利用することにより、追加的ソースを学習することで、今回の原発事故に特有の要因を同定する作業もあわせて行う必要もある。しかし現実には、ソースの因果モデルが明確な形でかならずしも確立しているとは限らない。また、とくに社会的技術についていえば、同一の組織のなかでくり返される行動パターン（ルーティン）が存在し、これらは部分的には、組織の部外者であっても時間をつうじて観察可能だと考えられる。そのため、さまざまな分野を超えた越境的な複数ソースの学習は、ターゲットの因果モデルにもとづく推論に役立てられると期待できる。したがって以下では、複数ソースにもとづいて福島原発危機の原因を明らかにしていく。

4　共有無知としての福島原発危機の類推的推論

(a)　分析対象としての世界の多様性

福島原発危機は、複雑なシステム事故と予測不可能な構造的不確実性によって特徴づけられた危機である。日本の原子力発電にかかわるビジネス・エコシステムは、原子力開発に尽力してきた擬似企業としての原子力村、および原子力発電にかんする無知を主な理由に原子力開発を許容する以外になかった社会によって構成された二重構造をもつ。原子力村は、原子力開発にかんする問題認識、問題解決という二つの側面でふりをするという二重虚偽を働いた一方、社会は、企業家精神を退化させてしまい、原子力発電についての諸問題を事実上看過してきた。この意味で、原子力村と社会による共有無知の状況に、未曾有の自然災害が加わったことで福島原発危機は生じた。かくして福島原発危機は、東日本大震災の前にすでにはじまっていた日本の資本主義の危機としてとらえるべきである。

ただし、このように福島原発危機を共有無知に特徴づけられた一つの世界とみなすという仕方は、社会的技術の側面にしか焦点をあてていない。われわれは、実際に福島原発危機を経験してしまったが、反事実的にはそれとは別の世界がおこりえた――たとえば、電力産業に三種の神器が存在せず、電力会社が十分な地震・津波対策をしていたとすれば、津波がきても原発事故を防ぐことができただろう、といった福島原発危機のない世界がおこりえた――のである。それは、一つの可能世界であって、社会的技術にとどまらず物理的技術、状況をも含む一連の材料から成り立っている。だが問題となるのは、福島原発危機の原因については、それを経験した後でしか解明することができず、しかも原因を解明する過程では、組織・個人の作為、政治的な意図・配慮などが介在してくるだけでなく、組織・個人のケイパビリティの限界はもとより、資料・データの制約も避けられないため、結果的に生み出される世界がかならずしも真実と一致するとは限らないという点である。

しかし、当事者である政府、東京電力のみならず、この原発事故に関心を抱いている研究者、一般市民、外国政府なども、それぞれ合理性、想像力を駆使し、福島原発危機の原因についての推論をつうじて多様な世界をつくり出す自由をもつ。このこと自体、大いに歓迎すべきことである。つまり、創造された世界が真実に近いのか、体裁の世界にすぎないのかどうか、という価値判断を即座に問題にするのではなく、人々ができるだけ多くの世界を描き出せるか、という価値多様性を優先させることが重要だと思われる。というのも、限られた選択肢のなかからの選択は、選択の自由を犠牲にしたホブソンの選択にすぎないからである。もちろん事後的に、多様な世界のなかから真実により近いと思われる整合的な候補が見出され、それが現実世界とは一致していないことが判明するという事態もおこりうる。というのも、現実世界のあり方は、組織・個人の意図・権限と無関係ではないのであって、これらの要素によって世界がつくりかえられてしまうこともありうるからである。とくに福島原発危機の場合、放射性物質の放出が続いている原子炉の状態を正確に知るためには、数十年単位の長い時間の経過を必要としており、次世代が原子炉に安全にアクセスできるようになったとき、あらためて新しい事実が発見されることもありうる。それでは、多様な世界の実現を目的として分析をすすめよう。

(b) ソースの学習

すでに第2章第4節で論じたように、福島原発危機のソースとしては、まず南時代と勝俣時代の福島第一原発、福島第二原発、柏崎刈羽原発での一連のトラブル隠し、および勝俣時代の中越沖地震による柏崎刈羽原発での震災事故が挙げられる。地震という点で状況が類似していることからすれば、後者はより有力なソースとみなされる。それによって、ソースとターゲットの対応に加え、ソースからターゲットへの構造の類推的転移も円滑に行えると期待できよう。

しかし東京電力は、自社が経験してきた数多くの原発事故からの直接学習にこれまで失敗し続けてきたことを考えれば、いくつかの特定の事例をソースとして採用するだけでは解明しつくせないほど根深く、時間をつうじた会社変化を阻害してきた要因があるようにも思われる。さらに、東京電力が埋め込まれた原子力村全体の要因に焦点をあてる必要もある。実際、東京電力と原子力村の境界は曖昧で、前者は後者の支柱として原子力開発の盲目的・機械的推進に向けて物事の仕方を発展させてきたとみなされよう。

そこで以下では、原子力開発にかんして東京電力、原子力村に経時的に確認される特徴である持続的要因を、社会的技術と物理的技術にわけてそれぞれ同定する。そうした持続的要因は、福島原発危機の背景を明らかにするのに有用であろう。さらに、柏崎刈羽原発での震災事故を典型的な一つのソースとして検討することにより、地震という類似の状況からの写像が容易になると考えられる。

社会的技術

第一の持続的要因として、原子力村による境界拡張が挙げられる。東京電力をはじめ原子力村は、さまざまなドメインとの境界を外延しながら自らの領土を拡張してきた。つまりそれは、さまざまなドメインを原子力開発に埋め込むことで、村の友好的なメンバーに改宗してきたことを意味する。境界拡張の際には、原子力広報事業の推進団体――たとえば、日本生産性本部、日本原子力文化振興財団、日本立地センターなど――が一般市民にたいする世論調査を行い、その世論に影響を及ぼす評論家、ジャーナリストなどにも面接調査を実施することによりマスメディアを取り込み、社会での原子力発電の受容（パブリック・アクセプタンス〔ＰＡ〕）を実現するためのＰＡ戦略が策定される。[39]

二〇一〇年のデータをみてみると、一〇電力会社に電源開発を加えた電力産業の広告宣伝費は八八四億五四〇〇万円、販売促進費は六二三億七〇〇〇万円にも及び、東京電力についてはそれぞれ二四三億五七〇〇万円、二三八億九二〇〇万円となっているうえ、その他に二〇〇億円近い普及啓発費も計上しており、その多くがマスメディアに向けられている。[40] さらに、電力産業の業界団体であり、原子力村の中核に位置する電事連は、三〇〇億円近い普及啓発費を組んでいる。さらに、経済産業省、文部科学省、資源エネルギー庁も、それぞれ広告予算を組んでいる。そのため、原子力発電関連でマスメディアには二〇〇〇億円から三〇〇〇億円近い動きが生じるといわれる。[41] こうした巨額の資金は、関連のあるテレビ、新聞、雑誌などが原子力村にとって不利な情報を深掘りして調査・報道するインセンティブを希薄化させ、総じてマスメディアが原子力村の（直接的な命令がないにもかかわらず）意向を忖度しなければならないかのような暗黙の雰囲気が醸成されてきたようである。(42)

不完備契約論にしたがえば、電力産業とマスメディアのあいだには一種の権限関係が生成し、電力産業は広告（にたいする資金拠出）という物的資産をつうじて、マスメディアが報道する情報を間接的にコントロールできるようになったといえよう。合理的に考えれば、地域独占を認められている東京電力がそもそも広告を必要とするはずはないが、この独占企業にとって、広告にたいする巨額な資金拠出は、原子力発電は絶対に安全だ、という原発安全神話を基盤にした世界に社会を幽閉し、社会の無知を維持していくためには必要だったということだろう。つまりそれは、原子力開発の推進費用の一部とみなされよう。

このように電力産業が広告攻勢を強化していったのは、科学技術庁の意向で電事連のなかに原子力広報専門委員会が発足した一九七四年頃にさかのぼるという。この点で、東京電力の木川田一隆が、ダイヤモンド社から電事連広報部長として引き抜いた鈴木健による働きが大きかったとされる。鈴木は、とくに原子力発電への警戒意識の強い朝日新聞をターゲットとして選び、その論説主幹の江幡清にたいして原子力関連広告の掲載を提案し、朝日新聞はこれを受諾した。その後、読売新聞、毎日新聞などと新聞社では、原子力開発を支持する広告掲載が続いた。(43) とくに朝日新聞、読売新聞の広告費は高く、全国版で一ページの全面広告を入れると一回あたり数千万円かかったとされ、鈴木は、電力会社の社長たちにたいして、原子力関連広告予算は原子力発電所の建設費の一部だ、と説得して回ったという。(44) かくして、かつて新聞社では、原子力発電の安全性・妥当性を根本的に調査し、原子力推進文化に疑いの目を向ける記事を掲載するインセンティブは希薄化したという。

また志村によれば、東京電力は原子力発電の安全性を保証してもらうために、主に東京大学にたいして四・五億円ほどの寄付を行い、密な関係を構築してきた(45)。東京大学は、一九五〇年代の原子力開発の黎明期以降、政府とともに原子力行政を推進してきたこともあり「原発批判」を許さない強固な文化を形成した(46)。なかでも、東京大学工学部原子力工学科は、原子力分野の高級技術官僚の育成という目的で一九六〇年に設置された。その一期生から一七期生までの五二五名の多くは官僚組織、研究機関にすすんでいるが、原子力委員会委員の近藤駿介、尾本彰、鈴木達次郎、そして東京電力の武藤副社長もこの学科の出身だという(47)。

東京大学は、その原子力発電の安全性についての（擬似的）保証を求める東京電力と密接な関係を築いていった。とくに、その原子力工学科の卒業生は原子力村の住人となり、原子力推進文化を体現する形で日本の原子力開発に邁進してきた。そして、東京大学に限らず他の大学・研究機関においても、原子力推進文化に染まった「御用学者」が育成され、彼らは原子力発電の安全性を強調することで社会の世界幽閉に貢献してきた(48)。

さらに東京電力は、マスメディア、大学・研究機関にあき足らず、政治の埋め込みにも注力するよう変貌した。こうした動きは、とくに一九九〇年代後半の平岩時代に顕著になったといわれる(49)。たとえば、一九九八年の参議院選挙では副社長の加納時男を自民党から、そして二〇〇四年の参議院選挙では東京電力労働組合副委員長にして全国電力関連産業労働組合総連合（電力総連）副会長をつとめる小林正夫を民主党から、それぞれ立候補させた結果、二人とも国会に送り出すことに成功した(50)。彼らは、国会で東京電力をはじめ電力産業の原子力開発計画を代弁する族議員として活動する一方、電力総連をはじめとした労働組合から選挙活動での支援をうけている。加納をはじめとした族議員の活躍によって原子力開発にとって好都合なエネルギー政策基本法が二〇〇二年に制定されたが、そのときの立役者の一人となった甘利明が経産大臣に就任した二〇〇六年九月以降、日本のエネルギー政策は原子力一色に染められていったといわれる[51]。また驚くべきことに、東京電力は、労働基準法第七条にもとづき従業員による議員の兼業すらも認め、現に従業員が東京都杉並区議会議員をつとめている事実を公にした[52]。こうして国政から地方行政までをも取り込み、政治にたいして多大な影響力を行使しながら原子力開発を円滑に推進してきた。

また埋め込みは、官僚にも及んでいるようである。毎日新聞は二〇一一年九月二五日、東京電力と官僚の関係についての調査結果を発表した[53]。その調査は、官僚が官庁を辞めた後に東京電力などの電力会社に就職するという天下りに焦点をあて、就職後の肩書・報酬は官庁時代の最後の肩書によって変わること、そしてキャリアは顧問、ノンキャリアは嘱託となり、彼らの報酬が官庁時代にえていた水準を下回らないことを示した。また東京電力は、それが発表された翌日の衆議院予算員会において、天下りの人数が二〇一一年八月末の時点で五一人にも上り、その内訳が顧問三人（国土交通省二人、警察庁一人）、嘱託四八人（都道府県警察三一人、海上保安庁七人、地方自治体五人、気象庁二人、林野庁二人、消防庁一人）となっていることを認めた[54]。さらにその調査結果は、元官僚が天下りした後でさらに再就職先をみつけて移動していく渡りについてもデータを示し、東京電力を含め電力会社が資金拠出をしているエネルギー関連公益法人にうつった元官僚の数は一二一人にも及ぶという。

元官僚は、原子力発電所の建設に関連して地域共同体とのコーディネーションを図るなど電源立地対策に取り組むこともあれば、再就職先が決まるまでの一定期間しか所属しないこともあるという。

天下り、渡りを問わず、原子力村にポジションを獲得した元官僚は、元上司として現役官僚の行動にたいして暗黙的に影響力を行使しうる一方、現役官僚は、所属する官僚組織の維持・拡大にたいする貢献により自分の処遇が左右され、将来的に自分にとって有利な天下り先を確保したいというインセンティブをもち、元上司の意図を忖度するようになったとみなされる。要は、暗黙の次元で忖度が働くようになったのではないか。かくして電力産業は、官僚の天下り・渡りにともなう資金の負担をつうじて、彼らの認知・行動を間接的にコントロールしうるようになった、という不完備契約論的解釈が可能になるように思われる。

さらにその調査結果によれば、電力会社にポジションをもつ従業員がそのまま非常勤国家公務員として採用される天上がりも確認されるという。二〇〇一年の中央省庁再編以降、天上がりは少なくとも九九人に上るといわれ、彼らは文部科学省、内閣府、原子力委員会などのさまざまな官庁に配属されている。その採用期間は二年から三年ほどだが、採用期間の満了にともない、同じ電力会社から別の従業員が連続して採用されることもしばしば確認される。国による民間部門からの人材登用は、人事院規則にもとづく公募採用が原則なのだが、専門知識をもつ人材は公募採用にしたがわずともよい、という特例を適用した採用が電力産業には蔓延している。また、それとは別の調査結果[55]によれば、電力産業から官庁への天上がりは、経済産業省へ六五人（二〇〇一年から二〇一一年）、文部科学省へ一七人（二〇〇五年から二〇一一年）、内閣府へ二〇人（二〇〇〇年から二〇一一年）となっており、これらのうち東京電力からの天上がりはそれぞれ順に、一二人、八人、一二人となっていた。こうした天上がりは、天下り、渡りにたいする返報とみることもできるかもしれないが、むしろ原子力村に特有の原子力推進文化の維持・普及、あるいは人的交流をつうじた情報交換のための仕組としてとらえられよう。

さらに三宅勝久は、原子力村が司法にも手をのばそうと試みた事例を提示した(56)。すなわち、伊方原子力発電所一号機と福島第二原発一号機の設置許可取り消しを求めた二つの裁判について、最高裁判所裁判官だった味村治は、一九九二年一〇月に原子力発電所の安全性を認める判決を下した。彼は、定年後にまず弁護士となり、その後一九九八年に原子炉メーカーである東芝の監査役をつとめた。彼が下した判決は、反原発運動を抑制することで、それ以降の原子力開発の推進に勢いを与えるきっかけになったといわれる(57)。

とはいうものの、監査役のポジションがそうした判決にたいする返報だったとうけとるのは、幾分ナイーブな見方だと思われる。小林傳司がいうように、裁判官は原子力発電所にかんする専門知識を欠くため、鑑定人による個別事象についての証言を判断する実体的判断代置方式ではなく、所管官庁の認定判断プロセスの正しさを重視する判断過程統制方式に依拠せざるをえない結果、原子力発電所の事故に代表されるように、生起確率が低い事象についての判断において原告（社会）側と被告（政府）側で専門家の見解がわかれた場合には、後者の裁量を認める方向に機能してしまう(58)。すなわち、そうした判決は、行政訴訟における裁判官のケイパビリティの欠如による判断の限界を表したものとみなされる。

だがここで、反事実的条件法にもとづいて可能世界を考えよう。つまり、もし原子力村が国策の名の下に原子力開発の盲目的・機械的推進の実現に向けて司法すらも取り込むことができたとすれば、司法は、意図的に原子力開発に有利な判例をつくることでその正当性を確立できただろう。こうした司法の行動は、事実に反する話だとはいえ、少なくとも原子力開発の盲目的・機械的推進と補完的だということはできる。たしかに、原子力発電所にまつわる行政訴訟において、これら二つの最高裁判決が基準とみなされているという。(59)だが実際には、裁判官にせよ、検事にせよ、官僚として国の秩序を維持するうえできわめて重要な役割をはたしていることを忘れてはならない。そして、われわれがポスト3・11時代に問うべきは、何のための秩序か、という問題であることも忘れてはならない。

また東京電力は、原子力発電所の立地である地域共同体の埋め込みにも取り組んできた。とくに、福島第一原発の地元である大熊町（一号機から四号機の立地）、双葉町（五号機、六号機の立地）は、いわば東京電力の企業城下町として機能し、地域経済の大部分を原子力産業に依存するようになった。さらに、原子力村がうまく促進してきた一連の法の力によって、地域経済は、原子力発電所がもたらす固定資産税、電源立地促進対策交付金に依存した財政構造をもつようになり、新興産業のイノベーションに真摯に取り組むインセンティブは希薄化していった。

実際、大熊町、双葉町の財政構造（二〇〇〇年）についてみてみると、それぞれ順に歳入は七六億八〇〇〇万円、五三億六八〇〇〇万円、固定資産税は三六億三八〇〇〇万円、一三億八二〇〇〇万円、そして電源立地促進対策交付金は六億八〇〇〇万円、四億七一〇〇〇万円となっている。これら二つの原発立地町は、福島県内町村平均（歳入四八億七三〇〇〇万円、固定資産税比率［固定資産税／歳入］一四・〇％）と比べて、歳入が大きいうえ固定資産税比率（それぞれ順に四七・五％、二五・九％）が高いという特徴を示す。(60)しかし電源立地促進対策交付金は、役場、公営住宅、道路、図書館など短期間で効果を生み出す用途に限定されるという規定があるため、後でこれらの管理費の負担が原発立地町の財政に大きくのしかかってくる。さらに固定資産税については、償却資産としての原子力発電所の法定減価償却期間は一六年とされ、その時点で評価額が大幅に落ちてしまうので、それに応じて税収も大幅に下がると予想される。そのため、こうした歳入源に依存した財政構造はやがて逼迫する運命にある。こうした仕組には、町がいったん原子力発電所の建設をうけいれてしまうと、新たに原子力発電所の建設を求めていくというインセンティブがビルトインされているようにみえる。

さらに恩田勝亘が指摘するように、原発立地町では、一九七〇年代からＴＣＩＡと呼ばれる地下組織が暗躍し、反原発派の集会、および選挙での反原発派候補の動向などを監視するとともに、東京電力や原子力発電にたいする批判記事が掲載された雑誌が発売されるとそれらを買い占め、地域住民に情報が伝わらないよう知識の空白をつくる任務をはたしてきたという(61)。実際、地域住民の三人から四人のうちの一人が原子力発電関係の職業についているといわれ、しかも原子炉の定期検査に訪れる労働者は一〇〇〇人単位で、次々と町に流れ込んでくる(62)。そのため、原子力発電所に出入りする人々を対象としてさまざまな産業が発展し、地域経済を支えていくこととなる。こうして地域共同体は原子力発電を許容し、その存在意義や妥当性についての根本的な議論を避け、自分たちの生活基盤を守るようになった。その過程で、原子力発電の潜在的な危険性を「無害なものへと自発的に処理する力(63)」を発達させた。要するに、彼らは原子力推進文化を信奉し、そのなかに埋め込まれていったということだろう。

第二の持続的要因として、ケイパビリティの欠如が挙げられる。東京電力を含め永続的な社団としてのコーポレーションにおいて、ＣＥＯ、副社長などのさまざまなポジションが存在し、それぞれに期待される活動を生み出すために個人――より正確には、自然人――が割り当てられ、組織のメンバーとして必要とされるケイパビリティの開発・蓄積に取り組まなければならない(64)。しかし、特定のポジションに特定の個人が割り当てられたとしても、その個人がそのポジションに期待される仕事を永遠に続けていけるかというとけっしてそうではなく、配置転換、退職、生物学的寿命など一連の理由で他の個人と交代するのが一般的である。さらにいえば、あるポジションを占有している個人が別のポジションに求められる活動に必要なケイパビリティの開発・蓄積を全面的に行うこともない。こうした意味で、個人がポジションを占有する際には時間的・空間的な限界、すなわちポジションの局所性が確認される。(65)

たとえば、福島第一原発の吉田昌郎所長は、政府、東京電力本店の混乱により平時では考えられないほどの過負荷を負い、ベントや注水の意思決定という重大な任務にあたることを余儀なくされた。発電所所長というポジションは、二年から三年で交代する慣例となっていたため、平時のオペレーションであればともかく、深刻なシステム事故を想定したケイパビリティの開発・蓄積を行っていなかったことは、一概に責められないことなのかもしれない。本来トップ・マネジメントがすべき判断を現場で行っていた吉田所長の孤軍奮闘ぶりが報じられたとき、彼を英雄視する向きもあったが、単にそれは、政府、東京電力のトップ・マネジメントの危機的状況におけるケイパビリティの欠如を、彼が補填していたという話でしかない。また後述するように、彼が過去に行った間違った意思決定は、福島第一原発事故の遠因の一つになっている。さらにいえば、彼が指揮する現場では重大なヒューマン・エラーも生じていた。要するに、彼を英雄視するのはミスリーディングである。

さらに、原子力発電所の現場では賃金の搾取が横行した結果、手取りの段階では低賃金しか支払われないこともある。(66) そのため、原子力発電所で不可欠とされる熟練の配管工・溶接工をなかなか動員することができず、地元の農家・漁師などの素人を代用せざるをえない状況が確認されるという。そして、このように何の資格ももたない素人を格上げすべく、溶接工の偽造ライセンスを付与することすらあったという。[67] かくして、現場での不適切なインセンティブ・システムのため、必要とされる適切なケイパビリティの配置に失敗し、結果的にケイパビリティの質を隠すための操作を行わなければならなかったようである。

さらに悪いことに、原子力の安全審査の場面でもケイパビリティの欠如が確認される。本来、原子力発電所の安全審査は、「核原料物質、核燃料物質および原子炉の規制に関する法律」（いわゆる原子炉等規制法）などの法体系にもとづき行われることになっている。電力会社は、原子力発電所の設置・変更を行う場合には事前に申請書を提出し、原子力安全・保安院による一次審査をうけなければならない。そしてその結果については、原子力安全委員会が別の観点から二次審査を行うことになっている。したがって安全審査は形式上、二重のチェック体制となっているとみなされる。[68]

しかし飯田哲也によれば、安全審査書についていえば、その表紙に電力会社の名が記されてはいるものの、実際には原子炉メーカー――たとえば、日立、三菱重工、東芝など――が作成したものとなっている一方、政府の安全審査は儀式と化している。そのため、地震・津波などの危機的状況を想定して安全性を審査するという実質的なものではなく、情報公開されたときに社会から間違いを指摘されないよう字面をチェックするという形式的なものにとどまるという。[69] 通常、二年かけて行われる安全審査は、原子力安全・保安院で一年、原子力安全委員会で一年を要する。こうした審査の時間制約のせいで、安全審査に必要な膨大なデータの作成などについては、申請者である電力会社、ひいては原子炉メーカーの働きにたよる形にならざるをえず、そこでは、政府・電力会社・原子炉メーカー間の信頼に依存した関係的ガバナンスが進化したといってよい。[70] かくして日本では、電力会社にせよ、政府にせよ、安全性を担保するためのガバナンスという点で、適切なケイパビリティを開発せずにすんでしまう状況が確認される。

こうした安全性確保のためのケイパビリティの欠如によって、ガバナンスは儀式化しうる。第2章第2節で論じたように、一九九五年のもんじゅのナトリウム漏洩事故、一九九九年のJCOの臨界事故などをうけて科学技術庁は解体においこまれ、二〇〇一年には省庁再編が行われた結果、原子力行政については経済産業省が包括的な権限を掌握することとなった。**図3・2**は、経済産業省を中心とした原子力村のメンバーの関係性を記したものであり、これまで境界拡張を続けてきた原子力村の主要部分を網羅していよう(71)。経済産業省には、原子力開発を推進する資源エネルギー庁、その特別の機関として安全規制を司る原子力安全・保安院が入れ子状になって共存し、ガバナンスの独立性を損なった構造となっている。そして原子力安全委員会は、前述した原子炉設置時の二次審査、規制調査などをつうじて原子力保安・安全院をモニターすることになっている。

しかし実際、原子力開発の安全規制についていえば、原子力安全委員会は文部科学省が管轄する日本原子力研究開発機構を中心とした核燃料サイクルの関連事業を規制する一方、原子力安全・保安院は経済産業省が管轄する商業用原子力発電の関連事業を規制するというルールが形成されている。そのため、福島原発危機は経済産業省の問題として位置づけられるので、原子力行政のラスト・リゾートであるはずの原子力安全委員会は、文部科学省の管轄外の問題にたいして積極的にかかわりをもち、解決に乗り出すインセンティブをもたない。他方、経済産業省は、文部科学省管轄のもんじゅの事故を管轄外のこととみなしたうえ、これをプルサーマル計画についての権益拡大の好機とみて、福島第一原発の三号機でも行われていたプルサーマル発電へと暴走していくことになったという(72)。

さらに原子力開発の推進についても、原子力委員会は形式上、全体的な政策を取り仕切ることを期

図３.２　経済産業省を中心とした原子力村のメンバー

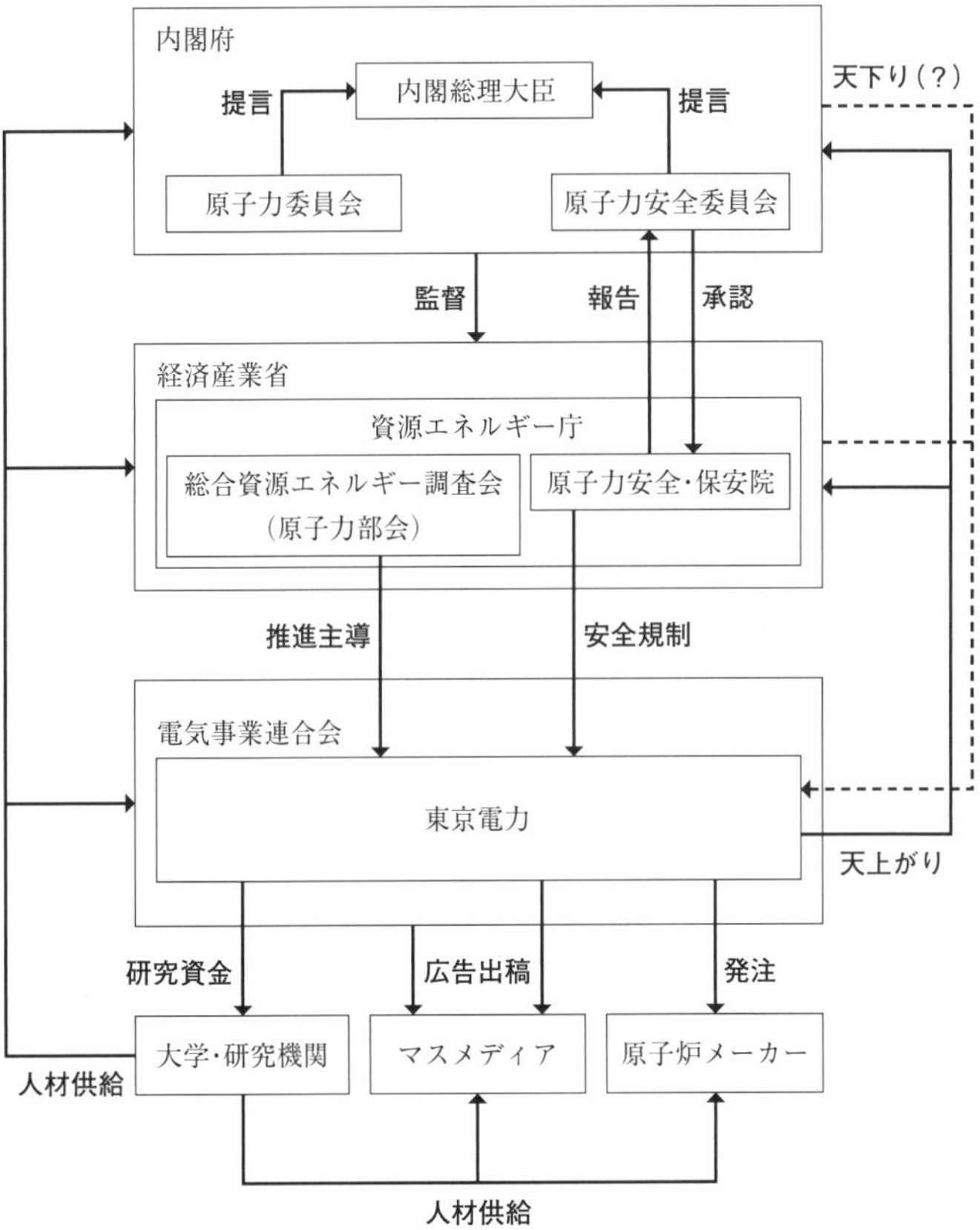

待されてはいるものの、実際には科学技術庁側の原子力開発を統率するにすぎない。他方で経済産業省では、資源エネルギー庁が中心となって原子力開発を推進してきた。なかでも、資源エネルギー庁の総合資源エネルギー調査会の電気事業分科会の原子力部会が事実上、それを主導してきた。とはいえ、少なくとももんじゅの事故が生じるまでは、原子力委員会が方針を示した後で原子力部会が追随する形がルールとなっていた(73)。

しかし問題は、原子力安全委員会、原子力安全・保安院に安全審査書を審査するのに必要なケイパビリティが欠落しているという点である。官僚組織でも、個人がポジションを占有する際の時間的・空間的な限界が確認される。実際、安全審査を担当する官僚は二年ごとに異動となるので、彼らにしてみれば、限られた短い期間のあいだに最大限のケイパビリティの開発・蓄積に取り組むより、最低限必要とされるケイパビリティを身につけ、書類の字面をチェックするだけですませたほうが合理的だろう。このように、原子力開発をめぐる安全規制に必要なケイパビリティの欠落ゆえにガバナンスの真空が生じるという問題は、ポジションの局所性という観点だけでなく、省庁間の既得権益の保護のあり方、すなわち省庁・産業間関係のタテ割りのサイロを意味する「仕切られた多元主義(74)」という観点からも説明できよう。

ただし、こうした制度的特徴は、「ガラパゴス化」した一部の省庁——とくに守旧官僚が主導する閉じた系《クローズド・システム》としての官僚組織——の行動原理と深く結びついていることに注意すべきだろう。すなわち、官僚のなかには、過去の基準・判断が間違ってはならないという無謬主義に固執するため、いったん選択した経路が環境変化、時間の経過により陳腐化し、それが今となってはあやまりだということが判明しても、こうした現実を認めず頑なまでに旧来の仕組を維持しようとする者もいよう。さらに、官僚組織にもポジションの局所性があるため、変化を生み出すのに必要なインセンティブ、時間はともに不足気味となる。しかも、たとえば上司が鉄壁の守旧官僚で、その人が継承してきた権益の維持・拡大への貢献を高く評価するインセンティブ・システムや現状維持文化が強固に確立されていたとすれば、彼らの意向を忖度することでこうした仕組に自らを縛りつけ、自らも守旧官僚として社会の声に耳を閉ざし、冷酷に変化の機会を封殺していける人が「有能」とみなされ、昇進していくことが十分にありうる。結果的に、現状維持文化に正面から対抗しようとする新革新官僚[75]は社会的排除にあうのに加え、こうした閉塞感に嫌気がさした若手の優秀な新革新官僚予備軍は官僚組織からスピンアウトし、より開かれた社会に活躍の場を求めていくことになろう。そして、かつてのように優秀な人材は省庁に集まらなくなり、こうした官僚組織は、経時的に組織ケイパビリティを自己破壊していくことになろう。このように、単一の価値観の下で多様性が排除される点でいえば、守旧官僚の現状維持文化は、原子力村の原子力推進文化と整合的なのであって、原子力開発の面で官民協調が強化されたという帰結には、なるほど一理あるのかもしれない。

　だが注意せねばならないのは、官僚組織のなかには、社会の漸進的な改善に向けて真摯に仕事に取り組んでいるタイプの官僚が数多く存在しているという事実である。したがって、一部のマスメディアとその受け売りを好む一部の国民との合作による安易な官僚批判は、組織の存続や個人の自己保身のためではなく、社会のために真摯に働いている多くの官僚による日々の努力にたいする批判を意味する。そうした的はずれの批判は、彼らにとってやりきれない負の感情をもたらし、真摯に仕事に取り組むインセンティブを希薄化するだけだろう。たとえば、二〇一二年二月に議員立法により成立した「国家公務員の改定及び臨時特例に関する法律」にせよ、二〇一三年度からの国家公務員の新規採用数の削減の動きにせよ、官僚全般にたいして——しかも、国の将来を担うべき官僚予備軍にまで——自縛的犠牲を強いるのはかならずしも適切ではなく、国の基礎となる官僚機構の逆機能を招きかねない。しかし社会の数多くの人々は、さまざまな省庁でさまざまな仕方で働くさまざまな官僚を分類する際、文字通り「官僚」という単一のカテゴリーのなかに無理矢理押し込めてひとまとめにする傾向があるので、そうした官僚全般による負担の増大に安易に合意しがちである。だがこうした分類によって、複雑な世界が過度に単純化され、歪んだ法・規制の実現につながりかねない。かくして安易な官僚批判は、よりよい社会の実現にとって正の効果をもたらすものではないだろう(76)。

もちろん、このことは「政治家」というカテゴリーにもあてはまる。たとえば、原子力開発の基礎的な体制づくりに寄与した正力松太郎、原子力予算の確立をはじめ原子力開発の推進に寄与した中曾根康弘、そして電源三法の制定により原子力開発を加速させた田中角栄をはじめとした自民党の政治家にたいして、原子力開発が推進された原因をもっぱら帰すという仕方は適切ではない。というのも、一九九三年六月に自民党から離脱した議員によって組織化された新生党は、現在の与党である民主党の母体の一つとなっており、当の民主党にも、前述した福島県出身の渡部恒三をはじめ原子力開発の推進を支持してきた原発推進派の政治家が数多く存在するからである(77)。しかも原子力開発は、政治だけで語りつくせるほど単純ではない。

ところで、そもそも分類とは人間の心の働きであって、その研究の一つの起源はフリードリッヒ・ハイエクにさかのぼることができる(78)。世界の認識には分類が不可欠で、世界の事物・事象は複数のカテゴリーをもつ。したがって、社会の人々が官僚、政治家にたいしてガバナンスを行使できるようになるには、彼らをその属性ごとに細かく分類しうる精密なカテゴリー化にもとづく公的論議《ディスコース》の機会、選挙制度などが必要とされる。さらに彼らは、自分たちの仕事の正当性・不可欠性を証明するためにも精密なカテゴリー化を可能にする情報開示の仕方を考えねばならない。たとえば、政党についていえば、同じ一つの組織のなかに原子力発電の是非をめぐって原発推進派、反原発派が混在しているのみならず、その他にも実に多くの論争点があるため、社会の人々はこれらにかんする各政治家の判断を識別できない。そのため社会は、政治家、政党を適切に評価することは難しく、結果的に政治家、政党は、官僚、官僚組織に依存したまま政策論議に必要なケイパビリティを開発しようとはせず、知名度を高めるためだけに、短期的に政局で目立とうとする安易な道を選択しがちである。だが、塩崎恭久が適切に述べているように(79)、憲法第六五条に記された「行政権は、内閣に属する」という条文について、内閣以外は行政権とみなされる物事に関与できないと解釈され、行政府の過剰な自己主張と立法府の過剰な遠慮とが行政権不可侵をもたらし、行政府（とりわけ官僚組織）の一極肥大化が生じてしまった面も否めない。

いずれにせよ、社会は衆愚へ、政治は政局へと流されているあいだに、一部の官僚が漁夫の利をえるという図式が成り立ちうる。つまり日本では、社会と政治で無知が共有され(80)、これらに空隙が生じているあいだに、一部の官僚が中心となり法・規制の実効的支配を実現し、特定の権益の拡大に向けて暴走していく、という一つの可能性が現実化しうる。だが第４章で論じるように、日本の資本主義の下で生じている制度の失敗は、複合的なものであるため、現実化しうる「官僚の暴走」などの政府の失敗にとどまらないということ、そして福島原発危機は、日本の資本主義における制度の複合的失敗を投影した危機、あるいは社団資本主義が失敗した制度による呪縛をうけているというマクロと、コーポレーション・個人が自縛的犠牲を求められているというミクロとのあいだの負の連環にもとづく危機だということである。日本の資本主義には、ミクロの自縛の病理とマクロの制度の失敗とのあいだの負の連環がみられ、このことが福島原発危機につながった。だがそれは、けっしてあってはならないが、たとえば、また別の危機の引き金をひく可能性を依然として秘めている。

　これまで、ケイパビリティの欠如によってガバナンスの真空がもたらされる可能性について論じてきた。この点で、原子力村が意図的にガバナンスの真空を創出するケイパビリティの開発・発展に取り組んできたという可能性も考えられるのではないか。そこで、たとえば第2章第4節で論じた内部告発の問題を想起しよう。二〇〇〇年ＧＥＩＩの元従業員が資源エネルギー庁にたいして、東京電力の原子力発電所におけるデータ改竄について内部告発した際、その文書をうけとった資源エネルギー庁は、告発者の個人情報にかんする資料を東京電力にすべて渡していた。つまり当時、福島県知事をつとめた佐藤栄佐久が述べたように、内部告発の無機能が生じていた[81]。さらに彼は、原子力発電所の安全性に問題がひとたび生じたとすれば、「すぐ原子炉を止めて点検するように命じるのが（原子力安全・）保安院の役割ではないか。なのに、不作為を決め込み、進んで安全に背を向けている」と述べ、経済産業省のガバナンスのあり方を批判した[82]。

　では、なぜ経済産業省――より正確には、経済産業省の一部――は「進んで安全に背を向けている」のだろうか。たとえば、日本の電力産業を特徴づけている三種の神器の一つである総括原価主義についてみれば、それにより電力会社は、本来、地域独占のために必要であるはずがない広告費を普及開発関係費として計上し、これを含む一連の費用に適正とされる利潤を加算して電気料金を決定しており、その妥当性を資源エネルギー庁がモニターする「ふりをする」ことで成り立っている、というかなり厳しい見方もある[83]。もしかりにこうした見方が妥当するとすれば、それは、とくに平岩時代以降、天下り、天上がり、渡りなどの慣行を促進してきた原子力推進文化の下、密に結びつくことになった官と民のあいだの過剰な協調関係を表すように思われる。原子力村において、原子力開発の盲目的・機械的推進の実現という目的についていえば、資源エネルギー庁、東京電力のあいだに何の違いもないのかもしれない。つまり、電力会社にとって不利なことは、その所管官庁である経済産業省にも不利なこととしてはね返ってくるほど、両者の利害は一致している、すなわちインセンティブ両立性が成り立っているとみてよいのではないか。

原子力村の観点からすれば、原子力発電所で何らかの問題が生じるたびに点検を行い、原子炉の運転を停止することは、電力会社、経済産業省の双方にとって経済損失をもたらしかねないばかりか、原子力開発の推進と整合しないという点で受容しがたいことだろう。つまり、原子力発電所を稼働し続けることで、その存在意義を社会にみせつけることこそ、推進という力強い表現にふさわしい。しかし対照的に、社会の観点からすれば、原子炉の問題の徹底的な究明は安全性の確保のためには必要で、日常生活を安心してすごしていくうえで正の効果をもちうる。後で詳しく述べるが、原子力村と社会のあいだには、このように同じ物事が正反対の意味をもちうるという点で、それぞれ異なる世界を有しているとみなされよう。したがって奇妙なことに、原子力推進文化を共有する原子力村では、社会常識とは対照的に、安全性をおろそかにするための知識、スキル、経験といったものが価値のあるケイパビリティとみなされうる、という逆転現象が生じているのかもしれない。

原子力発電所の稼働停止にかんして、原子力安全委員長をつとめる班目春樹はドキュメンタリー映画のなかで、「原子力発電所を一日止めると、一億どころじゃないわけですよね」とかつて述べたことがある(84)。この発言に端的に表されているように、「一日止めると、一億どころじゃない」莫大な機会損失は、銀行にたいする金利支払、原子力発電によって本来えられたであろう収益、そして原子力発電に代わる代替燃料（たとえば、石油、石炭、天然ガスなど）の費用などからなり、結局は、原子力発電に依存したビジネス・モデルをもつ電力会社がこれらの費用をすべて負担せねばならないことになろう。このことが電力会社の経営を圧迫する要因となり、結果的にその悪影響が原子力村全体へと波及していくと考えられる。したがって、原子力村の内部で生じうる経済損失は、電力会社とともに原子力村という運命共同体を形成し、利害が一致している所管官庁にとっても看過できない重大な問題となりうる。彼らにしてみれば、それは日本の資本主義の「危機」ということになるのかもしれない。

物理的技術

原子力発電のドメインにおける物的資産の結合の仕方にかかわる物理的技術について吟味しよう。第一に、原子力発電所の立地選択における自然災害、すなわち地震・津波にたいする限定的な考慮である。第2章の**表2・1**に示したように、福島第一原発が着工されたのは一号機から六号機までそれぞれ順に、一九六七年九月（?）、一九六九年五月、一九七〇年一〇月、一九七二年九月、一九七一年一二月、一九七三年五月である。他方、地震にかんする理論的知見については、着工直前の一九六〇年代頃、地球の表面をおおう硬いプレート同士の相互作用によってそれらの境界で地震が生じるという見解、すなわちプレートテクトニクスが主に欧米の研究者によって提示され、一九七〇年代に注目を集めた。しかし、当時の日本の地震研究者は地震多発国で自分たちが行ってきた研究が最先端と信じていたこと、そして地質の若い日本でプレートテクトニクスを証明することが困難だったこともあり、すでに始動していた原子力発電所の建設プロジェクトは、その見解をもとに見直されることはなかったという(85)。結局、福島第一原発の耐震性には、地震を研究対象とした諸分野――たとえば、地震に関連した地球物理学的な現象の解明を意図した地震学、地球上の地層に注目することで現在の地質構造への進化プロセスを解明する構造地質学、および地球におけるプレートの運動や地震現象に焦点をあてる地球進化学など――の最新の知見は反映されていないとみてよい。

元来、日本での原子力発電所の立地については、一九六四年五月に原子力委員会が策定した「原子炉立地審査指針及びその適用に関する判断のめやすについて」（以下、原子炉立地審査指針）によって規定される。そこには、原則的立地条件の一つとして「大きな事故の誘因となるような事象が過去においてなかったことはもちろんであるが、将来においてもあるとは考えられないこと。また、災害を拡大するような事象も少ないこと」と記されている。この条件には、福島原発危機にかかわりのある地震、津波といった言葉が直接登場することはなく、こうした自然災害が「事象」に含まれるかどうかも不明瞭な状況である。そして立地審査の指針として、立地の妥当性を判断する際の三つの条件、すなわち原子炉の周辺は非居住区域とすること、その外側の地帯は低人口地帯とすること、そして原子炉敷地は人口密集地帯からある距離だけ離れるべきことを規定する(86)。いずれにせよ、この原子炉立地審査指針は、地震・津波が多発する立地における原子力発電所の建設を直接禁止していないことだけはたしかである。

そして原子力安全委員会は一九七八年九月、原子炉の設置許可にかんする安全審査の局面で耐震設計の妥当性を判断するために、「発電用原子炉施設に関する耐震設計審査指針」（以下、耐震設計審査指針）を設けた。さらに二〇〇六年九月、地震学、地震工学などの新しい研究成果、ならびに原子炉の耐震設計の技術進歩を反映する形で耐震設計審査指針を見直した。この指針によれば、原子力発電所の使用期間中に「極めてまれではあるが発生する可能性があり、施設に大きな影響を与えるおそれがあると想定することが適切な地震動による地震力」(87)が生じた場合でも、安全機能を保持できるような設計が求められる。そして、原子力発電所は「十分な支持性能をもつ地盤に設置されなければならない」(88)。このように、耐震審査設計指針は文字通り地震に関連した内容となっており、安全機能が保持できる設計、安定した地盤への設置を強調する。

だが、東京電力は二〇一一年四月一日、そうした耐震設計審査指針の見直しにあわせて想定を従来の一・六倍に引き上げたものの、東日本大震災によって福島第一原発では耐震設計の想定を上回る揺れを観測していたことを発表した。すなわち、二号機、三号機、五号機にかんして想定はそれぞれ四三八ガル、四四一ガル、四五二ガルだったが、実際の揺れは五五〇ガル、五〇七ガル、五四八ガルとなっており、いずれも想定を上回っていた(89)。

とくに地震については、過去に生じたどれくらい大きな地震を想定するかが重要な意味をもつ。二〇〇九年六月二四日に開かれた「総合資源エネルギー調査会原子力安全・保安部会耐震・構造設計小委員会 地震・津波、地質・地盤合同ワーキンググループ」の会合では、この点についての東京電力の基本的な考え方が明らかになった(90)。岡村行信委員は、東京電力がプレート付近で生じる地震として一九三〇年代の塩屋崎沖地震を考慮しているものの、八六九年の貞観地震、それにともなう津波をまったく考慮していないことを問題視した。これにたいして、東京電力は、貞観地震の被害がそれほど確認されておらず、規模としては福島地点の地震動を考える際、マグニチュード七・九の塩屋崎沖地震を想定しさえすれば十分だという見解を示した。さらに岡村は、東京電力のこうした見解を疑問視し、貞観地震の津波堆積物が福島県の常磐海岸にまで到達していたことを指摘した。結局、マグニチュード八・四とされる貞観地震、したがって塩屋崎沖地震の六倍程度の巨大地震とその津波の影響については史料が十分でなかったということもあって、その潜在的な危険性については想定されることはなかったようである。貞観地震の扱いについては、重要な論点の一つだと思われるため、後で立ち返るつもりである。

概して日本において、津波は地震にともなない副次的に生じる「地震随伴事象」とみなされ、あくまでも安全対策の力点は地震のほうにおかれてきたように思われる。電力会社、電事連などは一様に、原子力発電所の安全確保の際には「原子炉を『止める』」「原子炉を『冷やす』」「放射性物質を『閉じ込める』」ことを基本方針としてきたが、それは、地震対策を念頭においたものだった[91]。たとえば電事連は、原子力発電所が安全を保つための地震対策として、活断層や過去の地震などについての徹底的な調査、ごくまれな地震動すらも勘案した設計、耐震安全性を詳細に確認するための解析評価、原子力発電所の支持地盤や周辺斜面の安全性の確認、そして津波にたいする安全性の確認、を挙げる。津波にたいする安全性については、とりあえず最後の項目として位置づけられるにすぎない[92]。

また東京電力は、原子力発電所の津波対策についての見解を示している[93]。それによれば、敷地周辺で過去に発生した津波の文献・聞き取り調査を実施し、敷地にたいして影響を及ぼしかねない津波を選定したうえでシミュレーションを行い、発電所の敷地・取水設備の確認を行うという手順をふんでいるという[94]。そして、「想定される最大規模の津波の場合、水位上昇時には、一部発電所において敷地が局所的に冠水することも想定されますが、発電所の安全性は確保されていることを確認していま す[95]」とも述べる[96]。

そこで東京電力は、どのような仕方で「最大規模の津波」を想定していたかが問題となる。津波の想定については、福島第一原発、福島第二原発、柏崎刈羽原発の三つの原子力発電所を対象として、原子力安全委員会の「発電用軽水型原子炉施設に関する安全設計審査指針」(以下、安全設計審査指針)、および土木学会の「原子力発電所の津波評価技術」(以下、津波評価技術)にしたがい津波評価シミュレーションが行われてきた。第一に、安全設計審査指針には、「安全機能を有する構築物、系統及び機器は、地震以外の想定される自然現象によって原子炉施設の安全性が損なわれない設計であること。重要度の特に高い安全機能を有する構築物、系統及び機器は、予想される自然現象のうち最も苛酷と考えられる条件、又は自然力に事故荷重を適切に組み合わせた場合を考慮した設計であること」[97]とある。第二に、津波評価技術には、電力会社が津波を想定して原子力発電所の設計を行うのに用いる設計津波水位の最高値、すなわち設計津波最高水位を導出するための仕方が示されている[98]。それによれば、プレート境界付近などで想定される地震にともなう複数の想定津波のなかで、原子力発電所の設置地点に最大の影響を及ぼしうる設計想定津波にもとづき設計津波最高水位を求めることができる。すなわち、

設計津波最高水位＝朔望平均満潮位＋設計想定津波の最大水位上昇量

という式である。つまりそれは、各月の最高満潮面の平均値である朔望平均満潮位を適切な潮位とみなし、この潮位に、原子力発電所に最大の影響を及ぼしうる設計想定津波がもたらす最大上昇量(正の値)を加えた和を、設計津波最高水位とすることが示されている。

図3.3　福島第一原子力発電所における津波の想定（?）

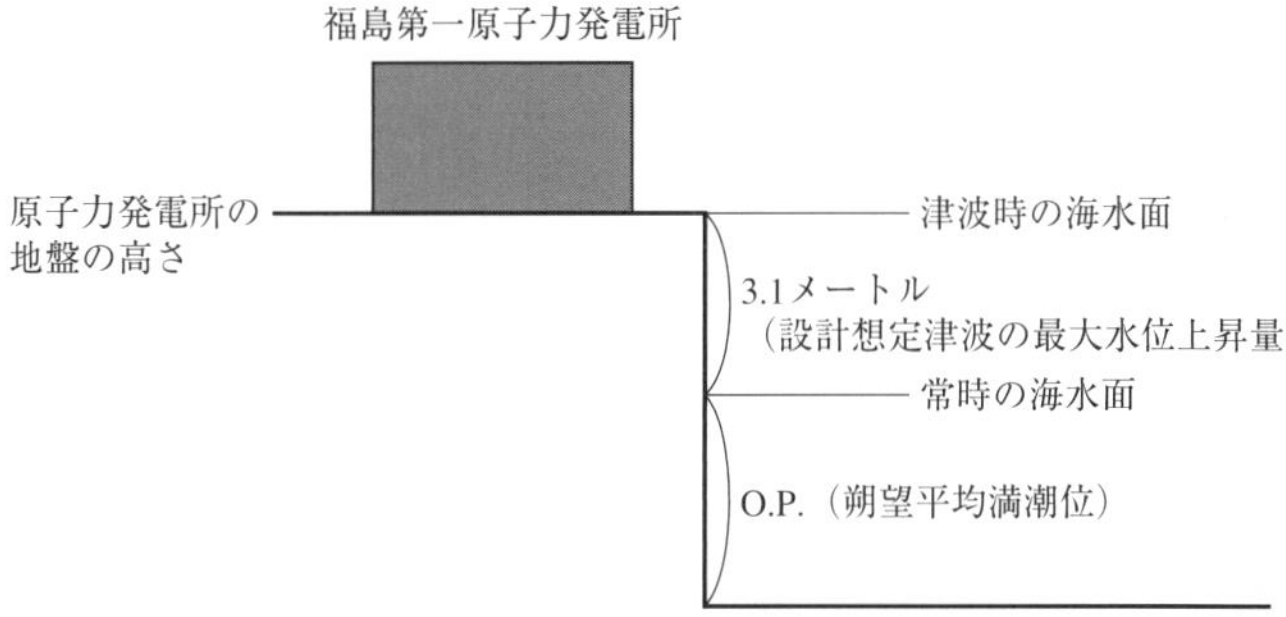

注）東京電力株式会社（2005, p. 13）の図をもとに作成。

では次に、東京電力はどの程度の「最大規模の津波」を想定していたかを検討しよう。福島第一原発の一号機から六号機までについては、一九六六年から一九七二年にかけて設置許可申請がなされたが、その際、想定したのは一九六〇年のチリ津波にとどまり、小名浜港で観測された最高潮位O.P.＋三・一メートルで設置許可が出され、敷地の最も海側の部分については、O.P.＋四メートルの高さに整地され、そこに非常用海水ポンプが設置されることになった[99]。ここでいうO.P.とは、福島県小名浜地方の一年間の平均潮位（すなわち、小名浜港工事基準面［Onahama Peil］）のことである[100]。そして一号機から四号機について、標高四メートルの敷地に非常用海水ポンプなどの施設、標高一〇メートルの敷地に原子炉建屋、タービン建屋などが設置されたので、四メートル以上の津波で冷却機能が喪失し、一〇メートル以上の津波で直流電源、非常用ディーゼル発電機などが機能しなくなると予想された[101]。

以上のことを勘案し、東京電力の「発電所の津波対策」に記された図[102]（本書の**図3・3**を参照）の解釈を試みるならば、O.P.は「常時の海水面」、そしてこれに三・一メート

図3.4　福島第一原子力発電所と女川原子力発電所の津波の想定と実際

	福島第一原発	女川原発
O.P.　基準面	小名浜港工事基準面（T.P.-0.727）	女川原子力発電所工事用基準面（T.P.-0.74）
a　想定津波最高水位	5.7	9.1
b　敷地高	10	14.8
c　津波による浸水	5	2.5

注：単位はメートル。T.P.は東京湾平均海面を表す。

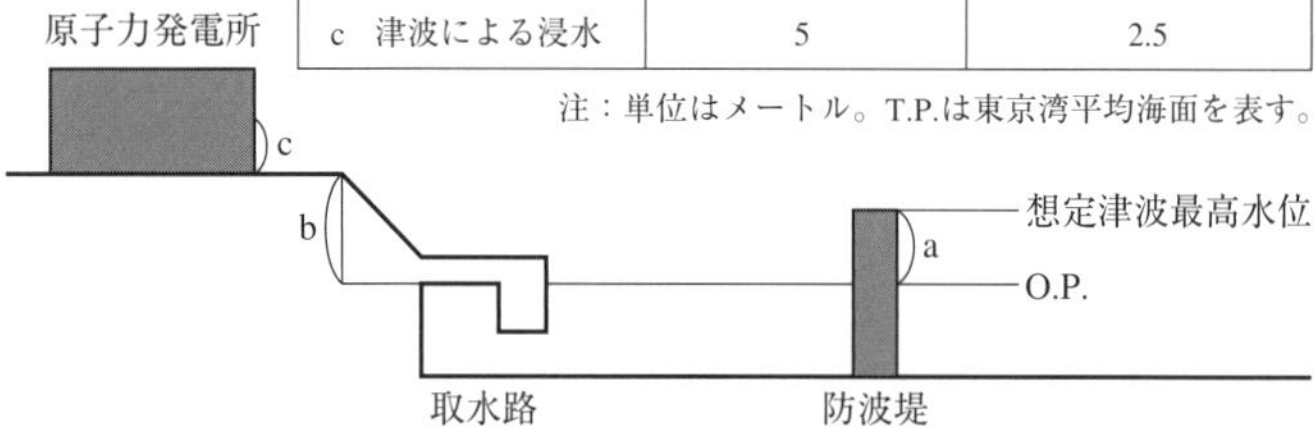

注）原子力安全・保安院（2011），原子力安全委員会事務局（2011），『朝日新聞』（2011年3月31日），『朝日新聞』（2011年4月24日）をもとに著者作成。

ルを加えた値が「津波時の海水面」にそれぞれ対応し、さらに土木学会の津波評価技術の用語でいえば、前者は「朔望平均満潮位」、そして後者は「設計想定津波の最大水位上昇量」にそれぞれ対応するのではないかと考えられる。かくして、東京電力は二〇〇五年の時点では、「地震以外の想定される自然現象」である津波のなかでも「最も苛酷と考えられる条件」を勘案した結果、福島第一原発におこりうる津波を三・一メートルと想定していたように思われる。

しかし、東日本大震災の直後に福島第一原発では深刻な事故が生じ、この事故の原因にたいして大きな社会的関心が向けられるなかで、はたして東京電力は、福島第一原発においてどれくらいの津波を事前に想定し、どれくらいの津波を実際に経験したのかが注目された。この点については、二〇一一年四月九日に東京電力からの報告をうけた原子力安全・保安院によれば、[103]おこりうる津波は五・七メートルと想定しており、実際に津波による原子力発電所の建物・設備への浸水は五メートルほどだったという。[104]東京電力は、津波評価技術にもとづき福島第一原発に来襲しうる津波の想定を五・七メートルへと見直し、二〇〇二年には非常用海水系ポンプのかさ上げ工事を実施した。これによって、津波が来襲しても標高四メートル盤に設置された多くの施設は浸水し損傷するが、非常用海水系ポンプは被害を免れ、冷却機能は保持されると考えられたのである。(105)

さらに、大震災後の調査などから次第に明らかになってきたのは、福島第一原発と同様に津波の被害をうけたにもかかわらず、危機的状況を回避できた東北電力の女川原子力発電所との違いについてである。概して両者の違いについては、**図３・４**のようにまとめられる。この図からいえることは、敷地高、想定津波最高水位にかんする違いがそれぞれの原子力発電所の運命を左右したという点である。

注意せねばならないのは、**図３・３**と**図３・４**では図式化・説明の様式が変わっており、両者がそれぞれ正しい説明にもとづいたもので、しかも互いに整合するためには、**図３・３**の三・一メートルが**図３・４**のｂではなくａに対応するものでなければならない。というのも、それがｂに対応するのだとすれば、福島第一原発の抜本的な建て替え工事が津波に不利な形で行われなければならず、実際そうした非合理的な工事が行われた形跡はないからである。つまり、標高一〇メートルという福島第一原発の敷地高は設立時から変わらず、想定津波最高水位を三・一メートルから五・七メートルに変え、非常用海水系ポンプのかさ上げ工事が行われたということである。

さらにいえば、二〇〇六年の耐震設計審査指針の見直しによって社会的に安全を高めるよう努力したところで、原子力発電所の基本構造である敷地高を物理的に変えることはできず、それは依然として、一九七一年に運転を開始したときと同じ一〇メートルのままだということである。かくして原子力開発の場面では、原子力発電所の基本構造にかんする物理的技術をほぼ一定にしたまま、耐震設計審査指針の見直しなどの形で社会的技術の革新・強化が重ねられてきたとみなされよう。現在の福島第一原発の敷地高は依然として一〇メートルで、これは物理的に変えられるものではない。では、なぜ一〇メートルだったのだろうか。しかし驚くべきことに、東京電力によれば、この土地はそもそも標高三五メートルだったのである。

大熊、双葉の海岸線は、標高三五メートルの切り立った丘陵地で、太平洋の波浪が四六時中断崖を洗っており、この強烈な破壊力に逆らって、直接外海に向かって防波堤を突き出して港湾をつくり、冷却水の取水と重量物の荷揚げに備える構想は、当時、発電所建設地点としては世界にも例をみないものであった。……原子力建設工事の場合、建築工事と機械工事との競合がきわめて多いということが、その特殊性の一つとなっており、なかでも、原子炉格納容器の外側に五〇ミリメートルのすき間を保持しながら、遮へいコンクリートを打設していく工事については、ＧＥ社でもまだ施工方法が確立していなかった。(106)

そもそも強度が不十分だった丘陵地を掘削して標高一〇メートルの敷地高とし、さらにそこから四メートル掘り下げた岩盤に原子炉建屋を設置した。そして、津波の防壁となっていた崖はなくなり、防波堤を備えた専用港湾が設けられた。結局、原子炉を冷却するための取水に要する費用、原子炉圧力容器の海上輸送の利便性などを考慮して現在の設計になった。(107) つまり原子力発電所の設計は、コスト効率の観点から行われたということなのだろう。

この点は、第二のケイパビリティの欠如という持続的要因にも関連していよう。東京電力は、原子力発電所の建設に必要な諸機能のアウトソーシングによって特徴づけられるターンキー契約をつうじて、ＧＥが有するケイパビリティに全面的に依存せねばならなかった。そしてＧＥは、東芝、日立などの原子炉メーカーを下請として活用する一方、これらの原子炉メーカーは、ケイパビリティを学習した結果として国産の原子炉の生産にこぎつけることを目標としてきた。だが、それはあくまで理想にすぎず、実際には当時のＧＥのもつ物理的技術ですら発展途上のもので、日本のメーカーには、ステンレス・スチール製の原子炉パイプのひび割れへの対応、そしてアメリカを拠点とするＧＥがそもそも想定する必要がなかった地震への対策など、結果的に数多くの特殊な追加的課題が突きつけられた。

さらに、福島第一原発の一号機から六号機まで原子炉はＢＷＲ、格納容器は一号機から五号機までマークⅠ、六号機はマークⅡであり、いずれもＧＥの設計にもとづいていた。しかし、ＧＥでかつてエンジニアをつとめていたデール・ブライデンボーは二〇一一年三月一五日、ＣＮＮに出演してインタビューに答え、マークⅠの設計に残された潜在的な問題点について述べた。

マークⅠの格納容器の設計には、設計基準事故、冷却材流出事故がおきた際に考えられるすべての負荷が反映されていたわけではないということが、一九七五年に明らかになった。そのため、負荷をあらためて解析するための突貫作業に着手するとともに、どの点で改良が必要か、そしてプラントを安全に運転し続けられるかどうかを確認する必要があった(108)。

したがって彼の見解によれば、GE製のマークIの格納容器について、その設計が大規模な事故にともなう高位の負荷にそもそも耐えうるものだったかどうか疑わしい。

第2章第3節でも述べたように、東京電力がGEのBWRを購入した理由として、GEのBWRの導入をすでに決定していた先行事例があったこと、およびGEの技術にたいして絶大な信頼をおいていたことが挙げられる。とくに、スペインのサンタ・マリアデガローニャ原発では、福島第一原発の一号機と同じ四六万キロワットのBWRをすでに受注していたので、後発である福島側では、設計費などの節約効果が期待できたはずだった。しかし実際には、福島第一原発のほうが先に完成してしまったため、東京電力はそうした後発効果を享受することができなくなってしまった。

東京電力は、原子力発電所の開発・建設を急ぐあまりGEの製品の技術水準を適切に判断できなかった。というより、原子力技術についてはGEのほうが何枚も上手だったというほうがより正確だろう。原賠法から推論できるように、日本の原子力黎明期には、外国からのケイパビリティ移転をいかに促進するかが重視されたようである。しかも、日本初の原子力発電所である東海発電所を建設した局面でも明らかになったように、日本の原子力開発のプロセスにおいて、電力産業は、原子力技術の導入を急速にすすめようとしたあまり、研究開発を軽視しがちになった。すなわち電力産業は、「発電炉がすでに実用化段階にあり、したがって、もはや研究開発はいらないという見解をとり、火力の場合と同様な完成プラントの輸入・建設方式で行ける」(109)と考えた。これをうけて大蔵省は、発電炉は実用化段階にあるという電力産業の主張にもとづき、軽水炉にたいする研究開発予算の計上を抑制した。電力産業のそうした誤認の結果、東京電力に限らず日本では、独自の研究開発にもとづく原子力発電のケイパビリティの内部化がすすまなかった。

このように、原子力発電所の建設に関連したケイパビリティの内部化ではなくアウトソーシングに依存せざるをえなかったという事情は、電力会社だけでなく規制当局にもあてはまる。日本の原子力発電所の設備・機器などの設計・製造・検査を行う際には、電気事業法第四八条第一項にある告示である「発電用原子力設備に関する構造等の技術基準」（以下、告示五〇一号）にしたがうことが規定されている。しかしこの告示五〇一号は、アメリカのＡＳＭＥ（アメリカ機械工学会）が設定した原子力機器規格を、経済産業省の裁量規制のためにそのまま日本へ移植したものにすぎない(110)。つまり、原子力発電所の設計・製造・検査に関連した規格ですら、アメリカから導入されたものだったということである。

原子力発電の物理的技術について、電力産業にせよ、政府にせよ、原子力発電にかかわる広範なケイパビリティを、原子力先進国であるアメリカにとりわけ依存してきた。他方、原子力発電所の現場では、配管のクラックの原因になるため化学プラントが一九六〇年代にやめた工法を最新工法と思いこみ、これを一九八〇年代になってようやく取り入れることもあったといわれる。さらに悪いことに、こうした問題点を抱えていた現場の実態を電力会社が把握しておらず、現場で勝手に処理された事故や故障が頻繁におきていたともいわれる(111)。したがって日本では総じて、原子力開発にとって必要な物理的技術の開発・蓄積がうまくすすめられてきたとはかならずしもいえない。

第三に、原子力発電所と揚水発電所の補完性である。そもそも原子力発電所は、物理的技術の観点からみて需要量の変動にたいして微調整が困難だという特性をもっているため、一定水準の発電量を保つために運転し続けていかなければならない。こうした理由で、原子力発電は電力の安定供給を支える基盤、すなわちベースロードとして位置づけられる(112)。しかし夜間は、需要量が原子力発電所の容量を下回るため余剰電力が生じがちになり、電力会社にとってはこれを有効に活用するための用途を見出すことが課題となった。そこで、揚水発電所を建設することで余剰電力の活用を図るという可能性が模索された。つまり、上池、下池をもつ揚水発電所において、夜間の余剰電力を用いて下池から上池へと揚水しておき、需要量が増大した昼間ないし特定の季節などに適宜、上池から下池に水を落下させて発電を行うのである。つまり揚水発電所は、電力会社にとって原子力発電を存立させるために不可欠な補完的技術とされた。

実際、揚水発電所が原子力発電の補完的技術と位置づけられたのは、一九五〇年代に原子力発電の導入がさけばれるようになってからのことである。電力会社は、原子力発電所の建設と並行して揚水発電所の建設に取り組んできたが、その歴史は、一九三四年四月に運転を開始した長野県にある池尻川発電所にさかのぼる。[113] たとえば東京電力は、現在九ヵ所に揚水発電所を設置しているが、一九六〇年代に三ヵ所、一九七〇年代に一ヵ所、一九八〇年代に二ヵ所、一九九〇年代に二ヵ所、二〇〇〇年代に一ヵ所、それぞれ運転を開始した。[114]

さらに電力会社は、原子力発電による夜間の余剰電力を活用すべく他の用途も模索しはじめた。すなわち家計にたいして、需要量が増える昼間ではなく需要量が減る夜間に電力を使用させるというピークシフトを促進した。とくに、電力使用がピークになる午前九時から午後八時のあいだ、家庭に電化製品の使用をひかえさせ、それ以外の時間で需要量を増大させようという試みであった。電力業界は、一九九〇年に時間帯別電灯を導入し、電気料金制度をつうじてピークシフトをすすめていった。他方、物理的技術の側面では、冷媒としてフロンの代わりに二酸化炭素を用いるヒートポンプ技術を採用した給湯器――いわゆるエコキュート――が開発され、二〇〇一年四月にコロナが先陣をきってこれを販売した。エコキュートはＩＨクッキングヒーターなどとともに、給湯、台所、冷暖房などの家庭内のすべての熱源を電気に依存するようなオール電化住宅を支える柱の一つとなった。

東京電力も、家計による夜間の電力消費を促進しうるいくつかの電気料金メニューを提示した。なかでも、「電化上手（季節別時間帯別電灯）」というメニューは、朝晩、昼間の電気料金は高めに設定されているものの、夜間（午後一一時から午前七時まで）の電気料金を一キロワット時あたり九・一七円としている。また、オール電化住宅においてこのメニューで契約を結ぶと全電化住宅割引が適用され、電気料金が五％割引になるというインセンティブが与えられる。[115] こうして東京電力は、原子力発電の余剰電力のはけ口として、家計を対象に夜間の電力消費の市場を開拓してきた。その際、こうした市場開拓と補完的な電気料金制度を導入するだけでなく、環境にやさしいというイメージをもつオール電化住宅を支える電化製品の普及につとめた。[116] その結果、オール電化住宅の件数は、二〇〇二年三月末の一万三〇〇〇戸、二〇〇八年三月末の四五万六〇〇〇戸、二〇一〇年一二月末の八五万五〇〇〇戸といった具合に着実に増加し、その普及という点で商業的成功をおさめ、二〇〇八年から三年間のうちに原子力発電所二基分にあたる約二〇〇万キロワットの電力消費の増大がもたらされたという。[117]

原子力村の視点からすれば、家計によるピークシフトがうまくすすめられて電力消費が増大すれば、このこと自体、さらなる電源を求めて原子力開発の推進を図る――原子力発電所を新設する、あるいは電力の長期的な安定供給を可能にする核燃料サイクルの実現に向けて邁進する――ためのモメンタムとなるのかもしれない。以下では、福島原発危機の因果モデルの推論の材料として、その危機と類似した自然災害の状況で生じた原子力発電所の事故である柏崎刈羽原発の事例を吟味しよう。

典型的ソースとしての柏崎刈羽原発の震災事故

二〇〇七年七月、マグニチュード六・八の新潟県中越沖地震がおきたことにより、東京電力の柏崎刈羽原発は、設計時の想定値二七三ガルを超えた最大六八〇ガルの揺れを記録し、大きな被害を被った。実際に一号機の地震観測小屋では、この原発の敷地内で最大の震度七に及ぶ揺れが観測された[118]。こうした大規模な地震の直後、運転中だった二、三、四、七号機は緊急停止となった[119]。そしてとくに三号機では、原子炉建屋と変圧器とを結ぶ電気ケーブルの支柱が地震によって沈下し、このことを原因とした変圧器火災が発見された。だが、あいにくその初期消火には、発見した職員、作業員四名しか参加できなかったうえ、消火栓の水が思うように出なかったということもあって、火災は事実上放置され、黒煙が立ち上り続けた。その結果、本格的な消火活動がはじまったのは、消防隊の化学消防車が到着した約一時間後になってしまった[120]。さらに六号機では、地震によって使用済核燃料プールの放射性物質を含んだ汚染水が建屋四階の作業フロアへとこぼれ出し、その一部が床下に設置された給電ボックスに入ってしまい、さらにその配管を通って中三階の非管理区域の中継ボックスに漏れ出し、最終的には海に放出された[121]。

柏崎刈羽原発の震災事故は、東京電力のリスク・マネジメント能力の欠如を露呈しただけでなく、この会社にたいしてさまざまな課題を突きつけもした。この事故の原因としては、主に二つの要因が挙げられる。第一に、防火対策に関連したケイパビリティの欠如である。東京電力は、二〇〇五年にＩＡＥＡによる防火対策の欠陥が指摘されていたにもかかわらず、原子力発電所での火災発生の可能性は低いとして、柏崎刈羽原発に自前の化学消防車を設置しなかった[122]。結局、三号機の変圧器火災は一時間以上も放置されたが、その理由として、化学消防車の不備、自衛消防組織の招集の失敗、電話回線の混雑による消防署への通報の遅れなどが指摘されている。現場での指揮系統が混乱していたため、小型ポンプを搭載した松林の延焼防止用ポンプ車が事務棟脇にあることすら見落としていた。さらに、緊急時用の消防署への専用回線があったものの、それが設置されていた部屋のドアが地震で変形して開かずに入室できなかった(123)。本社のみならず現場でも万一の原発事故にたいする組織的対応(すなわち社会的技術)を欠くとともに、防火対策に関連した一連の物理的技術を準備していなかったという点で、適切なケイパビリティの欠如が確認された。

第二に、原子力発電所の立地選択における地震にたいする限定的な考慮である。柏崎刈羽原発には七基の原子炉が存在するが、今回の地震によりどの原子炉も設計時の想定を超えた揺れを経験したことが明らかになった。すなわち、実際の揺れと想定についてはそれぞれ、一号機六八〇ガル(二七三ガル)、二号機六〇六ガル(一六七ガル)、三号機三八四ガル(一九三ガル)、四号機四九二ガル(一九四ガル)、五号機四四二ガル(二五四ガル)、六号機三二二ガル(二六三ガル)、七号機三五六ガル(二六三ガル)となっていた(括弧内の値は、いずれも設計時の想定)(124)。しかし東京電力は、柏崎刈羽原発建設前と二〇〇六年の耐震設計審査指針の改定後、起震車を用いた地下探査の方法により地中からの反射波を用いて地下約四キロメートルまでの構造を調べたが、地下約一七キロメートルの今回の地震の震源断層を見逃した。にもかかわらず、東京電力は二〇〇七年一〇月、従来と同じ方法を用いて調査をくり返した。これにたいして会田洋柏崎市長は、この調査方法の有効性について根本的な疑問を投げかけ、国による地質調査を求めた(125)。

そもそも東京電力は、一九八一年の二号機、五号機の設置許可の申請を行った際、原子力発電所の立地の約二〇キロメートル沖合にある海底断層の長さが約八キロメートルと推定し、これは活断層ではないと評価していた。だが、二〇〇三年になってその評価を見直し、長さ二〇キロメートルの活断層の可能性があると国に報告したものの、この断層が震源になったとしても原子力発電所の運転に支障は出ないと判断した。結果的に東京電力は、今回の地震後の再調査により長さ二三キロメートルの活断層として、それまでの評価を一変させた。実はこの活断層こそが震源と目されているわけで、原子力発電所の立地選択における潜在的な地震の評価、その後の耐震設計といった物理的側面で、東京電力は不十分なケイパビリティしか有していなかったとみなされる。

　結果的に、柏崎刈羽原発では震災後に次々とトラブルが多発し、東京電力が原子力発電所を運転する福島県でもその安全性が議論の的となった。そこで二〇〇七年九月、勝俣恒久社長は、佐藤（雄）福島県知事を訪ね、新潟でのトラブルの検証をすみやかに行うことで、その成果を福島第一原発、福島第二原発に反映させていくことを強調した。これにたいして知事は、福島県民の安全・安心が大前提であり、想定外を想定して安全対策に取り組むよう東京電力に求めた[126]。

　以上、自然災害の状況で生じた原発事故である柏崎刈羽原発の事例を吟味し、そうした震災事故を引き起こした原因を指摘した。第一に、化学消防車の不備、自衛消防組織の招集の失敗、電話回線の混雑による消防署への通報の遅れなどに表れているように、防火対策に関連したケイパビリティの欠如である。第二に、すべての原子炉が設計時の想定を超えた揺れを経験したこと、そして活断層の過小評価を続けてきたことなどに表れているように、原子力発電所の立地選択における地震にたいする限定的な考慮が指摘される。以下では、ターゲットである福島原発危機を直接扱った追加的ソースを検討することによって、因果モデルにもとづく推論を行うためにさらなる準備をすすめよう。

(c) 追加的ソースの学習

ここでは、主に二つの追加的ソースに依存する。第一に、MOT（技術経営）の観点から福島原発危機を掘り下げて分析した研究成果である[127]。MOTは、物理的技術を事業に結びつけ価値創造を持続していくための経営を意味し、物理的技術と社会的技術の架橋を志向した分野だとみなされる。つまり本書で提示したように、世界のあり方が物理的技術、社会的技術、状況によって左右されるとする世界関数の考え方と整合した分野と位置づけられよう。第二に、政府が閣議議決により組織化した「東京電力福島原子力発電所における事故調査・検証委員会」（以下、事故調査・検証委員会）が分析結果をまとめ、二〇一一年一二月二六日に発表した中間報告である[128]。すでに扱った柏崎刈羽原発の震災事故のソースは、ターゲットである福島原発危機とのあいだに、地震という点だけではあるものの状況が類似している。この意味では、有効な構造の類推的転移が期待される。さらに、MOT分析にせよ、中間報告にせよ、いずれもターゲットを詳細に分析している点で、より有効な構造の類推的転移が期待できよう。[129]

では、MOT分析からはじめよう。山口栄一は、福島原発危機の主な原因を三つ指摘している[130]。第一に、非常用ディーゼル発電機を防水構造にすることなく、海岸際のタービン建屋内に設置したことである。第二に、原子炉を設置した高さにかかわる基本構造の問題である。第三に、原子炉冷却のための代替戦略を状況に応じて敏速に考え出していく時間軸のグランド・デザイン構想力の欠如である。本書の用語法でいえば、最初の二つの要因は物理的技術、最後の要因は社会的技術にそれぞれかかわるとみなされよう。

とくにMOT分析は、無電源で作動しうる自然冷却システムであるIC（Isolation Condenser－隔離時復水器）、あるいは炉心の発熱による蒸気を利用したタービンでポンプを駆動するシステムであるＲＣＩＣ（Reactor Core Isolation Cooling System－原子炉隔離時冷却系）などが止まってしまった後、直ちに原子炉を冷却するための仕方を考え出すのに必要だったケイパビリティの欠如を問題視する。この点にかんして、政府をはじめマスメディアですら、福島第一原発では津波によって全交流電源喪失が生じた結果、その直後にすべての原子炉が制御不能になったという事故の展開（以下、津波帰属論）を無批判にうけいれてきた。しかしＭＯＴ分析は、こうした状況を批判し、ＩＣやＲＣＩＣの働きを精査する必要があるという重要な問題提起をする。[131] そして実際、原子炉の水位と原子炉内の圧力の経時的な変化を調べ、一号機のＩＣは約八時間、二号機のＲＣＩＣは約六三時間、三号機のＲＣＩＣは約三二時間にわたって稼働していた可能性を明らかにした。[132] つまり原子炉は、津波後の全交流電源喪失によって直ちに制御不能になったのではなく、しばらくのあいだ制御可能だったという可能性を示した。

以下では、こうした可能性について詳しくみてみよう。[133] まず一号機では、三月一一日一六時三六分頃に津波が到来し、ＥＣＣＳ（Emergency Core Cooling System－非常用炉心冷却系）が止まってしまったものの、それから約八時間はＩＣが機能し続けた。[134] ＩＣの停止と同時に毎時二五トンの注水をしていたならば、一号機は制御可能な状態に保たれたはずだったが、あいにく炉心の露出がはじまる直前に毎時一〇トンの淡水注入が行われるにとどまった。結果的に海水注入が行なわれたのは、一二日二〇時二〇分頃になってからのことで、一号機が制御不能に陥り約二〇時間が経過した頃だった。

また二号機、三号機についても、一号機と同様に津波の到来によってＥＣＣＳは止まってしまった。二号機のＲＣＩＣは、一一日一六時三六分頃に作動を開始してから約六三時間動いたものの、原子炉の水位が下がりはじめた一四日八時頃に停止した。海水注入は、二号機が制御不能になってから約八時間三〇分後の一六時三四分に開始された。また三号機では、RCICが約三二時間動作したが、一二日二三時から二四時のあいだに停止してしまった。そして海水注入が行なわれたのは、制御不能になってから約一四時間が経過した一三日一三時一二分頃だった。

MOT分析はこうした推論にもとづいて、東京電力のトップ・マネジメントの意思決定の鈍さを問題にする。すなわち、原子炉はIC、RCICの停止後、直ちに海水注入を実施しなければ、制御不能になるだろう、という予想を現場の技術者が抱いていたとしても、海水注入は莫大な損失を意味する廃炉につながるため、海水注入という重大な意思決定はトップ・マネジメントにしかできない。したがってMOT分析は、トップ・マネジメントは原子炉という物理的技術が制御不能になるという事実を理解するのにあまりに多くの時間を要したとみなす。要は、トップ・マネジメントが海水注入を、必要とされるタイミングですばやく実行することに失敗した、と主張する。

さらにMOT分析は、放射性物質の半減期の長さや核燃料の放射熱の永続性などを物理限界と呼び、それが人間の手で一般的な技術をつうじて制御できるものではないことを強調する。(135) そして、東京電力が福島原発危機をもたらした遠因として事業環境の問題点を指摘し、創造力や想像力を発揮できる組織への変化に向けて独占をなくすべきだ、と主張する。したがってMOT分析は、地域独占に特徴づけられた東京電力において、従業員がルーティンにしたがうばかりでリスク負担を行わないという社会的技術の側面での弊害が生じ、こうした組織のあり方が福島原発危機の遠因になったとみている。

また山口は、津波によって全交流電源喪失が生じた後、直ちにすべての原子炉が制御不能になった、という津波帰属論の妥当性をさらに問題にする。[136] その際、一号機で運転員が計測した原子炉水位データは間違っており、実際には原子炉水位を維持することができなかったうえ、津波が到着してからはICの機能は一部喪失してしまった、という東京電力が五月一五日以降になって主張しはじめた仮説に注目した。それによれば、少なくとも一号機は津波によって直ちにメルトダウンしてしまい制御不能となったため、危機をもたらしたのは、経営者の意思決定の遅さのせいではないことになる。

東京電力は、実際に原子炉で生じたことについて誰も正確に知りえないことを利用し、真実とは違うとしても、自社にとって都合のよい世界を創造しはじめたのではないか。すなわちMOT分析は、この会社のモラル・ハザードに疑いの目を向けた。なるほど、東京電力にとって津波帰属論は、廃炉による莫大な損失を回避しようとして海水注入を遅らせたという経営責任を回避させてくれる一つの世界にほかならない。さらに山口は、こうした津波帰属論を棄却するための傍証として、菅首相に依頼されて内閣官房参与をつとめた日比野靖とのやり取りを示す。[137] 日比野は、以下のように述べる。

菅元総理は、…先手を打つことを、東電、保安院、安全委員会に何度も指示していたのですが、これらの専門家たちは、隔離時冷却系が動作しているからという理由で、ベントや海水注入に踏みきりませんでした。…小生も、東電、保安院、安全委員会のメンバーに、早くベントと海水注入をして冷却を進めるべきだと思ったので、隔離時冷却系が停止するまで待つ理由を東電、保安院、安全委員会のメンバーに質問しています。回答はつぎのようなものでした。できるだけ温度と圧力が十分上がってからベントした方が、放出できるエネルギーが大きい。一度しかできないので、最も効果的なタイミングで行う。…小生の長い間の疑問は、隔離時復水器、隔離時冷却系が動作している間に、なぜ、ベントと海水注入をしなかったのかということでした。この疑問は、貴殿のご指摘で、完全に解けました。(138)

すなわち日比野は、東京電力――より正確には、原子力安全・保安院、原子力安全委員会をも含む原子力村――が海水注入を遅らせたのは、福島第一原発の廃炉による莫大な損失を回避しようとしていたためではないか、というMOT分析の仮説によって彼自身の疑問がうまく説明できることを認めた。

次に、中間報告の検討にうつろう。事故調査・検証委員会は、一〇人の委員と二人の技術顧問によって構成され、六月七日に第一回委員会が開催されて以来、四五六人にも及ぶ関係者のヒアリング（一二月一六日現在）を行い、二〇一一年末に中間報告の発表にいたった。そして、福島原発危機にかかわる問題点の「調査・検証を、国民の目線に立って開かれた中立的な立場から多角的に行い、…従来の原子力行政から独立した立場で、技術的な問題のみならず制度的な問題も含めた包括的な検討を行う(139)」という目的を明記した。こうした視点からの包括的な検討は、物理的技術、社会的技術、状況の組み合わせによって世界のあり方が左右されるという本書の見方とも整合的である。

中間報告は、福島原発危機に関連した四つの問題点を明らかにした。第一に、事故発生後の政府による不適切な組織的対応である。(140)福島第一原発で事故が発生したとき、緊急事態への対策を実施するための現地対策本部は、事故現場から約五キロメートル離れた大熊町の緊急事態応急対策拠点施設（オフサイトセンター）に設置された。しかしそこには、本部委員が地震によるインフラの破壊などのため参集できなかったばかりか、放射性物質を遮断する空気浄化フィルターが設置されていなかったため、そもそもこの施設は事故時に利用できる代物ではなかった。さらに、首相を本部長とした原子力災害対策本部は官邸五階に設置され、官邸地下の危機管理センターに各省庁の幹部職員からなる緊急参集チームが設置されたが、両者のコミュニケーションは不十分だった。これに加え、政府の原子力災害対策マニュアルでは、東京電力は事故情報を経済産業省のＥＲＣ（Emergency Response Center－緊急時対応センター）を経由して官邸に伝達することになっていたが、ＥＲＣは、東京電力とのコミュニケーションの遅さにいらだっていた。また、緊急事態への敏速な対応を可能にすべく、原子力災害対策本部長の権限を現地対策本部長に委任する手続きが原子力災害対策特別措置法で規定されていたにもかかわらず、それが明確に行われなかった。このように政府は、法、マニュアルにしたがった適切な組織的対応を怠ったようである。

第二に、福島第一原発での不適切な事故対応の仕方である。一号機のＩＣにかんして、三月一一日一六時四二分頃から一六時五六分頃にかけて原子炉水位が低下傾向にあることが確認されるとともに、一七時五〇分頃には一号機の原子炉建屋で高線量が測定された。こうした事実は、ＩＣが機能していないことを示す証左だったにもかかわらず、東京電力には、ＩＣの機能不全を認識していた者はいなかった[141]。また、福島第一原発の吉田所長は一七時一二分頃、一号機、二号機に注水するための手段として、ＡＭ（accident management－アクシデント・マネジメント）[142]による消火系ラインからの代替注水という方法に加え、消防車を用いて防火水槽の水を消火系ラインから原子炉へ注水するという方法を検討するよう指示した。しかし後者は、ＡＭに規定されていなかったため、現場では一二日二時頃まで具体的な検討がなされず放置されたままとなった[143]。さらに彼は一二日〇時六分頃、一号機の原子炉格納容器の圧力がその最高使用圧力〇・五二八メガパスカル（絶対圧[144]）を超えた〇・六〇〇メガパスカル（絶対圧）に達していたことにもとづき、一号機の原子炉格納容器ベントの準備をするように指示した。また二号機についても、ＲＣＩＣの作動が確認できないことを理由に原子炉格納容器ベントの準備をするように指示した。しかし、現場での原子炉格納容器ベント実施に向けた作業は、過酷な環境のなかで行わなければならないものだったので、作業は大幅に遅れていた。このため、福島第一原発が原子炉格納容器ベントの実施を躊躇しているのではないか、と疑う者もいたほどだった。[145]いずれにせよ、福島第一原発では事故後、その解決に向けたプロセスで適切な対処が行われたとはいえる状態ではなかった。

第三に、被害の拡大防止策の不備である。事故で放出された放射性物質は、原子力発電所から同心円状に拡散していくわけではなく、かなり不規則な仕方で広がっていくため、そのモニタリングが重要な課題となるのは必至である。しかし、福島県が設置していたモニタリングポスト二四台のうち二三台は、津波や停電などの理由で使用できなくなってしまった。他方で政府は、入手したモニタリングデータを迅速に公表しようというインセンティブをもたず、情報を断片的に公表するのにとどまった。これまで指摘されてきたように、とくにＳＰＥＥＤＩ（System for Prediction of Environmental Emergency Dose Information‐緊急時迅速放射能影響予測ネットワークシステム）を活用した国民への情報提供が十分に行われなかったが、不適切な情報公開という点では、その所管官庁である文部科学省にもあてはまった。[146]このように政府をはじめとして、被害の拡大防止のために適切に情報を利用しなかった。

第四に、事前的な津波対策、シビア・アクシデント対策の不備である。[147]前述したように、東京電力は福島第一原発を建設する際、一九六〇年のチリ津波を想定して三・一メートルという設計波高で設置許可を求めた。しかし、津波の再来期間をより長期に設定した場合、チリ津波より大規模な津波を想定すべきことが以前から指摘されてきたにもかかわらず、結果的に東京電力は、この指摘を考慮することはなかった。さらに原子力安全・保安院は、柏崎刈羽原発の震災事故をはじめ続発するトラブルの処理におわれていたので、安全確保のための長期的な組織運営の仕方を十分に検討できなかった。一方、原子力安全委員会では、原子力発電の専門知識をもつ技術参与は非常勤扱いとされるなどの組織デザインの不備があったという。また、原子力発電所の安全確保の面で重要な意味をもつＡＭは規制の対象とはされず、電力会社の自主取組とされてきた。このように原子力発電にかんして、津波にせよ、シビア・アクシデントにせよ、十分な対策が講じられてこなかった。

さらに中間報告は、福島第一原発での事故の発生・深刻化をもたらした三つの要因を指摘した。すなわち、津波によるシビア・アクシデントの可能性を想定外としたこと、地震・津波・原子力災害などといった事象が同時に生じるという複合災害の視点を欠いていたこと、そして原子力災害対策における全体像を俯瞰する視点を欠いていたこと、である。もちろんこれらは、今回の地震・津波の発生に先立つ事前的なものとみなされる。中間報告は、福島原発危機という想定外が生じた理由についてまとめている。

原子力発電は本質的にエネルギー密度が高く、一たび失敗や事故が起こると、かつて人間が経験したことがないような大災害に発展し得る危険性がある。しかし、そのことを口にすることは難しく、関係者は、人間が制御できない可能性がある技術であることを、国民に明らかにせずに物事を考えようとした。それが端的に表れているのが「原子力は安全である。」という言葉である。一旦原子力は安全であると言ったときから、原子力の危険な部分についてどのような危険があり、事態がどのように進行するか、またそれにどのような対処をすればよいか、などについて考えるのが難しくなる。(148)

すなわち原子力村は、社会を幽閉するために用意した原発安全神話を喧伝する過程で、自らも原発安全神話に拘束されて身動きがとれなくなった、すなわち自己埋め込みに服した結果、選択可能な戦略集合を縮小させてしまったのだろう。

さらに中間報告では、東京電力がチリ津波より大規模な津波を想定からはずすにいたったプロセス、および福島第一原発での注水とベントの遅れにいたったプロセスについて詳しい検討がなされており、これらに焦点をしぼりこんだ議論を展開しておく必要があるように思われる。というのも、これらのプロセスは、事故の発生・深刻化をもたらした前述の三つの要因と深くかかわっており、なぜ福島原発危機がおきたのかをより具体的に理解するうえで重要なカギと思われるからである。前者のプロセスは、地震、津波が生じる前の事前的なものであるのにたいして、後者のプロセスは、それらが生じた後の事後的なもので、福島第一原発の事故を深刻化させシステム事故へと導くのに寄与したと考えられる。

まず第一に、巨大津波を想定からはずしたプロセスからはじめよう。前述したように、津波の想定における津波評価シミュレーションを行う際、福島第一原発では、原子力安全委員会の安全設計審査指針と土木学会の津波評価技術に依拠してきた経緯がある。中間報告によれば、原子力安全委員会が津波にたいする危機意識を欠いていた一方、土木学会がとりまとめた津波評価技術にはより重大な問題があったようである。というのも、津波評価技術の想定津波水位の算定では、信頼するにたる痕跡高記録が残された津波しか評価対象にならないからである。したがって、過去三〇〇年から四〇〇年のあいだに生じた津波しか評価対象にはならず、再来期間が五〇〇年から一〇〇〇年ほどの津波は文献・資料に記録がとどめられておらず、自ずと想定外とされてしまった(149)。

さらに東京電力は、チリ津波に依拠した福島第一原発の津波の想定を見直す機会に二度もめぐまれていたにもかかわらず、これらをことごとく逃していた。第一に、文部科学省の地震調査研究推進本部(以下、推進本部)が二〇〇二年七月に公表した「三陸沖から房総沖にかけての地震活動の長期評価について」(以下、長期評価)が、津波評価技術にもとづく福島第一原発の安全性評価をくつがえしうるものかどうかを調べるべく津波リスクの再検討を二〇〇八年に試み、一五・七メートルの想定波高という数値を算出していた。しかしそれは、三陸沖の波源モデルを福島沖にあてはめた仮想的数値にすぎないという理由で棄却された。第二に、佐竹健治、行谷佑一、そして山木滋が提示した貞観津波の波源モデルにもとづき、九・二メートルの想定波高という数値を算出していた(150)。しかしそれは、確定的な波源モデルに依拠しておらず、根拠のある数値ではないという理由で棄却された(151)。

では、なぜ東京電力が津波の想定を見直す機会を逃してしまったのかについて詳しくみてみよう(152)。原子力安全・保安院は、「新耐震指針に照らした既設発電用原子炉施設等の耐震安全性の評価及び確認に当たっての基本的な考え方並びに評価手法及び確認基準について」(以下、確認基準)を策定し、電力会社にたいして原子力発電所の耐震バックチェックを実施するように求めたのをうけ、東京電力はその作業をすすめていくことになった(153)。その際、推進本部の長期評価で述べられていた見解、すなわち一八九六年の明治三陸地震と同様の大規模な地震が三陸沖から房総沖のどこでも発生しうるという見解の扱いについて、二〇〇八年二月に有識者よりこの地震を波源として考慮すべき、との提言をうけた。そこで東京電力は、三陸沖の波源モデルを用いた試算の結果、福島第一原発にかんして最大で一五・七メートルという数値をえた。そして七月、防潮堤の設置によって津波の遡上水位を約二メートル低減できるが、そのためには、数百億円規模の費用と約四年の年月が必要だということが明らかになった。そして念のため、佐竹たちの試算にもとづいて福島第一原発での波高を試算すると最大で九・二メートルとなった。

これらの試算の結果をうけ、原子力・立地副本部長だった武藤栄、原子力設備管理部長だった吉田昌郎は、これらはあくまで試算にすぎず、実際にそうした大規模な津波はおきることはないと考えた。そして、柏崎刈羽原発の震災事故につながった地震にとらわれすぎ、地震随伴事象にすぎない津波にたいして多くの注意資源を配分しようとはしなかった。しかし吉田は、長期評価と佐竹たちの試算についての検討を土木学会に依頼するとともに、福島県沿岸で津波堆積物の調査を実施する方針も決定した。前者については、二〇一二年一〇月までには結果が出ることになっていた。後者については、二〇〇九年一二月から二〇一〇年三月まで福島県沿岸で調査が行われたものの、貞観津波の堆積物は福島第一原発より一〇キロメートル北の南相馬市小高区で発見されただけだった。結果的に、東京電力にせよ、原子力安全・保安院にせよ、これら一連の津波の評価をさらに立ち入って検討することを怠った(154)。

第二に、ベントと注水の遅れにいたったプロセスについて吟味しよう。以下では、主に一号機に焦点をあてながら、原子炉格納容器ベントの遅れについての考察からはじめたい。一四時四六分に地震がおきた後、一四時五〇分頃に二号機の注水ポンプが停止したことをうけ、当直がＲＣＩＣを手動で起動した。一四時五二分頃に一号機のICの二系統（A系、B系）が自動起動したが、当直は、一五時一七分頃より津波到来までのあいだに「福島第一原子力発電所原子炉施設保安規定」にしたがって原子炉圧力制御を行った。また当直は一五時五分頃、三号機のRCICを手動で起動し、一五時二五分頃に原子炉水位が高くなり自動停止するのを確認したという。(155) かくして地震後についていえば、IC、RCICともに異常はなかったようである。

だが福島第一原発には、三月一一日一五時二七分頃、一五時三五分頃の二回にわたって津波が到来した。これによって、一号機では一五時三七分頃、二号機では一五時四一分頃、三号機では一五時三八分頃に全交流電源喪失が生じた。そして、一号機、二号機ともにタービン建屋地下一階にある直流電源盤が被水してしまい、直流電源も喪失することとなった。当直長は一六時三六分頃までに、両機の原子炉水位を確認することができず、しかも一号機のIC、二号機のRCICの作動状態が不明だったため、このことを発電所対策本部に報告した。(156) そして、原子炉の状態の判断にかんして二転三転した後、吉田所長は一七時一二分頃、非常用炉心冷却装置注水不能の発生を所管官庁などに報告した。他方、三号機については、直流電源盤が被水から免れたため、RCIC、HPCI（High Pressure Coolant Injection System－高圧注水系）は起動可能で、当直は手動でRCICを起動した。ただしRCIC、HPCIは、原子炉を冷却するための水位を確保する役割をはたしはするが、冷温停止を実現するためのものではないので、これらが起動しているあいだに他の代替注水の方法を検討せねばならなかった。(157)

一号機にかんしていえば、発電所対策本部の技術班は一七時一五分頃、炉心の露出がはじまり、TAF（Top of Active Fuel－有効燃料頂部）に原子炉水位が到達するまでの時間を予測した結果、一時間しか残されていないことが判明した。この段階で、発電所対策本部にせよ、本店対策本部[158]にせよ、一号機では原子炉水位が約一四分間で約六〇センチメートル低下し、一時間後の一八時一五分頃には炉心の露出がはじまる可能性があることを認識していたはずだった。彼らがこうした認識を抱いてさらにふみこんでいれば、ICの冷却機能がうまく働いていないおそれがあり、代替注水の迅速な実施が必要だということを認識できたはずだった。だがあいにく、想定外の危機に直面するなかでさまざまな情報が錯綜し、一号機の原子炉水位の低下という情報からICの機能不全を推論することができなかった[159]。

当直は一七時五〇分頃、ICの復水器タンクの水位を確認するために原子炉建屋に向かった際、高線量だったため水位の確認が不可能だったことを発電所対策本部に報告し、この情報は本店対策本部と共有された。あいにくこの時点でも、発電所対策本部、本店対策本部は、ICの機能不全によって原子炉水位の低下、放射性物質の大量発生が生じていることを推論できなかった。一八時一八分頃の時点で、発電所対策本部、本店対策本部は、ICが正常に作動しているという認識を抱いていた[160]。さらに二一時一九分頃、一号機の水位がTAF＋二〇〇ミリメートルとの報告をうけ、TAFプラス領域であることからICが機能していると誤解し[161]、二一時三〇分頃になってもそうした認識に変化はみられなかった[162]。

ところでICは、電源喪失にいたった場合にフェイルセーフ機能が作動して、通常は開となっている隔離弁が閉となるというメカニズムをもつ。発電所対策本部、本店対策本部は一五時三七分以降、一号機で全交流電源喪失が生じ、さらに直流電源すらも失われたことを認識した時点で、隔離弁が閉となっていてICはもはや機能していないことをも認識できればよかった[163]。しかし、とくに発電所対メルトダウンにいたるのではないかという危機感を抱いていた(164)。

このように、東京電力は一号機のＩＣの機能不全の迅速な認識、それにもとづいた代替注水の敏速な実施にことごとく失敗した。しかし、東京電力のモニタリングを行ってきた原子力安全・保安院の保安検査官は、発電所対策本部、本店対策本部と同じ情報を入手できる立場にあったが、ＩＣの機能不全を認識することで何か対策を講じたのだろうか。結局、保安検査官は一二日未明まで、発電所対策本部から提供されたデータをうけとって、その内容をオフサイトセンター、ＥＲＣに報告する役割しかはたさなかった。ＩＣの作動状態についての正確な状況把握につとめ、適宜に必要とされる教示を与えることもできたはずだったが、実際のところは、状況の迅速な把握、事故の対処にたいする貢献をなしえなかった(165)。

発電所対策本部、本店対策本部は、二一時五一分頃に線量が上昇したため一号機の原子炉建屋に入域禁止となったこと、および二三時五〇分頃に一号機の原子炉格納容器の圧力がその最高使用圧力〇・五二八メガパスカル（絶対圧）を超えた〇・六〇〇メガパスカル（絶対圧）を示したことを把握し、それによって、ＩＣの作動状態についてようやく疑問を抱くようになった。しかしそれまでは、一号機のＩＣが問題なく作動しているという前提に何の疑問も提起することもなく、二号機の原子炉のほうが危険な状態にあるとみなしていた。このように、ＩＣの作動状態に疑問を抱いてからほどなくして一二日〇時六分頃、吉田所長は一号機の原子炉格納容器ベントの準備をするように指示した。そして二号機についても、ＲＣＩＣの作動が確認できないことを理由に原子炉格納容器ベントの準備をするように指示した(166)。

これをうけ本店対策本部では、一号機、二号機について原子炉格納容器ベントを実施するため、一二日一時三〇分頃までに清水正孝社長の了解をえた。そして、原子炉格納容器ベントを実施した前例がこれまでないうえに、地域住民にたいする身体的・社会的影響が大きいとも考えられたことから、武黒一郎東京電力フェローをつうじて菅首相の了解をえるとともに、小森明生東京電力常務が経済産業省を訪ねて海江田経産大臣、および原子力安全・保安院の了解をえた(167)。そして三時六分頃、海江田、寺坂信昭原子力安全・保安院長、小森常務は、一号機、二号機の原子炉格納容器ベントを実施するのに先立ち国民への周知のために経済産業省で共同記者会見を行ったが、そのとき原子炉の状態についての情報が錯綜し、どちらのベントを優先するかすら確定できなかった(168)。

他方で現場では二時五五分頃、当直長が発電所対策本部にたいして、二号機のＲＣＩＣが作動中と考えられることを報告し、これをうけて吉田所長は、一号機の原子炉格納容器ベントを優先的に実施しようと考え、その実施に向けた対応を優先的にすすめるとともに、二号機のパラメータの監視を続けていくように指示していた(169)。四時頃、福島第一原発正門付近でモニタリングを実施すると毎時〇・〇六九マイクロシーベルトだったが、四時二三分頃には毎時〇・五九マイクロシーベルトへと放射線量が上昇していた。そして吉田は四時三〇分頃、度重なる余震があったため津波の可能性を考慮し、各中央制御室にたいして現場操作の禁止を指示した。さらに、彼は五時一四分頃、福島第一原発の構内の放射線量が上昇していること、および原子炉格納容器圧力が低下傾向にあることにもとづいて、原子炉格納容器から放射性物質が漏洩していると判断した(170)。五時頃には、中央制御室でも放射線量が上昇し、一号機側に近づくほど放射線量が高くなり、低い位置より高い位置のほうが放射線量が高かったため、当直のほぼ全員が二号機側に移動して身をかがめて待機した[171]。他方、現場にいなかった者は、余震や高線量などのせいで原子炉格納容器ベントが遅れていることを理解できず、現場でベントを躊躇しているのではないかとの疑う者もいた[172]。だが現場においては、頻発する余震や放射線量の上昇によってベントに向けた円滑な作業が妨げられていたようである。

そこで六時五〇分頃、官邸の海江田経産大臣は、原子炉等規制法にもとづき、手動による原子炉格納容器ベントの実施命令を出した。そして吉田所長は、本店対策本部からテレビ会議システムをつうじて、菅首相が福島第一原発に来訪することを知らされた。菅は七時一一分頃、ヘリコプターで福島第一原発に到着し、吉田と面会した際、原子炉格納容器ベントの実施作業を迅速に行うよう伝えた。これにたいして吉田は、原子炉格納容器ベントの実施に向けて準備しているので、九時頃を目途に実施したいと答えた。そして八時四分頃、菅は福島第一原発を出発した[173]。

実際に吉田所長は八時三分頃、菅首相と別れた後、九時を目標に原子炉格納容器ベントに向けた作業を実施するよう指示を出した[174]。発電所対策本部は八時三七分頃、菅が福島第一原発から一〇キロメートル圏内の住民に避難指示を出していたこともあって、福島県にたいして九時にベント実施の予定であることを伝えたが、福島県の要請により、避難が完了していなかった大熊町の一部住民の避難が完了してから、原子炉格納容器ベントの実施をはじめるよう要請がなされた。しかし、大熊町役場との意思疎通の失敗や一号機の原子炉建屋の高線量などのため、原子炉格納容器ベントが行われたのは一〇時一七分頃と大幅にずれこんでしまった。しかし、そのかいもなく十分な効果は確認されなかった。結果的に一五時三六分頃、一号機の原子炉建屋は水素爆発をおこした[175]。

中間報告の結論によれば、原子炉格納容器ベントの実施の遅れは、すべての交流・直流電源の喪失を想定した準備が絶対的に不足していたこと、およびＩＣの作動状態について誤認があったことに起因していたとみなされるものの、現場作業にあたっていた当直、発電所対策本部のメンバーなどが躊躇して作業を遅らせた形跡は確認されなかったという(176)。つまり中間報告は、原子炉格納容器ベントが遅れた原因を東京電力のモラル・ハザードに求める見解をとらなかった。

次に、原子炉への注水の遅れについてみてみよう。すでに述べたように、吉田所長は一七時一二分頃、一号機のＩＣ、二号機のＲＣＩＣの作動状態が不明だったため、非常用炉心冷却装置注水不能を報告せざるをえなかった。実はそれと同時に、不具合のあるこれら非常用炉心冷却装置に代えて早期の代替注水が必要になると判断し、ＡＭとして規定された原子炉への代替注水手段についての検討にとどまらず、ＡＭとして規定されていなかった消防車による原子炉への注水についての検討をも指示していた。しかし、消防車で防火水槽の水を消火系ラインから原子炉に注水するという後者の方法については、ＡＭに規定されていないという理由で、吉田の指示にもかかわらず、一二日二時頃まで検討すらされず放置されたままとなった(177)。結局、発電所対策本部、本店対策本部が一号機のＩＣの機能不全を認識しはじめたのは、二一時五一分頃に一号機の原子炉建屋で線量が上昇したため入域禁止となったこと、および二三時五〇分頃に一号機の原子炉格納容器の圧力がその最高使用圧力を超えたことを契機としていた。それまで彼らは、一号機より二号機のほうが深刻な状況にあると誤認していた。

中間報告は、原子炉への注水が遅れた第一の理由として、一号機のＩＣが機能不全に陥り、代替注水もされないまま事態の悪化がすすんでいることを東京電力が認識できなかったという問題認識の失敗を挙げる(178)。しかし、ＩＣの作動状態の誤認が注水のみならずベントの判断の遅れにつながったとはいえ、東京電力は二号機についても、一一日中に消防車の配置、消防ホースの敷設、バッテリー収集などに着手していなかった(179)。

そして第二の理由として、発電所対策本部でのコミュニケーションの失敗を挙げる。一一日一五時四二分頃、第一次緊急時態勢が発令されてから、一二の機能班——医療班、技術班、警備誘導班、厚生班、広報班、資材班、情報班、総務班、通報班、発電班、復旧班、保安班——からなる発電所対策本部が組織された。そして、復旧班の下には自衛消防隊も組織された。だが機能班は、事前に想定された事態にもとづいた役割分担が定められているだけであって、消防車を用いた代替注水などAMとして規定されていない項目については、どの機能班の役割なのか明確でなかった。たとえば自衛消防隊は、消火、救出などを担当しても消防車の注水は担当外ということになり、機能班の仕事には境界が設けられていた一方、どの機能班も自分の役割以外の項目に手を出そうとはせずコミュニケーションが成り立たなかった(180)。したがって、消防車で防火水槽の水を消火系ラインから原子炉に注水する方法が一二日二時頃まで放置されたままとなったが、あらかじめ定められていない仕事であったがゆえ機能班によって積極的に無視されたと考えられる。

また消防車の運用についていえば、東京電力は南明興産に陸上防災業務を委託し、南明興産は福島第一原発の敷地内でさまざまな業務を行っていた。消防車の運転操作に従事していたのは九人で、彼らは二四時間体制で三班にわかれて消防車二台を運用していた(181)。一二日二時から三時にかけて、南明興産が送水口の確認に行った際には発電班が同行するだけで、自衛消防隊は、送水口の場所がわからないとして同行しなかった。さらに、四時頃から注水を開始した際も、自衛消防隊は注水作業に加わらなかった。ようやく自衛消防隊が南明興産の従業員とともに消防車を用いた注水に向かったのは、五時頃になってからのことだった。問題なのは、自衛消防隊に属する東京電力の従業員は、独力で消防ポンプを起動させ注水するのに不可欠なケイパビリティをもたず、吉田所長から消防車による注水の検討指示があったときも、これを自衛消防隊の役割・責任として吸収することができなかった。[182] したがって中間報告は、消防車による注水を事前に想定し、これを担当する機能班を明確に規定していなかったために、注水の遅れにつながったとみなす。

吉田所長は一二日一二時頃、一号機付近の防火水槽の淡水が枯渇してしまったら、海水注入を実施することを決断し、復旧班、自衛消防隊にたいして海水注入を検討するよう指示を出した。この指示については、どうやら関係者のあいだでコンセンサスが生成されていたようである。[183] そして吉田は一四時五四分頃、一号機の原子炉への海水注入の実施を指示した。実際に海水注入のためのラインを構成する作業は、一五時三〇分頃にほぼ完了をみた。[184]

だがその直後、一号機の原子炉建屋では水素爆発が生じ、この爆発の影響によって放射性物質で汚染されたがれきが散乱し、放射線量が高くなっていた。しかし吉田所長は、作業にあたっていた人たちの安否確認を行い、一七時二〇分頃以降、現場の被害状況について確認し、海水注入に必要な作業を再開することを決断したのだった。結果的に、一号機の原子炉への海水注入のために直列に配置した消防車三台についてては被害をうけていたものの、消防ポンプ自体は正常に作動していたことが判明した。そして一九時四分頃、一号機への海水注入が可能になった。[185]

他方でその頃、官邸五階では、菅首相を中心に海水注入についての議論が行われ、その休憩時間に武黒フェローは、吉田所長と電話で連絡をとった際、海水注入が開始されたことを知った。

武黒フェローは、吉田所長に対し、「今官邸で検討中だから、海水注入を待ってほしい。」旨、強く要請し、既に注水していた点については、海水がきちんと原子炉内に入るか否かを試すための試験注水であったと位置付けることにした。…本店対策本部やオフサイトセンターの武藤副社長らに対し、テレビ会議システムを通じて相談した。本店対策本部やオフサイトセンターの武藤副社長らは、いずれも、官邸で結論が出ていない以上、菅総理の了解も得ずに海水注入を継続するのは困難であり、一旦中断もやむを得ないという意見であった。しかし、吉田所長は、一号機原子炉への海水注入を中断することの危険性を懸念し、この上は自己の責任において海水注入を継続しようと判断し、注水作業の担当責任者を呼んで、テレビ会議システムのマイクで集音されたり、周囲に聞こえたりしないような小声で、「これから海水注入中断を指示するが、絶対に注水をやめるな。」などと指示した。(186)

すなわち本店対策本部は、原子炉が危機的状況にあるにもかかわらず形式に固執した。つまり、首相の意図を忖度し、海水注入の中断という危険な選択を自縛的に行おうとした。これにたいして現場の所長は、海水注入の中断のふりをすることで応じたのだった。

また、二号機の注水をみてみよう。一二日四時頃、RCICの水源である復水貯蔵タンクの水位減少が確認されたため、当直は四時二〇分頃から五時頃のあいだに、復水貯蔵タンクの水位の確保、圧力抑制室の水位上昇の抑制のために、RCICの水源を復水貯蔵タンクから圧力抑制室に切り替える操作を行った。結果的に、残留熱除去系が機能不全をおこしている状況で、圧力抑制室を水源としてRCICを作動させれば、圧力抑制室の水温・圧力が上昇することが予想される。だが一四日四時三〇分頃まで、両者についての監視が行われることはなかった(187)。

そこで、吉田所長は一三日一二時頃、RCICが停止した場合、円滑に海水注入への切り替えを行うべく、二号機の原子炉に海水注入する準備をすすめる指示を出した。すでに原子炉注水のために利用可能な淡水は、三号機の原子炉注水に向けて利用されていた。そのため彼は、二号機についてははじめから海水注入という選択肢しか残されていないと考えていた(188)。

他方、原子炉格納容器ベントはどのようになっていたのだろうか。一二日一七時三〇分頃、二号機ではRCIC、三号機でHPCIがそれぞれ作動していた。だが吉田所長は、一号機の原子炉格納容器ベントに手間どりかなりの時間を要したことをふまえ、二号機、三号機ともに原子炉建屋の線量が上昇する前にあらかじめ原子炉格納容器ベントのための準備を整えておくように指示をした。これをうけて当直は、二号機の原子炉建屋内の線量がそれほど高くなかったために、線量が上昇しないうちに原子炉格納容器ベント弁の開操作を手動で行った。しかし一九時一〇分頃、発電所対策本部は、この操作により水素が充満して水素爆発をひきおこすことを懸念したため、原子炉格納容器ベント弁の閉操作を当直に命じた(189)。

次に、三号機については、一二日一一時三六分頃にRCICが停止してしまい、当直は、その再起動を試みたもののうまくいかなかった。次第に三号機の原子炉水位は低下していったので、一二時三五分頃、HPCIが自動起動した。そもそもHPCIは、流量の調節を行わなければ、原子炉水位が急上昇してすぐに停止してしまうという特徴だけでなく、再起動のために多くの電気を必要とする点でバッテリーの消耗が大きいという特徴をもつ注水システムである。本来それは、原子炉圧力が一・〇三メガパスカル・ジー(190)から七・七五メガパスカル・ジー程度の高圧状態で短時間かつ大量の原子炉注水を想定していた。しかし、三号機の原子炉圧力は一九時以降、〇・八メガパスカル・ジーから一・〇メガパスカル・ジーまでの低い数値を示した。そして二〇時三六分頃、原子炉水位計の直流電源が枯渇し、原子炉水位を監視することができなくなった。実際HPCIについては、原子炉圧力が低圧状態にあるなか、マニュアルに定められた運転許容範囲を下回る回転数で長時間にわたって作動させていた。そのため当直は、原子炉水位の監視ができないうえ、通常の手順とは異なる方法で運転をしてもいたため、HPCIの故障が生じる可能性を危惧し、これを作動させ続けることに不安を抱いた。そこで、HPCIによる注水からD／DFP（Diesel Driven Fire Pump－ディーゼル駆動消火ポンプ）による注水に切り替えたほうが安定的な注水が可能になると考え、一三日二時四二分頃、HPCIを手動で停止した[191]。

当直はHPCIの停止に先立ち、この件について発電班の一部に相談していた。彼らは、運転許容範囲を下回る回転数でHPCIを作動させ続ければ、HPCIが故障する可能性があるのにたいして、SR弁（Safety Relief Valve－安全のがし弁）の開放をつうじたD／DFPによる注水を実現できれば、HPCIの停止もやむなし、と考えたのだった。しかし彼らは、現場対応に注意をとられすぎて、HPCIの作動状態・手動停止についての情報を発電班全体で共有することを怠ったため、発電班長ですら、いまだHPCIが作動していると認識していた。結果的に、発電所対策本部、本店対策本部ともに、三号機のHPCIが手動で停止されたことを認識していなかった。そして当直は、二時四五分頃、二時五五分頃の二回にわたってSR弁の開操作を実施したものの、いずれも失敗してしまった。その結果については発電班に報告されたが、発電班長への情報伝達が行われなかった。したがって、発電所対策本部、本店対策本部は、HPCIの手動停止についてだけでなく、SR弁の開操作の失敗についても認識できなかった(192)。

発電班がＨＰＣＩの手動停止、ＳＲ弁の開操作の失敗についての情報を発電班長に報告したのは、三時五五分頃になってからのことだった。しかし彼は、騒然とした部屋のなかで正確な情報伝達が困難だったこともあって、発電所対策本部、本店対策本部は、三号機のＨＰＣＩが手動停止ではなく自動停止したと誤解することになった。吉田所長は、三号機のＨＰＣＩが停止したことを知り、三号機を優先してＳＲ弁による原子炉減圧、消防車を用いた注水をできるだけ早く実施せねばならないと判断した。そこで彼は、海水を原子炉に注水するラインの構成に加え、ＳＲ弁の開操作に必要なバッテリーの調達を指示した(193)。

当直はＨＰＣＩの停止後、二度にわたってＳＲ弁の開操作に失敗していたが、消防車による海水注入のためには、ＳＲ弁の開操作による原子炉減圧が不可欠で、開操作には合計一二〇ボルトのバッテリーが必要だった。福島第一原発には使用可能なバッテリーが備蓄されておらず、東京電力の支店・事業所から福島第一原発にバッテリーが調達されることとなった。しかし、届けられたバッテリーはいずれも電圧が二ボルトのものばかりで、六〇個のバッテリーを直列に接続するのは非現実的だった(194)。こうしたバッテリーの不備は、東京電力の危機的状況にたいするケイパビリティの根本的な欠如を露呈したものとみなされる。

他方で一三日未明以降、官邸五階では、福島第一原発での今後の対応などについて意見交換が行われていた。海江田経産大臣をはじめとした人々は、現場で三号機原子炉への海水注入に向けた作業を実施しているという情報をうけ、さまざまな意見――「『海水を入れるともう廃炉につながる。』『発電所に使える淡水があるなら、それを使えばいいのではないか。』『発電所内の防火水槽やろ過水タンク、純水タンクなどに淡水がまだ残っていないのだろうか。』『新潟県中越沖地震後、防火水槽をたくさん作ったのではないか。』(195)」――を出した。そして官邸五階では、淡水が残っていないために海水注入の決定にいたったのかどうかを確認するため、吉田所長に電話で問い合わせることになった。そこで早朝、吉田にたいして「『他に防火水槽とかろ過水タンクとかに淡水があるのではないか。淡水が残っているなら極力淡水を使った方がいいのでないか。官邸でそのような意見が出ている』(196)」と伝えられた。

他方で吉田所長は、こうした意見を重くうけとめることになり、海水注入に先立ちろ過水タンクなどの淡水を優先的に注入することが官邸の意向だと忖度した。そこで、本店対策本部、オフサイトセンターにたいして、官邸の意向をふまえ淡水注入を優先したいということを伝えた。その結果、現場で海水注入に向けた作業をすでに行っていた自衛消防隊の隊員、南明興産の従業員にたいして、淡水注入のためにラインを変更するように指示した。しかしこの頃、すでに彼らは、海水を消防車で吸い上げ原子炉に注水するラインを完成させていた。にもかかわらず、官邸の意向にかんする所長の誤った忖度にもとづく非効率な指示のおかげで、高い放射線量の環境のなかで淡水を求めて防火水槽の取水口をさがし回ることを余儀なくされた(197)。

結局、消防車による三号機への淡水注入がはじまったのは、一三日九時二五分頃になってからだった。吉田所長は、淡水には限りがあったので、まもなく海水注入への切り替えが必要だと認識していた。そして一〇時三〇分頃、淡水が枯渇した後にすみやかに海水へと切り替えられるように、海水注入を視野に入れた行動を指示した。防火水槽にある淡水は一二時二〇分頃には枯渇したが、海水注入が開始されたのは一三時一二分頃になってからのことだった(198)。

結局、福島第一原発では一号機から三号機のメルトダウンが生じ、原子炉建屋など一連の爆発がおきてしまった。驚くべきことに、一二日に一号機の原子炉建屋で水素爆発がおきたが、東京電力はこの事実すら自力で正確に把握することができず、テレビで流された映像をつうじて爆発の状況を認識するにいたったという。[199] 発電所対策本部、本店対策本部が検討を重ねた結果、水素爆発の原因となりうる火花、静電気の発生をおさえられるウォータージェットを用いて原子炉建屋の壁に穴を開けることにより水素の滞留を防ぐという手段を採用することになった。だが、あいにくそうした検討のかいもなく一四日一一時一分頃、三号機原子炉建屋で水素爆発が発生し、その天井や壁に被害が生じてしまった。その頃、二号機の原子炉建屋のブローアウトパネルがはずれていることも確認された。さらに、一五日六時頃から六時一〇分頃にかけて四号機の原子炉建屋も爆発し、その天井や壁が損傷した。結果的に、ウォータージェットの調達すら完了しないうちに、それぞれの原子炉建屋で水素爆発による損傷が生じてしまった。[200] かくして東京電力は、原子炉建屋の水素爆発の予防だけでなく迅速な認識という点においてすら適切なケイパビリティをもっていなかったといえる。

以上においては、MOT分析、中間報告を概観することにより福島原発危機の原因を考察してきた。それをふまえたうえで、福島原発危機というターゲットの因果モデルにもとづく推論を試みたいと思う。

(d) ターゲットの因果モデルにもとづく推論

原子力開発にかんして東京電力、原子力村に経時的に確認される特徴である持続的要因を、社会的技術と物理的技術にわけてそれぞれ同定した。さらに、地震という類似の状況からの写像が容易になることを期待し、柏崎刈羽原発での震災事故を典型的な一つのソースとして検討した。そのうえで、ターゲットである福島原発危機を直接扱った追加的ソースとしてMOT分析、中間報告に焦点をあてた。以下では、これらを整理し、ターゲットの因果モデルの独立変数について検討しよう。

まず、持続的要因からはじめよう。要するにそれは、**図3・1**のソースの独立変数となっているS^B、P^Bの背後に重なっている複数の円に該当し、原子力発電のドメインで時間の経過をつうじて維持された特性とみなされる。これらは、福島原発危機の直接的な原因ではないかもしれないが、少なくともその遠因として位置づけられるだろう。

社会的技術にかんして、原子力開発の分野で経時的に確認される東京電力、原子力村の特徴について検討し、原子力村による境界拡張、ケイパビリティの欠如という二つの持続的要因を同定した。第一に、原子力村による境界拡張は、ＰＡ戦略をつうじたマスメディアの埋め込み、大学・研究機関の埋め込み、族議員として働く人材を政界に送り込む一方、議員と従業員の兼務を認めることによる政治の埋め込み、天下り・天上がり・渡りなど人的派遣慣行をつうじた官僚の埋め込み、そして地域経済の支配をつうじた地域共同体の埋め込みなどをつうじて、原子力村が総力を挙げ、さまざまなドメインの人々を原子力開発に友好的な村のメンバーに改宗してきたことを意味する。一連の埋め込みは、原子力開発の推進にとって正の効果をもたらすであろう。

第二に、ケイパビリティの欠如について、まず電力会社は、原子力発電所の現場で配管・溶接を行う際に素人をも動員しているといわれる。さらに、安全審査に必要なデータの作成を原子炉メーカーに依存し、この点で電力会社、政府はケイパビリティの開発・蓄積を適切に行ってこなかったようである。さらに、省庁間の権益の保護、ポジションの局所性などの理由で、原子力の安全規制を司るはずの原子力安全委員会、原子力安全・保安院はともに、安全審査に必要なケイパビリティを欠いているようである。これらは、原子力発電所の安全性にとって負の効果をもたらすであろう。

次に、物理的技術にかんして、原子力開発のドメインで経時的に確認される東京電力、原子力村の特徴について検討し、原子力発電所の立地選択における自然災害にたいする限定的な考慮、ケイパビリティの欠如、原子力発電所と揚水発電所の補完性という三つの持続的要因を同定した。まず自然災害にたいする限定的な考慮からはじめよう。原子力委員会が策定した原子炉立地審査指針は、地震・津波の多発地域での原子力発電所の建設を禁止していない。しかも政府は、地震を強調するあまり、津波については地震随伴事象としてあくまで副次的にとらえてきた。他方、東京電力は、福島第一原発を建設した後、その基本構造である標高一〇メートルという敷地高を変えることはなかった。ケイパビリティの欠如について、東京電力は福島第一原発をはじめ他の原子力発電所の建設において、それが発展途上の段階にあったにもかかわらず、GEのケイパビリティに全面的に依存してきた。電力産業は、発電炉は実用化段階にあるという前提にもとづき研究開発を怠ってきたようである。また政府も、アメリカのケイパビリティに依存し、原子力技術規格をそのまま移植して告示五〇一号を設けたにすぎない。そして原子力発電所と揚水発電所の補完性について、後者は、前者が夜間に生み出す余剰電力の活用のために使われてきた。東京電力をはじめ電力会社は、電気料金制度、電化製品の普及などをつうじて家計によるピークシフトを促し、原子力発電所が生み出す夜間の電力消費を増やそうとしてきた。自然災害への限定的な考慮、ケイパビリティの欠如は、原子力発電所の安全性に負の効果をもたらすと考えられる一方、原子力発電所と揚水発電所の補完性は、原子力開発の推進にとって正の効果をもたらすと期待される。

そして、福島原発危機と類似した地震という自然災害の状況で生じた柏崎刈羽原発の震災事故の原因をみてみよう。第一に、自衛消防組織を招集するのに失敗したという防火対策にかんする社会的技術の欠如である。第二に、化学消防車の不備、電話回線の混雑による消防署への通報の遅れなどに表れているように、防火対策にかんする物理的技術の欠如である。第三に、すべての原子炉が設計時の想定を超えた揺れを経験したこと、そして活断層の過小評価を続けてきたことなどに表れているように、原子力発電所の立地選択における地震にたいする限定的な考慮という物理的技術にかかわる要因が指摘される。いずれの要因ともに、原子力発電所の安全性にとって負の効果をもたらすとみなされよう。

他方、本書と同じ福島原発危機をターゲットとして扱った二つの追加的ソースについてまとめよう。まずMOT分析は、福島第一原発では津波によって全交流電源喪失が生じた直後にすべての原子炉が制御不能になった、という東京電力が主張する津波帰属論を問題視した。そして福島原発危機をもたらした主な要因として、非常用ディーゼル発電機の不適切な基本構造・設置の仕方、原子炉の不適切な基本構造、そして時間軸のグランド・デザイン構想力の欠如を挙げた。最初の二つの要因は物理的技術に、最後の要因は社会的技術にそれぞれかかわるものとみなされる。MOT分析は、これらのなかでもとくに第三の要因に注目し、原子炉は、津波後の全交流電源喪失によって直ちに制御不能になったのではなく、しばらくのあいだ制御可能だったものの、東京電力のトップ・マネジメントは物理限界を適切に評価することができず、廃炉による莫大な損失を回避するために原子炉への海水注入をためらった、という一つの世界を提示した。要するに、MOT分析が描いた世界は、東京電力のトップ・マネジメントのモラル・ハザードを前提としていた。

他方で中間報告は、ＭＯＴ分析とは異なり、海水注入はもとより原子炉格納容器ベントが遅れたのは、東京電力や政府のモラル・ハザードのせいだとは考えていない。そして、福島第一原発事故の発生・深刻化をもたらした要因として、津波によるシビア・アクシデントの可能性の排除、地震・津波・原子力災害などの同時発生という複合災害の視点の欠如、そして原子力災害対策における全体像を俯瞰する視点の欠如を挙げた。最初の二つの要因は物理的技術に、最後の要因は社会的技術にそれぞれ関係しているものの、どれも福島第一原発事故に先立つ事前的な要因とみなされる。

さらに中間報告は、一九六〇年のチリ津波より大規模な津波を想定からはずしたプロセス、および原子炉への注水、原子炉格納容器ベントが遅れるにいたったプロセスに焦点をあてた。前者のプロセスは、地震・津波が生じる前の事前的なものであるのにたいして、後者のプロセスは、これらが生じた後の事後的なもので、福島第一原発事故を深刻化させてシステム事故へと導くことになったと考えられる。

まず、大規模な津波を想定からはずしたプロセスからはじめよう。東京電力が福島第一原発の津波評価シミュレーションを行った際、土木学会の津波評価技術に依拠したが、これは、信頼できる痕跡高記録がある津波しか評価の対象にならないという方針を採用しているので、再来期間五〇〇年から一〇〇〇年ほどの津波は、それがいくら大規模であっても想定外とされた。その結果、東京電力が想定したのは一九六〇年のチリ津波であった。このようにして、福島第一原発の想定津波最高水位は、三・一メートルとなったということだろう。(201)

そして東京電力は、あいにく現実化しなかったものの、そうした津波の想定を見直すうえで少なくとも二回の機会にめぐまれていた。すなわち、推進本部の長期評価にもとづく一五・七メートルという想定波高への変更機会、および佐竹たち(202)の貞観津波の波源モデルにもとづく九・二メートルという想定波高への変更機会がそれである。しかし、福島原発危機の対応にあたった武藤副社長（原子力・立地本部長）、吉田福島第一原子力発電所長は、かつてそれぞれ原子力・立地副本部長、原子力設備管理部長をつとめていた頃、そうした見直しの議題が立ち現れたとき、柏崎刈羽原発の震災事故の原因である地震に気をとられるあまり、地震随伴事象にすぎない津波についてはさほど注意を払わなかった。結果的に彼らは、そうした大規模な津波が現実にはおこりそうにないと考えた一方、原子力安全・保安院も、この点についての検討を行わなかったようである。

次に、原子炉格納容器ベント、原子炉への注水の遅れについてまとめよう。まず東京電力は、一号機にかんして少なくとも三回の機会――三月一一日一五時三七分頃以降、電源喪失のために隔離弁が閉となったこと、一七時一五分頃、炉心の露出がはじまりTAFに原子炉水位が到達するまで一時間しかないこと、そして一七時五〇分頃、原子炉建屋が高線量のため水位確認ができなかったこと――から、ICが作動していないため代替注水の必要性を認識できたはずだった。だが実際には、これらの機会をみすみす逃してしまったようである。他方、原子力安全・保安院の保安検査官は、発電所対策本部からえたデータをオフサイトセンター、ERCに伝達するだけで、ICの作動状態を積極的に調べようとはしなかったようである。したがって、ICは作動しているという誤認のせいで、代替注水の遅れがもたらされたと考えられる。

結局、東京電力がICの作動状態にたいして疑問を抱きはじめたのは、二一時五一分頃に線量上昇のため原子炉建屋への入域禁止となり、二三時五〇分頃に原子炉格納容器の圧力が最高使用圧力を超えた頃のことだった。これをうけ吉田所長は、一二日〇時六分頃、一号機とあわせて作動状態が不明だった二号機についても原子炉格納容器ベントの準備を指示した。だがあいにく五時頃、中央制御室でも放射線量が上昇し余震も続いていたため、なかなかベントをすすめられなかった。そして、菅首相が福島第一原発を訪れた後、吉田は九時頃を目標にベントの実施を目指すことにした。そこで、発電所対策本部は八時三七分頃、福島県にたいして九時を目途にベントを実施する予定であることを申し入れたが、大熊町の住民の避難が完了するまで待つようにとの要請があった。結局、一〇時一七分頃にベントが実施されることになった。かくして、高線量な作業環境、余震、福島県の要請といった要因は、ベントの遅れをもたらしたとみなされる。

次に、注水の遅れについてまとめよう。吉田は一一日一七時一二分頃、一号機のＩＣ、二号機のＲＣＩＣの作動状態が不明であったため、ＡＭとして規定された消火系ラインからの代替注水に加え、ＡＭに規定されていない消防車による原子炉への注水を検討するよう指示した。しかし前述のように、ＩＣの作動状態についての誤認に加え、発電所対策本部で組織された一二の機能班のあいだのコミュニケーションの失敗があったために、彼の指示は一二日一二時頃まで放置されてしまった。つまり、ＡＭに規定されていない消防車による注水については、どの機能班のタスクなのかが不明確で、彼らの組織はサイロとなっていたため、クロス・ファンクショナルな仕方で意思疎通が図られなかった。さらに、消防車の運用にかかわる諸機能については、南明興産へのアウトソーシングに依存し、東京電力の自衛消防隊は、消防ポンプを起動させて注水するのに必要なケイパビリティを欠いていたという。したがって、消防車による注水の遅れは、ＩＣの作動状態の誤認、機能班のあいだのコミュニケーションの失敗、東京電力の消防活動のケイパビリティの欠如によって導かれたと考えられる。

結局、吉田所長が一号機への海水注入を検討するよう指示したのは、一二日一二時頃のことだった。一四時五四分頃にあらためて海水注入の実施が指示され、一五時三〇分頃にはそのためのライン構成はほぼ完了していたようである。しかし、一五時三六分頃に原子炉建屋の水素爆発がおこったために作業が大幅に遅れた。これにより作業環境は悪化し、ようやく一九時四分頃に海水注入を実施できるようになった。この海水注入は、主に吉田の判断ですすめられていたが、この頃、首相の了解をえずに海水注入を継続するのは困難ではないかという意見が、官邸から現場へ伝えられた。だが吉田は、海水注入を中断せずに継続した。つまり官邸は、非常事態であるにもかかわらず、現場にたいして創発的な問題についての意思決定権を与えぬまま、平時の意思決定の仕方に固執したままだったということだろう。

他方、三号機では、一二日一二時三五分頃、HPCIが自動起動した。HPCIは、原子炉圧力が低圧状態の下、マニュアルに定められた運転許容範囲を下回る回転数で長時間にわたって作動していた。そこで当直は、HPCIによる注水と比べD／DFPによる注水のほうが安定的だと考え、一三日二時四二分頃、HPCIを手動停止した。その後、二時四五分頃、二時五五分頃の二回にわたって、D／DFPによる注水のためにSR弁の開操作をしたものの失敗に終わり、発電班にHPCIの停止の件について相談した。

しかし、これら一連の事実が発電班長に伝えられたのは三時五五分頃のことで、その後になってようやく発電所対策本部、本店対策本部への報告がされた。だがその際、HPCIは自動停止したものと誤解されてしまった。吉田所長は、海水注入のためのライン構成、およびSR弁の開操作に必要な一二〇ボルト分のバッテリーの調達を指示した。しかし、調達されたバッテリーは二ボルトのものばかりで、六〇個を直列でつなぐことは非現実的だった。このように、福島第一原発に適切なバッテリ

表3.1　ソースの変数

ソースの社会的技術 $S^{\mathrm{B}}=\{s_{\mathrm{s}}^{\mathrm{B}}, s_{\mathrm{k}}^{\mathrm{B}}, s_{\mathrm{f}}^{\mathrm{B}}\}$

持続的要因 $s_{\mathrm{s}}^{\mathrm{B}}$：原子力村による境界拡張（$s_1^{\mathrm{B}}$）、安全性確保のためのケイパビリティの欠如（$s_2^{\mathrm{B}}$）

典型的ソースとしての柏崎刈羽原発 $s_{\mathrm{k}}^{\mathrm{B}}$：防火対策のためのケイパビリティの欠如（$s_3^{\mathrm{B}}$）

追加的ソースとしての福島原発危機 $s_{\mathrm{f}}^{\mathrm{B}}$：時間軸のグランド・デザイン構想力の欠如（$s_4^{\mathrm{B}}$）、原子力災害対策の全体像を俯瞰する視点の欠如（$s_5^{\mathrm{B}}$）

ソースの物理的技術 $P^{\mathrm{B}}=\{p_{\mathrm{s}}^{\mathrm{B}}, p_{\mathrm{k}}^{\mathrm{B}}, p_{\mathrm{f}}^{\mathrm{B}}\}$

持続的要因 $p_{\mathrm{s}}^{\mathrm{B}}$：立地選択における自然災害の限定的考慮（$p_1^{\mathrm{B}}$）

典型的ソースとしての柏崎刈羽原発 $p_{\mathrm{k}}^{\mathrm{B}}$：防火対策のためのケイパビリティの欠如（$p_2^{\mathrm{B}}$）、立地選択における地震の限定的考慮（$p_3^{\mathrm{B}}$）

追加的ソースとしての福島原発危機 $p_{\mathrm{f}}^{\mathrm{B}}$：非常用ディーゼル発電機の不適切な構造・設置（$p_4^{\mathrm{B}}$）、原子炉を設置した高さにかかわる不適切な基本構造（p_5^{B}）

ーが備えられていなかったこと、そして不適切なバッテリーが調達されたことによって、D／DFPによる注水の遅れが生じたとみなされる。

　他方で、三号機への海水注入の準備をききつけた官邸は、淡水注入にすべきではないか、と吉田所長に伝えた。吉田は、淡水注入が首相の意向なのだと忖度し、海水注入の準備をしていた現場にたいして一転、淡水注入の準備を指示した。そして一三日九時二五分頃、淡水注入が実施されることになったが、一二時二〇分頃には淡水が枯渇してしまい、一三時一二分頃に海水注入を開始することになった。したがって、官邸の不明瞭な意思決定が現場の忖度を生み出し、原子炉への注水を遅らせたとみなされよう。

　以上の考察により明らかになった独立変数については、**表3・1**のようにまとめられる。あえて単純化すれば、日本では、原子力発電をめぐって密に結びついた政府[203]、東京電力などの主体を中心とした原子力村と、原子力発電とはほとんどかかわりのない会社・組織、一般市民などの主体が疎に結びついた社会とのあ

表3.2　ソースの変数がもたらす効果の予測

	s_1^B	s_2^B	s_3^B	s_4^B	s_5^B	p_1^B	p_2^B	p_3^B	p_4^B	p_5^B
推進	+									
安全性確保		−	−	−	−	−	−	−	−	−
福島原発危機	+	+	+	+	+	+	+	+	+	+

いだで相互作用が展開され、現在のような資本主義の様式が一つの安定的な状態として進化を遂げたと考えられる。[204] その際、原子力開発にかんして、原子力村にとってはその推進が、他方で社会にとってはその安全性確保が重要な課題とみなされてきたといえよう。

さらに原子力開発について、それぞれの変数が推進、安全性確保という点でどのような効果をもたらしうるかを予測すると、**表3・2**のようにまとめられる。表に示された一〇個の変数は、いずれも福島原発危機の発生をもたらした要因とみなされる。すなわち、持続的要因にせよ、典型的ケースの変数にせよ、福島第一原発事故においても確認できるように思われる。そして、原子力村によるさまざまな主体の埋め込みを表す s_1^B を除く九個の変数は、原子力村――とくに、その中心的主体であり福島原発危機の当事者の一つでもある東京電力――が原子力発電所の安全な運営に必要とされるケイパビリティ（ないし資産）を欠如していることを示す変数であるため、すべての変数は、埋め込みのケイパビリティの存在（c^{eB}）、ケイパビリティの欠如（$\neg c^{B}$）といった二つのグループに大別できる。さらに追加的ソースの変数 s_4^B、s_5^B、p_4^B、p_5^B は、ターゲットとしての福島原発危機の事例に特有の要因としてとらえることができるだろう。

そこで、ケイパビリティの観点からソースの変数は、前述の二つのグループ（c_e^T と $\neg c^T$）だけでなく五つのグループにも整理することにより、ターゲットの因果モデルの変数を同定してみよう。すると、埋め込みのケイパビリティの存

在 $s_1^T(s_1^B)$、社会的技術における統合的想像力の欠如 $s_2^T(s_2^B, s_5^B)$、ダイナミック・ケイパビリティの欠如 $s_3^T(s_3^B, s_4^B)$、物理的技術における統合的想像力の欠如 $p_1^T(p_1^B, p_3^B)$、物的資産の不備 $p_2^T(p_2^B, p_4^B, p_5^B)$ といった形で、ターゲットの因果モデルの五つの変数をえる（括弧内はソースの変数を表す）。ここでいう統合的想像力とは、ホーリスティックな視点から物事の全体像を描くケイパビリティのことである。つまり、実際におきた物事、あるいは反事実的条件法にもとづいておこりうるかもしれないがおきていない物事を想像し、認知的生産物を創造するのに必要な能力とみなされる[205]。これにたいして、ダイナミック・ケイパビリティは、状況の変化に適応する、あるいは変化を先制的に創造するのに必要なケイパビリティであり、たとえば原子力発電所での深刻な事故のようにマニュアルや契約に記されていない問題が生じたとしても、組織的な問題解決に向けて資産の再配置を迅速かつ適切な仕方で実現していく企業家的能力をさす[206]。

ただし、**表3・2**に立ち戻って第二の変数から第一〇の変数についてみてみると、これらは、すべて安全性確保にたいして負の効果を及ぼしうると考えられ、長期的には原子力開発に水をさすことになりかねない。にもかかわらず、なぜ日本では、一九五〇年代から今日まで原子力開発を推進できたのだろうか。社会からすると、原子力発電所で何らかの問題が生じた場合、政府、電力会社がその運転を止めて原因の徹底的な究明を図って問題解決につとめることは、安全性確保のためには必要で、一般市民が日常生活を安心してすごす一方、会社が経済活動を営んでいくうえで正の効果をもっていよう。他方で原子力村からすると、そうした場合でも原子力発電所の運転を止めることは、銀行への利子支払、原子力事業による機会損失など莫大な経済損失を意味するだけでなく、原子力開発と不整合な活動とみなされ、社会――とくに地域住民――の不安を生み出す引き金にもなりかねないため、できる限り運転を止めたくないというインセンティブをもつ。なるほど、原子力発電所でのトラブル隠しやデータ改竄などは、そうしたインセンティブを勘案すれば説明がつく。

この点にかんして、東京電力で社長として原子力開発を推進し、原子炉の着工四基、運転開始五基という成果を実現した那須翔がいみじくも述べたように、原子力発電所の運転を「止めたら住民の不安を呼ぶ」[207]ので止められない、といった自縛的状況が生成することになろう。したがって原子力村では、原子力発電所の運転は止めてはならないという規範が生成し、原子力発電所の継続的な運転を前提とした電力の安定供給は、社会だけでなく彼らにとっても望ましい目的となりうる。そして電力の安定供給は、原子力開発の推進と補完的な活動とみなされる。これらの補完的な活動にたいして、安全性確保のためのケイパビリティの欠如は負の効果をもたらしはするが、正の効果をもたらすようには思われない。すなわち、適切なケイパビリティを欠いているために何らかの問題をおこし、安全性確保に失敗した結果、原子力発電所の運転中止という事態につながれば、電力の安定供給ができなくなってしまうばかりか、地域住民の不安、ひいては社会の不安をひきおこす。そして最悪の場合には、眠っているはずの社会の一般市民を覚醒させてしまい、原子力発電の安全性にたいする信頼の喪失、反原発運動の激化を招き、原子力開発の推進はもはや実現困難になってしまうかもしれない。

まさに福島原発危機の事例は、こうした可能性が現実化しうることを証明した。その原因をさぐっていくと、東京電力をはじめとした原子力村が原子力発電所の安全性確保に不可欠なケイパビリティを欠如していたことに逢着するように思われる。さらにいえば、第2章第4節で論じたように、とくに東京電力は、原子力発電所における度重なる不祥事にもかかわらず、失敗から学習することに失敗してきた[208]。数多くの小さな失敗からの学習が実行可能であったならば、福島原発危機のような大きな失敗を招来せずにすんだかもしれない。では、なぜ東京電力は、自社の失敗から学習する機会をことごとく逃してきたのだろうか。さらに国外でも、ＴＭＩ、チェルノブイリといった深刻なシビア・アクシデントが生じたが、国内での動燃、ＪＣＯなどの原子力発電所の事故も含め、なぜ他者の失敗から学習できなかったのだろうか。これらの問題はそれぞれ順に、自分の直接的な経験から学ぶ直接学習、他者の経験から学ぶ観察学習ないしモデリングにかかわっていよう(209)。

東京電力は、原子力発電所の運転を止めれば、社会の不安を喚起してしまうので止められない、という自縛的状況に拘束され、原子力発電の適切なケイパビリティを欠いた不安定な状態でその運転の継続を余儀なくされたのだろう。そして、原子力発電の安全性にかんしてＰＡ戦略が有効に機能したため、社会の大部分の人々からの重大な問題提起・抵抗を首尾よく回避してきたものの、社会――社会的安全性（社会の人々が安全だと思うこと）の過剰生産――と技術――物理的安全性（物理的な観点からみて実際に安全であること）にかんするケイパビリティの欠如――の板挟みになり、物理的安全性を確保するうえで必要なケイパビリティを欠くにもかかわらず、原子力発電は安全だという演技を続けていくうちに原子力発電の潜在的危険性を軽視・忘却し、安全にこだわるあまり、実現困難な物理的安全性の向上を怠るようになったのだろう。私は、とくに個体レベル――一般的には原子力発電事業者をさすが、フクシマの文脈では東京電力を表す――で生じたこうした状況を自己埋め込みと呼ぶ。つまりそれは、埋め込みを実施する側の主体が時間をつうじて、埋め込まれる側の客体である社会に向けて生産した社会的安全性にとらわれ客体化し、過剰に社会的安全性を生産してしまう一方、物理的安全性を軽視・忘却してしまう、といった自縛的状況である。すなわち、社会が原子力発電所は安全だと思えば思うほど、東京電力は、原子力発電所の安全性に疑問すらもたず安心しきった社会にたいして、物理的安全性ではなく社会的安全性の生産を加速させていくことで応じた。[210]かくして社会の無知は、時間の経過とともに東京電力の埋め込みのケイパビリティを強化するようなフィードバック効果を生み出した。他方、いつのまにか東京電力は、必要以上に安全に配慮せねばならなくなってしまった。要は、社会が原子力発電所は安全だと思うにつれ、原子力村はこの状態を維持すべく社会的安全性を拡充するという循環が経時的に強化され、物理的安全性が社会的安全性によって駆逐されていったのではないか。そして、安全そのものが陳腐化してしまう、という安全インフレがもたらされたのではないか。

さらに原子力村は、東京電力以外にも政府、マスメディアなどの多様な主体を包摂した世界創造のための壮大な仕掛けとなり、原子力発電について、（物理的には）潜在的な危険性をもつという真実の世界とはかけ離れた形で、（社会的には）盤石の安全性に特徴づけられるという体裁の世界を創出せざるをえなくなったのだろう。またそれは、安全性確保のためにひたむきに集合的努力を重ねてきたが、あいにくこうした努力は、長期的な観点から過去の地震・津波を想定して原子力発電所の基本構造の設定・再設定を図るための物理的技術の探査ではなく、むしろ社会の人々によって原子力発電所についての好意的なイメージが形成され、彼らの心的表象を有利に操作できるよう彼らに短期的な安心感を与えるための社会的技術の発掘に向けられてしまったようである。[211]このように原子力村は、社会的技術の過剰に特徴づけられた体裁の世界が物理的技術の空虚に特徴づけられた真実の世界を凌駕する形で、二つの世界を分離させたと考えられる（真実の世界と体裁の世界の分離）。他方で社会は、原子力発電についての専門知識をもたず、電力会社をはじめとする原子力村のメンバーが喧伝する社会的安全性を物理的安全性と取り違え、安全インフレに特徴づけられた体裁の世界に幽閉されることになったのだろう（体裁の世界への幽閉）。

東京電力は、石油ショックを経験しながらも財界の頂点に立った平岩時代以降に官民協調論へと方針転換したことによって、原子力開発の盲目的・機械的推進を合理的に実現する原子力村という一枚岩のタイト・カップリング・システムをつくりあげた。このことは、社会を体裁の世界に閉じ込めておくための難攻不落の原子力推進システムの確立を意味する。原子力村は、原子力開発の推進という目的を遂行する点で大きな成功を遂げた。このように東京電力は、原子力村という合理的な原子力推進システムを首尾よく構築し、その中心的地位を占めることができたがゆえ、自社の経験から直接的に学習するという直接学習、他者の経験から間接的に学習するという観察学習の双方に失敗してきたのではないだろうか。つまりそれは、成功ゆえの失敗とみなされる。

東京電力を中心とした原子力村は、フクシマ以前のプレ3・11時代においては、原子力開発の盲目的・機械的推進を実現するほどの成功を遂げ、日本経済を牽引する役割をはたした。しかし、こうして原子力推進の合理化に成功した原子力村のメンバーは、成功症候群[212]にかかってしまったように思われる。すなわち、東京電力、政府を含むさまざまなメンバー、すなわちコーポレーションは、過去の成功体験をいつまでも引きずり、いったん成功をおさめた価値、物事の仕方を制度化することで自己満足に陶酔し、新しい環境の下で多様なケイパビリティを吸収することを忘れてしまったのではないか。原子力村という難攻不落の原子力推進システムは、安定的状況であればそのまま成功をもたらしうるかもしれない。だが日本が地震活動期に入り、フクシマの収束に向けて綱渡りの危機的状況におかれていることを考えれば、フクシマの一つの原因になったという意味で陳腐化した古い物事の仕方は、新たな失敗をもたらす要因になりうる。結局、過去の成功体験は、変化が必要とされる構造的不確実性の状況において、コーポレーション、さらにその高次のシステムとしての原子力村、社会をも包摂したビジネス・エコシステムの変化を妨げてしまうだろう。

さらに、学習に失敗してきた理由を理解するうえで、そうしたシステムの難攻不落性だけでなく、東京電力を取り巻く外部環境にも目を向けておく必要があると思われる。すなわち、国外では一九七九年のアメリカのＴＭＩ、一九八六年のソ連のチェルノブイリ、国内では一九九五年の福井県敦賀市のもんじゅ、一九九七年の動燃のふげん、一九九九年のＪＣＯの東海事業所などといった具合に、一連の原子力発電所で深刻な事故が発生した。東京電力は、自社が運営していない原子力発電所でおきた一連の事故をモデルとして間接的に学習することができたはずである。しかし一九九〇年代になると、アメリカを中心として「原子力ルネサンス」と呼ばれる世界的な潮流が生じた。このフレーズは、一九九〇年代初期の時点では人口に膾炙しなかったものの、復権を遂げた原子力発電は、その生産費用の低下、化石燃料を用いた工場にたいする規制強化によって、次第にモメンタムをえることになった(213)。したがって東京電力は、平岩時代以降、政治、マスメディアなどの多様な領域を包摂しながら支配力を強め、原子力開発を効率的かつ有効にすすめていくために難攻不落のシステムを生成した。そして、原子力ルネサンスという原子力推進の世界的なトレンドの追い風をうけながら、学習しないことに成功したのではないだろうか。

ここで、三つの注釈を述べておこう。第一に、観察学習のプロセスについてである。観察学習とは、行動のためのスクリプト、すなわちある所与の状況で適切な行動の流れを示すような仮設的な認知構造をモデルから学習することである。つまり、認知と行動を結びつけるスクリプトの移転・開発・変更を意味する(214)。スクリプトは、意思決定の認知的複雑性を軽減するヒューリスティクスの役目をはたすが、学習主体が直面した状況の性質によってスクリプトの発展段階、すなわち認知処理の仕方が左右される[215]。つまり、なじみのある典型的状況では、明確なスクリプトにしたがった自動的な認知処理による対応が可能になる。他方、これまで直面したことのないという意味で典型的ではない新奇的状況では、適切な行動を選択するのに意識的・集中的な認知処理が求められるが、あいにく依存できるスクリプトは存在していない。

　本章第1節で提示した用語法にしたがえば、さまざまな要因が錯綜した複雑なシステム事故と、帰結が予測不可能である構造的不確実性によって特徴づけられた福島原発危機は、地震・津波といった自然災害を機に複数の原子炉がメルトダウンをおこし、地域共同体のみならず日本の国民経済をもまきこむ形で、放射性物質を排出し続ける原子炉の収束、地域住民をはじめとした基本財毀損問題など、世界史において未踏のきわめて困難な挑戦的課題を突きつけた。そうした課題は、TMI、チェルノブイリといったこれまでの国際的なシビア・アクシデントがもたらしたものとは本質的に異なり、人類がはじめて直面することになった難問である。この意味で、福島原発危機の状況（世界）は新奇的なのである。そして、従来の平時の安定的状況とは質的に異なるという点で、有事の危機的状況とみなされる。

　そして、福島原発危機の当事者である東京電力が、過去にたびたびおこしてきた自社の原発事故から物理的安全性の向上に資する教訓を引き出すことに失敗してきた事実は、以下のことを示唆していよう。すなわち、彼らが平時の安定的なオペレーションの持続に執着していること、平時のオペレーションから危機時のオペレーションへの変化がきわめて困難だということ、そして国内で他社（たとえば動燃、JCOなど）がひきおこした事故はもとより、国外のシビア・アクシデントからも学習す

図3.5　原子力発電所の事故と状況の性質

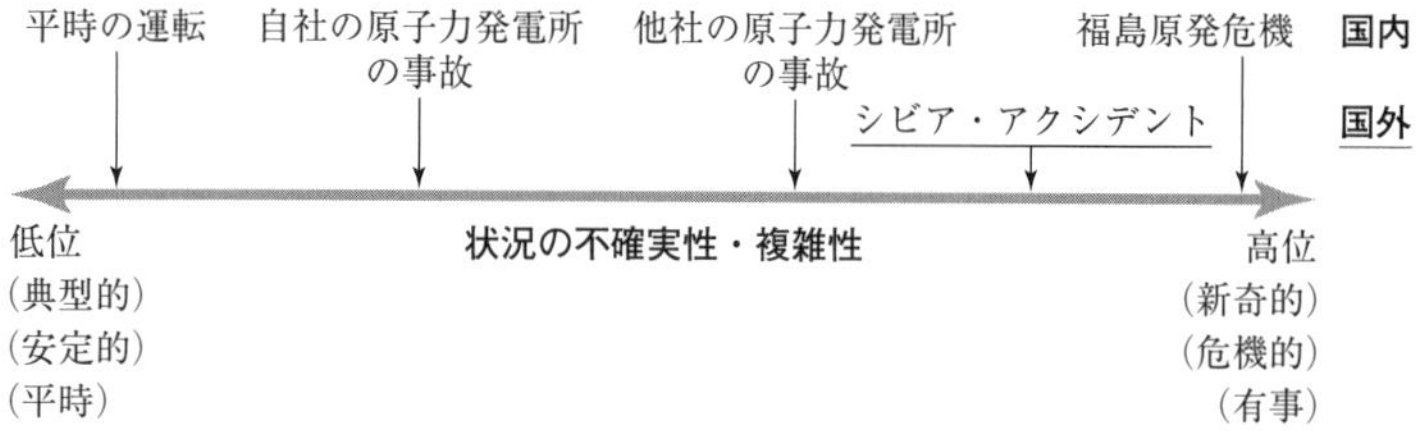

注）４つの事故，平時の運転といった各項目の状況の典型性は，垂直（下向き）の矢印によって示されているが，その程度はかならずしも厳密に測定されたわけではない。
Gioia and Poole（1984, p. 454, Figure 1）をもとに著者作成。本章の脚注16も参照。

ることが彼らにとって困難だということ、がそれである（**図3・5**）。直接学習すらできない企業にたいして観察学習を期待するのは、きわめて酷で非現実的な話である。ただし、このように東京電力が有事の危機的状況においてすら、平時の安定的状況でのオペレーションの維持を志向し、学習せずにすませられるというのは、ある意味では一つの特異なケイパビリティとみなされるのかもしれない。

そして第二に、難攻不落の原子力推進システムとしての原子力村がはたす緩衝化機能についてである。合理化を追求する組織は、その中核技術を環境の影響をうけないよう閉じ込めようとし、そのためにさまざまな構成要素で取り囲むことによって緩衝化、すなわち不確実性の除去を図ろうとする[216]。東京電力は、さまざまな主体の埋め込みをすすめていくことで原子力村の境界拡張を図り、原子力開発の盲目的・機械的推進を実現するにいたった。原子力村は、とくに国策の名の下、原子力開発にとって有利な法・規制を実現でき、それを合理的にすすめられるようになった。かくして、原子力開発の盲目的・機械的推進を妨げかねない環境の不確実性を除去することに成功した。

したがって福島原発危機は、そうしたシステムの合理性ゆえに生じたという解釈が成り立つかもしれない。高木仁三郎が述べたように[217]、日本の原子力開発は従来、議論、批判、思想といった要素を極力排除する形ですすめられ、原子力発電にかかわっている人たちは、滅私によって国を背負うあまり原子力というアイコンを特別視するようになったため、技術にたいする思考・真摯な態度を放棄させられてしまったようである。すなわち、国策としての原子力開発は特別な目的、それを合理的にすすめていく原子力村は特別な存在としてそれぞれ位置づけられた。こうした状況の下では、原子力発電の安全性確保の面で必要な議論・批判・思想に寄与しうる個人の主体性は単なる非合理的要素にすぎず、それをあまねく排除していくことが合理化の進展のためには望ましい。これが、原子力推進文化のあり方だったということだろう。しかし日本の原子力発電において、アメリカへのケイパビリティのアウトソーシングがすすめられ、この原子力先進国への急速なキャッチアップを模索するという経路の代わりに、議論、批判、思想を基盤としたケイパビリティの開発・蓄積が行われるという経路が現実化していたとすれば、福島原発危機を回避することができたかもしれない。だが、原子力村という合理的なシステムの成功は、福島原発危機という失敗につながってしまった。

　第三に、原子力村による体裁の世界への社会の幽閉は、原子力発電について情報優位にある原子力村が、両者間の非対称情報の状況を悪用して機会主義的に安全性確保を怠ったというモラル・ハザード説による解釈とは異なる。原子力開発にとって有利な世界を生産するための合理的機械と化した原子力村にせよ、そのメンバーである電力会社にせよ、原子力発電の安全性を確保するうえで、放射性物質の半減期の長さ、核燃料の放射熱の永続性などの原子力発電のドメインに固有の物理限界[218]を突破することは、現時点ではほぼ不可能だとみなされる。このような意味で、高位の不確実性に特徴づけられた物理的安全性の確保に向けてケイパビリティの開発・蓄積に取り組むより、むしろ社会の主体の認知に影響を及ぼすことで社会的安全性の生産に取り組んだほうがより効果的で、しかも低費用ですむと考えられる。とくに、東京電力をはじめとする電力会社は、安全性確保そのものをすっかり放棄してしまったというわけではなく、社会的安全性による物理的安全性の代替を図ってきたとみなされる。あくまで彼らの独特の世界観にもとづいて安全性の確保に真摯に取り組んできたものの、あいにくその安全性は、社会常識から乖離した概念にすぎず、実質をもたなかったという話なのだろう。

ここで二つの注釈を述べておこう。第一に、福島原発危機の原因をもっぱら東京電力のモラル・ハザードに求める見解にたいして、私は異議を唱えてきた。だが本書でくり返してきたように、モラル・ハザード説の理論的基礎となっている主流派の組織経済学[219]の有効性を否定するものではない。つまり私見によれば、モラル・ハザード説は、福島原発危機の原因についての部分的な説明しか与えてくれないので、ケイパビリティ概念を導入することでより実り豊かな説明を模索する必要がある。

実際、電力会社にとって手厚い法の下、そのモラル・ハザードが誘発されたことは否めない。アメリカの原子力産業は、原子力災害にかんする損害賠償に上限を設けるプライス・アンダーソン法によって市場経済から隔離されてきたが、このように不適切な法・規制によって電力会社のモラル・ハザードにつながりうる[220]。他方、日本では一九六一年に原賠法が制定されたが、これは基本的にプライス・アンダーソン法と同じく電力会社を保護するためのもので、二〇〇九年に改正された。その結果、電力会社は一二〇〇億円の損害賠償責任保険への加入が義務づけられ、この金額を超過した原子力損害が生じた場合、国が援助を肩代わりして行えるようになった。かくして、社会的安全性による物理的安全性の代替については、そうした不適切な制度の存在によるモラル・ハザードという観点からもたしかに説明できる。しかし、後で歴史的解釈を試みるように、日本の原子力開発は、特定の制度ではなく一連の制度的複合体の下で時間の経過のなかで推進されてきた。このことをふまえ、ケイパビリティをも勘案したホーリスティックな視点から福島原発危機をめぐる議論を展開しなければならない。

第二に、原子力発電所は、制御不能な物理限界に服さざるをえないという点だけでなく、基本的には核兵器と同様に核エネルギーに依存しているという点でも、危険性をはらんだ物理的技術を体化している。しかし反面、地球温暖化ガスの排出量が少ないという意味では、環境にやさしい物理的技術ともみなされる。しかし、未曾有の自然災害を契機とした原発事故によって、原子力発電は放射性物質による環境汚染をもたらしうるという点では、かならずしも環境、人間にやさしい物理的技術だとはいえない、という事実が証明された。すなわち、福島原発危機をひきおこした部分的要因とみなされる地震・津波を人間の叡智によって完全に制御することができない限り、日本をはじめそうした自然災害が生じうる地域での原子力発電所の建設・運転は、環境、人間の双方にとってやさしい物事にはなりえない。このような意味で、原子力発電は状況依存型技術とみなすべきであり、今後の地球の持続可能性についての議論はこのことを斟酌しなければならない。

しかし、プレ3・11時代の原子力村は原子力発電にかんして、人間の力では制御できない物理限界にまつわる負の側面を捨象し、環境にやさしいという正の側面を際立たせることによって、社会が原子力発電にたいして好ましいイメージをもつような社会的技術の開発に向けて努力してきた。このことは、PA戦略をつうじたマスメディアの埋め込みにより、マスメディアが原子力開発についての全体的な情報を詳細に調査・報道するインセンティブを希薄化させ、原子力村の意向を忖度するように仕向けてきたのではないか、という見方と整合する。かくして、原子力発電にかかわる個々の主体が社会的安全性による物理的安全性の代替を図ることによって、原子力発電の物理的技術の潜在的危険性はかき消され、集合レベルでは体裁の世界と真実の世界が分離してしまったのだろう。

　そして福島原発危機は、「原子力発電の専門家だからその全体的な知識をもっているだろう」「原子力発電所で万一事故がおきても、その収束の仕方を知っているのだろう」などといった社会の電力会社にたいする期待をもろくも打ち砕いた。電力会社は、原子力発電事業者として原子力発電所での電力の生産にかかわってはいるものの、原子炉の生産に携わっているわけではない。したがって、本来であれば平時、危機時を問わず具備しておくべき、原子力発電所の運転・事故収束に必要な一連のケイパビリティをすべてもつとは限らない。あえていうならば、原子力発電にかんするケイパビリティの欠如という点では、もちろん程度の違いはあるだろうが、電力会社、その集合的構築物としての原子力村、そして社会といった三者のあいだには何ら差がないということなのだろう。

　かくして、ビジネス・エコシステムにおける原子力村と社会の関係を考える場合、非対称情報ではなく、むしろケイパビリティの欠如という観点から検討を加えるべきだろう。ここでケイパビリティは、伝達可能なコード化された情報にとどまらず、主体に体化された暗黙的・伝達困難な知識、スキル、経験をも含む包括的な概念であることに注意しよう[221]。したがって、電力会社、官僚組織、業界団体などから構成された原子力村と、一般市民、原子力産業以外の一般企業などからなる社会との関係は、たとえば株主と経営者との関係、医者と患者との関係などとは違って二者関係とはみなされず、しかも双務的な非対称情報の状況ではない。むしろ、複数の主体が多様なケイパビリティをもつとしても、各主体は必要なケイパビリティをすべてもつわけではない、というケイパビリティの欠如を問題としなければならない。したがって、原子力村による体裁の世界への社会の幽閉は、原子力村と社会の二者関係における非対称情報にもとづく原子力村のモラル・ハザードとして単純に特徴づけることはできないだろう。

本章第3節で論じたように、共有無知の一事例とみなされる福島原発危機において、原子力村は、原子力発電にかんして問題認識していないことを知覚しているが、問題認識しているふり（虚偽）をし、時間をつうじて問題認識しているという錯覚を抱くだけでなく、問題解決していないのにそのふり（虚偽）をし、時間をつうじて問題解決しているという錯覚を抱いている。一方、社会は、無知ゆえに現状維持を容認している。共有無知は、皆が知らないことを皆が知らず、このことを皆が知らない、などと無限に続いていく状況と表現できる(222)。こうした共有無知の状況は、原子力村と社会のあいだの非対称情報の状況とは質的に異なっていよう。むしろ、東京電力・原子力村による自己埋め込み、および原子力村と社会の双方のケイパビリティが欠如した下で原子力村が真実の世界と体裁の世界を分離させた一方、社会が体裁の世界に幽閉されているといった形で、日本の資本主義が全体として過剰制度化(223)のわなに陥ったことを表す。

東京電力は、とくに平岩時代以降に官民協調志向を強め、政治経済にたいする巨大な支配力を獲得した。そして、原子力村という難攻不落のシステムの確立により実現した原子力開発の盲目的・機械的推進を続けつつ、原子力ルネサンスという世界的なトレンドの追い風をうけ、その目的をさらに純化しようとした。だが、そうした成功が度重なる原発事故からの学習に失敗した要因だったという意味で、成功症候群にかかっていたようにみえる。さらに原子力村にとって、原子力発電所で何らかのトラブルが生じるたびにその稼働を停止することは莫大な損失を意味する一方、社会にとって、原子力発電所で生じたトラブルの徹底的な究明は安全性確保のために必要となる。かくして原子力発電所でおきた諸問題は、原子力村にとっては、経済損失をもたらす運転停止につながるため表面化を避けたいもの、社会にとっては、運転停止してでも徹底的に解明すべきもの、といった具合に正反対の意味をもつ。この点で、原子力村、社会は、それぞれ異なる価値を有する。かくして原子力村では、社会常識とは対照的に、原子力発電所が体裁上の安全性を高め、社会の大部分が安全だと思うように仕向けるという社会的安全性の向上に注力し、原子力発電所が実質的に安全であるという物理的安全性の軽視・忘却を促進するための知識、スキル、経験といったものが、価値のあるケイパビリティとみなされるようになったように思われる。

そこで、社会にしてみれば価値を見出すことはできないが、原子力村のメンバーにしてみれば高い価値をもつケイパビリティを吸収阻害能力と呼ぼう。それは、ウェズリー・コーエンとダニエル・レビンタールが提示したように(224)、新しい情報にかんしてその価値の認識・同化・商業化への応用を実現するのに必要な組織ケイパビリティを意味する吸収能力という概念に着想をえたものである。コーエンとレビンタールによれば、企業が吸収能力を適切に評価するには、あらかじめ吸収能力をもっていなければならない。しかし原子力村は、原子力発電のドメインにおける物理的安全性の向上をつうじて原発事故をおこさないための適切なケイパビリティの評価に必要な吸収能力を欠くというよりは、むしろ社会とは隔絶された特殊な環境で、このようなケイパビリティの吸収を必要とせずにすませる能力を発展させたのではないかと考えられる。つまり原子力村は、吸収能力をもたないためにそうしたケイパビリティを吸収できないのではなく、主に難攻不落のシステムを確立したことで吸収阻害能力をもつようになったため、そうしたケイパビリティの吸収を阻害できるのである。かくして、社会からみた原子力村のケイパビリティの欠如は、原子力村からみると、吸収阻害能力という環境特殊的な価値をもつケイパビリティの生成を意味するといえよう。

こうした原子力村の吸収阻害能力をミクロ的に個人の次元でとらえなおしてみると、安冨歩が東大話法と呼ぶ欺瞞言語を操るレトリック能力に逢着するように思われる。彼によれば、優秀な人材供給の面から原子力村を支えてきた東京大学では「徹底的に不誠実で自己中心的でありながら、抜群のバランス感覚で人々の好印象を維持し、高速事務処理能力で不誠実さを隠蔽する」(225)という価値（東大文化）が脈々と継承され、教授、学生を問わず東大関係者は、こうした価値に埋め込まれることで特異なケイパビリティ（東大話法）を蓄積していくという(226)。端的にいえば東大話法とは、自分の立場によって変わる思考、自分の立場に都合のよい解釈、自分の立場に都合の悪い物事の無視、お茶を濁す対応、発言時の自信、自分と同じ問題をもつ人を批判することでその問題から逃れる、そして立派にみえる発言、といった七つの特徴をもつ。それは、東大関係者に限らず日本中に蔓延しつつあるという(227)。そして安冨は、原子力の専門家の条件として「原子力についての真理に暁通《ぎょうつう》すること（…）ではなくて、欺瞞言語を心身に浸透させていって、まともに思考できなくなり、原子力業界の安全欺瞞言語でしかものが考えられなくなって、（…）〈思い込める〉ということ」(228)を挙げる。

すなわち、たとえ原子力発電所が事故をおこす危険を秘めているとしても「事故をおこさない」と思いこむことができるかどうか、そしてたとえ事故がおきているとしても「事故はおきていない」と思いこむことができるかどうかが、原子力のすぐれた専門家を識別するためのリトマス試験となるということである。こうした思考様式を身につけた専門家が東京電力、原子力村にいるのだとすれば、福島原発危機も「危機ではない」と思いこむことになるのだろう。もしこのことが本当であれば、吸

図3.6　福島原発危機のケイパビリティ論的解釈

会社	ビジネス・エコシステム		状況	世界
東京電力(τ)	原子力村(ρ)	社会(σ)	自然災害(θ)	日本(φ)
自己埋め込み(α_τ)	真実の世界と体裁の世界の分離(β)	体裁の世界への幽閉(γ)	制御不可能性(δ)	過剰制度化のわな(ε)
ケイパビリティの欠如($\bar{c}$)			原子力発電所の立地地域・福島での地震・津波(θ_ω)	共有無知としての福島原発危機(W_φ^c)

$$\alpha_\tau : \bar{c}_\sigma \longrightarrow c_\tau^a \qquad \alpha_\rho : \bar{c}_\sigma \longrightarrow c_\rho^a$$

$$\beta : c_\tau^e \longrightarrow \bar{c}_\rho \longrightarrow \bar{c}_\tau \longrightarrow c_\tau^a \longrightarrow c_\rho^a$$

$$\gamma : \bar{c}_\rho \longrightarrow \bar{c}_\sigma$$

$$\delta : \theta \gg C > \bar{C}$$

$$\varepsilon : \varepsilon = (\alpha, \beta, \gamma)$$

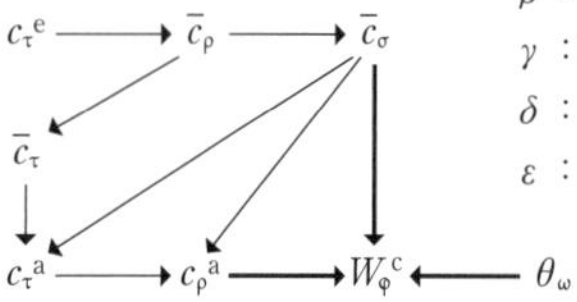

注）東京電力は原子力村の主要メンバーであるため，会社はビジネス・エコシステムに含まれることになる。さらに，状況と世界の関係については，本章の脚注16も参照。

収阻害能力を身につけた彼らは、福島原発危機という現実を真摯にうけとめることは難しく、専門知識をもたない社会をせいぜい見下し、何事もなく原子力開発の推進を継続していくだけなのだろう。

　これまで展開してきた福島原発危機のケイパビリティ論的解釈については、**図3・6**のようにまとめられる。福島原発危機は、上部の図中の太線で囲まれた要素、すなわちケイパビリティの欠如($\bar{c}$)——原子力村の吸収阻害能力(c_ρ^a)、社会のケイパビリティの欠如($\bar{c}_\sigma$)——と原子力発電所の立地地域である福島での地震・津波（自然災害）の発生といった新奇的状況(θ_ω)とが結合することによって生成した事故災害であり、一つの世界W_φ^cにほかならない。世界関数を用いて表現すると、

$$W_\varphi^c = W(c_\rho^a, \bar{c}_\sigma ; \theta_\omega)$$

がえられる。かくして日本の資本主義は、共有無知によって特徴づけられるが、そこでは、東京電力による自己埋め込み（α_τ）、原子力村による自己埋め込み（α_ρ）、原子力村による真実の世界と体裁の世界の分離（β）、体裁の世界への社会の幽閉（γ）が生成したという意味で、日本は過剰制度化のわな（ε）に陥っているとみなされる。より正確にいえば、日本の共有無知の問題は、プレ3・11時代から存在していたのであって、人間の能力をはるかに上回る制御不可能性（δ）をもつ原子力発電所で、同じく制御不可能性をもつ地震・津波といった自然災害がおきたことによって顕在化したにすぎない。

そこで以下では、**図3・6**に示されたターゲットの因果モデルを構成する五つの要素について、これまでの議論を簡潔に整理しておこう。第一に、自己埋め込みは、社会のケイパビリティの欠如によって、東京電力・原子力村の吸収阻害能力（それぞれ順に、c_τ^a、c_ρ^a）が経時的に左右されるようになることを示す。すなわち東京電力、それを中心とした原子力村は、社会的安全性による物理的安全性の代替を企てるとともに、ケイパビリティの欠如（$\bar{c}_\rho$）に制約された原子力村の総力を挙げて原発安全神話を社会に普及・浸透させることで、原子力発電は安全だと信じこませ、社会の無知を維持しようとしたのだろう。そして、物理的技術の欠如ゆえに頻繁に原発事故がおこったとしても、社会において今後の原子力開発を妨げうるような負の要因（たとえば、原子力発電にたいする不安、反原発運動など）を打ち消せるほどの水準で、社会的安全性の過剰生産に取り組む必要があったのだろう。社会が無知になればなるほど、原子力推進文化を共有した原子力村は全力で社会的安全性の過剰生産に取り組み、吸収阻害能力の開発・蓄積にはげむようになったと考えられる。

第二に、原子力村による真実の世界と体裁の世界の分離についてみてみよう。東京電力は、とくに石油ショックを経験して平岩時代に官民協調論を掲げるようになって以来、埋め込みのケイパビリティによって多様な主体を原子力村に内部化することで、原子力開発の盲目的・機械的推進を可能にする合理的機械としての原子力村を完成させたとみてよい。東京電力も、一つのコーポレーションとしてケイパビリティの欠如（c_τ）に服しているはずである。しかし東京電力は、原子力村が原子力開発の合理化に成功するにつれて、成功症候群にとらわれ自己満足に陥ってしまい、学習することを忘却したのだろう。そして原子力村の頂点に君臨し、外部からケイパビリティの吸収を必要とせずにすませる吸収阻害能力を身につけたのだろう。原子力推進文化を共有する原子力村では、東京電力以外のコーポレーションも吸収阻害能力を身につけ、原子力村全体としてそれが発達することになったのだろう。原子力村は、原子力発電にかんして安全インフレとでもいうべき過剰な社会的安全性に特徴づけられた体裁の世界をもたらし、これを物理的安全性の空虚に特徴づけられた真実の世界から分離させた。体裁の世界は、原発安全神話によって描かれるような虚構にすぎないものの、原子力村の真摯な努力によってやがて真実の世界を凌駕することとなった。原子力村は、原子力開発にとって有利となる過剰な法・規制に守られながら、国策としての原子力開発を正当化し、やがてこれを合理的に推進するシステムとなった。

　しかし原子力発電所でおきた問題は、原子力村にとっては、経済損失をもたらす運転停止につながるため表面化を回避したいもの、社会にとっては、運転停止してでも徹底的に解明すべきもの、といった具合に正反対の意味をもつ。この点で、原子力村、社会はそれぞれ異なる価値を有するとみなされよう。したがって原子力村では、社会常識とは対照的に、原子力発電所がみせかけの安全性を高め、社会の人々が安全だと思うように仕向けるという社会的安全性の向上に注力し、原子力発電所が実質的に安全であるという物理的安全性の軽視・忘却を促進するための知識、スキル、経験といったものが、価値のあるケイパビリティとみなされてきたようである。そうした吸収阻害能力は、いわば原子力村の強大な権力によって、電力会社をはじめとするメンバーのケイパビリティの欠如が、逆に環境特殊的なケイパビリティになりうるという奇妙な転倒現象を反映していよう。

第三に、体裁の世界への社会の幽閉である。社会は、原子力村のメンバーが喧伝する表層的な社会的安全性を実質的な物理的安全性と取り違え、原子力発電は安全だと信じて疑わないことにより、体裁の世界へと幽閉されたようである。こうした世界幽閉によって、社会の人々は、本来であれば原子力発電にかんする公的論議に配分すべき認知資源を節約することができ、他の経済活動に注力できたという一面があったのも事実だろう。とくに、原子力開発に疑いの目が向けられ、その推進が妨げられることで安定的な事業機会が失われるという事態を回避できただけでなく、確立した仕組の下で組織利益の実現に向けた従業員の努力配分をいっそう確実にすることができたという意味で、原子力村の大会社のトップ・マネジメントにとっても便益があったといえよう。

だが、発言というメカニズムを行使することで原子力村にたいする規律づけを企てようとするだけでなく、時として原子力開発の推進を妨げかねない社会を、首尾よく体裁の世界のなかに閉じ込めたことにより、原子力発電にかかわっている電力会社、さらには原子力村にたいするガバナンスの真空がもたらされたようである。さらにいえば、原子力村に埋め込まれた政府の一部にせよ、マスメディアの一部にせよ、原子力発電についての詳細な情報を、世界幽閉の対象である社会にたいして適時かつ適切な仕方で供給するインセンティブを希薄化してしまったようである。社会は、現状維持に有利な一定の枠にはめられた限定的な情報をえるにすぎなくなった。三月一一日以降、国際社会から日本にたいして批判が向けられたのは、まさにそうした不適切な情報提供の仕方だったことをあらためて想起しておく必要がある。だがそれは、日本に限られた問題ではなく、世界の問題でもありうる。

第四に、原子力発電にかかわる物理限界に加え、地震・津波などの自然災害をも人間の力で制御することは、会社（東京電力）、ビジネス・エコシステム（原子力村と社会）の多様なケイパビリティの集合はもとより、日本、世界に分散している広範なケイパビリティを動員したところで、現時点では不可能だといわざるをえない。個々の主体のケイパビリティは多様だとしても、すべての状況に適用できるケイパビリティを欠くのであって、この世界に実際に存在するケイパビリティの集合（C）を動員しても、あるいは理論的に想定しうる完全なケイパビリティの集合（C）を適用したとしても、人間の能力をはるかに上回る物理限界にかかわる事故災害と自然災害のいずれをも制御することはできないだろう。それでもなお、高い地震リスクのある危機的状況において、古いシステムのままの原発再稼働などの形で原子力発電を死守しようというのであれば、それはナイーブな科学信仰・技術崇拝にもとづく人間の傲慢の表れでしかない。物理限界をもつ福島第一原発を襲った地震・津波といった自然災害はもとより、複数の原子炉に及ぶ原発事故は、人類にとって新奇的とみなされる要素であり、福島原発危機それ自体が制御不可能性をもつとみなされよう。

そして第五に、東京電力・原子力村による自己埋め込み、原子力村による真実の世界と体裁の世界の分離、そして体裁の世界への社会の幽閉が確認されるという意味で、日本の資本主義は過剰制度化のわなに陥っていよう。原子力村からすれば、原子力開発の盲目的・機械的推進を維持するうえで、自らも体裁の世界への自己埋め込みに服さざるをえなかったというわなである。さらに日本の資本主義についていえば、原子力村のケイパビリティの欠如が、原子力推進文化と整合的な法・規制（たとえば、原賠法、エネルギー政策基本法など）、原発安全神話、政治・マスメディア・研究機関の埋め込みなどの過剰制度化によって補填されているにすぎず、物理的安全性が実質を欠いた世界が実現し、変化に向けたフレキシビリティが失われるというわなに陥っている。その意味で、過剰制度化はある種の制度の失敗とみなされる。過剰制度化のわなに陥った世界では、そこに幽閉された社会、その幽閉を試みた原子力村、双方ともにケイパビリティの欠如という制約に服している。つまり、この世界は共有無知によって特徴づけられる。こうした日本の資本主義は、原子力推進文化という価値に支えられた原子力社会主義に制約され、電力産業が市場競争からほぼ隔離されている。こうして原子力開発は、徹底的に合理化されてはいるものの、競争によるガバナンスに服することはない。ただし、この点については次章で敷衍するとしよう。

以下、これまでの検討をふまえ、福島原発危機の原因についての仮説をケイパビリティ論の観点から記そう。実際、共有無知の世界においては、原子力発電の専門家であるはずの原子力村も、いくら東大話法にもとづいて詭弁を弄したところで、ケイパビリティの欠如という点では、社会と同じ穴のムジナにすぎない。原子力村は、原子力発電所の物理的安全性を確保するうえで、ケイパビリティの欠如という制約から逃れられなかった。そのため、規模の大小にかかわらず、これまで頻繁に原発事故をおこしてきた。だが原発事故は、経済損失をもたらす稼働停止につながりうるため、そして原子力村の究極的な目的である原子力開発の盲目的・機械的推進を妨げかねない。そこで、すばやく社会の不安を解消するためにも、何食わぬ顔で原発再稼働に突進することで力強さを誇示する必要があった。それればかりか、原発事故の詳細な情報を慎重にコントロールしながら、より安全に聞こえる原発安全神話を練り上げる必要もあった。時間の経過のなかで、原子力村は、社会の無知を維持すべく社会的安全性の過剰生産に取り組み、吸収阻害能力の開発・蓄積に努力しなければならなかった。つまり、原子力開発を推進する主体であるはずの原子力村はそれを死守したいがために、社会の客体とならざるをえないという自己埋め込みに服した。

しかし原子力村は、国策の名の下で法・規制の力をえながら、さまざまなメンバーを原子力推進文化に埋め込んでいくことで、原子力開発の合理化の面で成功を遂げた。だが、その成功ゆえに成功症候群にとらわれ自己満足に陥り、学習をせずにすませる吸収阻害能力を身につけた。さらに原子力村は、原子力発電にかんして社会的技術の過剰に特徴づけられた体裁の世界をもたらし、これを物理的技術の空虚に特徴づけられた真実の世界から分離させた。だが、原子力開発の盲目的・機械的推進を維持するうえで、社会を体裁の世界に幽閉するのにとどまらず、自らもその世界に自己埋め込みすることになってしまった。それは、原子力村のケイパビリティの欠如が過剰制度化によって補われた世界である。結局それは、原子力村、社会からなるビジネス・エコシステムがケイパビリティを欠如した共有無知の世界とみなされる。

このように共有無知の世界で稼働していた福島第一原発で未曾有の自然災害が発生したことにより、福島原発危機はもたらされたのではないか。フクシマは、すでにはじまっていたという意味で、共有無知の一事例とみなすべきなのである。問題は、過剰制度化のわなに陥った日本の資本主義が、過去の成功体験をもとにした一連の制度に拘束され、環境変化に適応できないという点にある。とくに、陳腐化した旧来の仕組――とりわけ原子力社会主義――による資本主義の呪縛が、これまで日本を悩ませてきた閉塞感の主な要因であるようにみえる。つまり、時代の変化のなかで何の秩序かを問うこともなく、ただ闇雲に秩序の維持にたいして過剰な資源を向けていることが、日本の問題なのである。以上が、ケイパビリティ論にもとづく仮説である。

本書では、日本の資本主義発展史・電力産業史のなかに原子力村の生成・発展を位置づけながら、なぜ福島原発危機は生じたのかという問題を、とりわけ社会科学の観点から解明するという目的を掲げた。したがって、主に福島原発危機そのものに焦点をあてた追加的ソースよりも長期的な変化、広範な分野を扱った。そこで福島原発危機については、以上に記した一般的なケイパビリティ論的解釈のほかに、歴史的解釈をも試みた。時間の経過をたどりつつ福島原発危機の起源をさぐるという歴史的解釈は、日本で原子力開発が起動し、進展するにいたった理由に加え、福島県に原子力発電所が建設されるにいたった理由をも解明するものでなければならない。というのも、「もし日本で原子力開発が行われなかったら」「もし福島県に原子力発電所が建設されなかったら」という可能世界では、そもそも福島原発危機はおきなかったと考えられるからである。

そこで以下では、第2章で詳しく論じた日本と福島県の原子力開発史を要約しておこう。一九五〇年代、ソ連を中心とした共産主義勢力の台頭にともない、アメリカが対日方針を転換させた。とくに、一九五一年のサンフランシスコ講和条約調印によって、日本にたいする核エネルギー開発を容認したのを皮切りに、一九五三年にはアイゼンハワー大統領の「平和のための原子力」演説で、原子力開発に向けた国際的な流れ、原子力専門組織としてのＩＡＥＡ設立に向けた動きがつくられた。他方で国内において、一九五二年には、政府による原子力研究を目的とした科学技術庁設立案の提示、電力産業の業界団体である電事連の設立、そして原子力発電所の設置計画を国策として正当化する電源開発調整審議会の設置がなされた。一九五四年には、中曾根康弘を中心として立案された原子力研究予算が国会で承認され、政治によって原子力開発が主導されることとなった。

そして一九五五年、原子力平和利用を公約の一つに掲げた正力松太郎が政界入りをはたした。実はこの年は、アメリカとの原子力開発の協力関係を促進した日米原子力協定の締結、そして原子力開発の基本的枠組を構築するための原子力三法の立法化が実現したという点で、日本の原子力開発にとってきわめて重要な意味をもっていた。さらに一九五六年には、原子力委員会が設置され、正力委員長の下でアメリカ依存型の急速な原子力開発がすすめられた。しかし彼は、原子力開発の支援、動力炉の購入にかんしてアメリカとの交渉が決裂したため、イギリスに原子力産業使節団を送り、コールダーホール型原子炉の導入を急ぐこととなった。さらに一九六五年、原子力政策の審議を行う総合エネルギー調査会が設置された。

共産主義勢力の台頭に直面したアメリカの外交政策の変化を背景として、その国の少なからぬ影響をうけた正力、中曾根といった政治的企業家は、日本における原子力開発のプロセスで重要な役割をはたした。アメリカによる原子力平和利用の方針は、イデオロギー対立図式を反映していたが、日本では経済発展、戦後復興のための起爆剤として、さらには権力、利益を獲得するための政治的道具として政治家、官僚だけでなく、火力、水力より効率性の高い新電源を開発したい、と願う財界人にも少なからぬ熱狂をもってうけいれられた。この点に目をつけ、原子力開発の推進を円滑化すべく立法化に取り組んだのが田中角栄だった。さらに彼は、首相として一九七四年、原子力発電のための電源立地を促進させることになった電源三法を制定した。さらに無謀にも、エネルギー供給源の多角化をつうじてアメリカのパワーを相対化しようとも企てた。

次に、ビジョナリーについてみてみよう。地域独占、発送配電一体の源泉はいずれも、松永安左ヱ門が一九二八年に発表した「電力統制私見」という電力産業のビジョンに求められる。そもそも彼は、独占利潤を収奪するためではなく、あくまでも過当競争を回避し、適正水準での電力供給、電気価格の低減を実現するために、全国九地域に存在する発送配電一体の電力会社が各地域を独占すべきだ、と主張していた。電力戦で疲弊した当時の電力業界は、穏当な利潤を安定的に獲得すべく政府規制をうけいれることに同意し、一九三二年の改正電気事業法の施行につながった。

さらに戦後、松永は一九四九年に設置された電気事業再編成委員会を実質的に統率した。そこでも、従来からのビジョンにもとづいた電気事業再編成案を主張し、彼以外の委員全員の意見との相違にもかかわらず、自説の正当性にかんしてGHQをはじめとした関係組織、関係者の説得に奔走した。その案には、水力発電所を念頭において給電地帯以外での電源保有を認めるという爪揚げ地帯方式も含まれた。その結果、一九五〇年の電気事業再編成令、公益事業令の公布にいたった。ただし、民営九電力体制についていえば、それが法認されたのは一九六四年の電気事業法によってであった。より厳密には、アメリカ占領下で設立された琉球電力公社を前身とする沖縄電力が一九八八年一〇月に民営化されたことを機に、現在の日本の地域独占体制は完成をみたといえよう(229)。

松永が戦前の一九二八年に提示したビジョンは、電力会社が競争を回避できるよう、発送配電一体、地域独占を認めさせることを意図したものだった。つまり、今日の日本の電力産業を支える三種の神器の二つは、松永のビジョンに由来する。さらに彼は、戦後になっても電力産業の制度的基礎の確立に寄与し、戦後の一九五〇年に爪揚げ地帯方式を成立させるにいたった。それにより彼の意図とは別に、原子力発電所を地方に建設することが可能になった。

他方、電力産業の三種の神器の残り一つである総括原価主義の起源は、一九三三年に求められる。当初、政府が適正利潤の大きさを規制し、総括原価の回収が見込まれるよう電気料金を設定する費用積上方式が電気料金認可基準として採用された。だが、電力需要の大幅な増大にともない電源の急速な開発が求められるようになったため、電力会社にたいして弱いインセンティブしか提供しえない費用積上方式の限界が露呈した。そこで、一九六〇年にレートベース方式の採用が決められ、電気料金の算定基準に関する省令が発せされた。この方式の下では、原子力発電所の建設前には加工中核燃料、建設中には建設中資産がレートベースとして、そして収益につながらない投資案件が特定投資としてそれぞれ認められ、電力会社には原子力発電所の新設を推進するインセンティブが与えられた。

そして凧揚げ地帯方式は、給電地帯である中央から離れた地方に原子力発電所を建設するインセンティブを電力会社に与えてきた。これがなければ、福島県に原子力発電所を建設できなかった。しかし佐藤善一郎知事の誕生を機に、彼が知事として地方政治に携わる一方、木村守江が参議院議員として中央政治に携わる形で、福島県出身という共通属性をもとに彼らのあいだには中央・地方協力体制が生成した。さらにその下で、同郷の木川田一隆を取り込んで地域開発のための原子力発電所誘致が組織的に行われた。彼らのような境界コーディネーターは、中央の原子力村と地方の地域共同体の利害をコーディネートする役割をはたし、時間をつうじて衆議院議員の渡部恒三などの主体を新たに取り込んでいきながら、経時的に原子力開発を推進してきた。こうして、福島県に原子力発電所は建設された。

そして木村は、参議院議員をつとめた後の衆議院議員時代に地元有権者からの陳情をうけた際、双葉郡の土地の有効活用として原子力発電所誘致を思い描く一方、双葉郡に広大な土地を有していた堤康次郎との人間関係をつうじて、彼から土地を取得する準備をすすめた。当時、地域住民のあいだで原子力についての明確なイメージが確立していなかったことも、反原発運動が生じることなく双葉郡での土地取得を円滑にすすめられた一つの要因とみなされる。かくして福島県のなかでも、大規模な土地取得が可能だった双葉郡が原発立地として選択された。

次に、東京電力の戦略変化に立ち戻ろう。木川田は、東京電力による原子力発電所の開発という戦略的意思決定を実行した。当初は、日本の電力産業の制度的基礎を確立した松永の民間主導論を支持し、高速増殖炉による核燃料サイクルの確立を究極的な理想として掲げていた。そして、原子力発電の主導権を国家に掌握されぬよう先取的にその導入・開発に取り組んだ。しかし第一次石油ショックは、木川田をはじめトップ・マネジメントによるエネルギー資源の海外依存にたいする危惧をもたらし、とくに原子力発電において官民協調への志向性を高めさせることになったと考えられる。

石油ショック後の脱石油化にともなう原子力開発の必要性、エネルギー問題の政治化、そして東京電力内外での原発事故による原子力発電への逆風といった一連の環境変化が生じた。とくに一九七三年の第一次石油ショックを機に、総合エネルギー政策が国策とみなされ、原子力発電の地位が大幅に上昇した。こうした環境変化に適応すべく、国のお墨付きをもらい官僚と私企業の連結を望ましいものとみなす官民協調論の実践へと舵をきったのは、平岩外四だった。彼が一九九〇年に経団連会長となり、財界の頂点で強大な権力を手に入れた後、政府と電力産業は急速に距離を狭め一体化した。そして、他の主体をも埋め込みながら、原子力開発の盲目的・機械的推進のための合理的なシステムとして原子力村が形成された。電力が財界を支配するようになったのは、平岩時代の戦略的成果とみなされよう。

本書では、福島原発危機の歴史的起源にかかわる問題――なぜ日本で原子力開発が進展したのか、そしてなぜ福島に原子力発電所が建設されたのか（第2章）を扱った。こうした問題についての考察

表3.3　福島原発危機の歴史的解釈

日本における電力産業の制度的特徴の確立

⟶松永安左ヱ門「電力統制私見」発表における地域独占、発送配電一体の主張（1928年）

・競争の回避と適切な電力供給のため、全国9地域の地域独占、発送配電一体を特徴とする電力会社の実現。

⟶電気委員会による電気料金認可基準として総括原価主義の採用（1933年）

・政府が適正利潤を規制する費用積上方式を採用したが、1960年にレートベース方式へと転換。

⟶ポツダム政令による胍揚げ地帯方式の認可（1950年）

・給電地帯以外の地方に電源を保有することを可能にする胍揚げ地帯方式という松永案の実現。

⟶電事連の設立（1952年）

・電力産業の業界団体として原子力開発に貢献。

日本における原子力開発の起動

⟶共産主義勢力の台頭にともなうアメリカの対日方針転換

・核エネルギー開発を可能にしたサンフランシスコ講和条約調印（1951年）、原子力平和利用の国際的な流れとIAEA設立の契機となったアイゼンハワー大統領の「平和のための原子力」演説（1953年）、アメリカとの原子力開発の協力を促進した日米原子力協定の締結（1955年）、など。

⟶政治的企業家の出現

・自己利益追求の道具として原子力開発を活用した正力松太郎、中曾根康弘、田中角栄などの政治的企業家の出現。

日本における原子力開発の合理化

⟶原子力開発にかかわる一連の制度

・原子力発電所の設置計画を国策として正当化する電源開発調整審議会の設置（1952年）、日本の原子力開発の基本的枠組の構築のための原子力三法の立法化（1955年）、急速な原子力開発を可能にした原子力委員会の設置（1956年）、原子力開発の中核的な国家政策である長計の策定（1956年）、原賠法の制定（1961年）、原子力政策の審議を行う総合エネルギー調査会の設置（1965年）、電源立地の促進を実現するための電源三法の制定（1974年）、東京電力の平岩外四による経団連会長就任を契機とした電力の財界支配（1990年）、など。

福島県双葉郡における原子力発電所の立地選択

⟶福島県出身という属性を共有した人的ネットワークの生成

・福島県知事の佐藤善一郎、参議院議員の木村守江、東京電力の木川田一隆といった福島県出身者が境界コーディネーターとして地域開発のために原子力発電所を誘致した。

⟶双葉郡における原子力発電所の建設に向けた巨大な製塩場跡地の確保

・双葉郡には堤康次郎が所有する巨大な製塩場跡地があり、これを原子力発電所の建設地として活用するうえで、堤と木村とのあいだにやり取りがあった。

は、表3・3のように簡潔にまとめられる。その歴史的解釈は、図3・6の下部に示したターゲットの因果モデルにもとづく推論、すなわち一般的なケイパビリティ論的解釈とは違い、変数間の関係にもとづくやや一般性の高い抽象的な説明ではなく、長期的な進化プロセスの観察にもとづく歴史的文脈に根ざした具体的説明を志向する(230)。

本章での一般的説明によれば、福島原発危機は、日本の福島県にある原子力発電所での地震・津波という制御不能な自然災害といった新奇的状況、原子力村の吸収阻害能力、そして社会のケイパビリティの欠如が結合することにより生じた制御不能な事故災害である。その結果、過剰制度化のわなに陥っている日本の資本主義の姿が浮き彫りになった。他方、歴史的説明によれば、日本の電力産業の制度的特徴の確立、アメリカの対日政策変更を契機とした政治的企業家を中心とした原子力開発の起動・合理化、そして福島県出身の政治家と東京電力の経営者（境界コーディネーター）による双葉郡での原子力発電所の立地選択といった一連の条件がそろうことで、日本の原子力開発と福島県での原子力発電所の建設が実現したと考えられる。つまり、日本の資本主義発展史・電力産業史のなかで、これらの条件のうちどれかを欠いたとすれば、福島原発危機はおこりえなかっただろう。次章では、過剰制度化のわなに陥った日本の資本主義が抱える問題点を論じることにしよう。

第4章　日本の資本主義とビジネス・エコシステム・ガバナンス

1　みえる手は消えていない――電力産業の社会主義的性格の再検討

以下では、第2章第2節でも扱った日本の電力産業の三つの社会主義的性格について再検討を試みよう。というのも、これらの制度的特徴は、フクシマという劇的な環境変化を経験した後のポスト3・11時代において、電力会社の持続可能性、日本の持続可能性、さらには地球の持続可能性すらも損なう可能性があると考えられるからである。原子力開発の盲目的・機械的推進を実現したという意味で合理的な原子力推進システムとなった原子力村は、その成功ゆえに日本の資本主義にたいして強大な影響力をもち、競合の新規参入、他の代替的なビジネス・モデルの実験すらも許さないほどの難攻不落性を獲得したようにみえる。しかし、成功体験を謳歌していた平時の安定的状況が未曾有の自然災害によって突如として有事の危機的状況へと一変したとき、前述の一連の持続可能性は危機にさらされてしまったようである。

日本の電力産業の社会主義的性格の再検討をはじめる前に、まず持続可能性について論じておこう。実は、これまで本書では持続可能性にかんして明確な定義を与えることなく、幾分フォーマルではない仕方でこの言葉を用いてきた。元々、持続可能性については、国際連合のWCED（環境と開発に関する世界委員会）が一九八七年一二月に提示した報告書のなかで論じられた。そこでは、持続可能な開発に焦点があてられており、この点について「将来の世代がニーズを満たす能力を損なうことなく、現在のニーズを満たす[1]」開発という定義が与えられた。

しかしクリストス・ピテリスは、この定義が広すぎることを指摘したうえで、企業レベル、国レベル、地球レベルでの価値創造という観点から持続可能性をとらえなおす[2]。そして、持続可能性の実現のために各レベルのガバナンスからなるヒエラルキー、すなわちエージェンシー関係のヒエラルキーに対処する必要があると論じる。つまり、各レベルの目的を全体として整合化し、低位のレベルの価値獲得が高位のレベルの価値創造を妨げないようにするような制度設計を問題にする。

後に私は、ピテリスのこうした見解をふまえ、持続可能性を局所的なものから大局的なものへと階層的にとらえ、これらの全体的な整合化を実現するための一つのガバナンスの可能性を示すつもりである。まず、企業が競合にたいして競争優位を持続するというミクロ的な持続可能性を局所的なタイプとみなす。だが、さらに国の持続可能性を実現するには、問題解決に向けてより広域の探索が必要になるし、さらに地球の持続可能性の実現ともなれば、それよりもさらに広域の探索が求められよう。こうした意味で、下位のシステムである企業の持続可能性である局所的持続可能性、そしてそれより高位のシステムである国や地球などの持続可能性を大局的持続可能性とそれぞれ呼ぼう。

それでは、日本の電力産業の社会主義的性格の再検討にうつろう。第一に、国策としての原子力開発の推進を可能にする体制、すなわち原子力社会主義である[3]。戦後日本では、基本的に原子力委員会、総合エネルギー調査会、電源開発調整審議会[4]が原子力開発を国家計画として策定し、これらにもとづき所管官庁は、いわば強権的な行政指導を実現できたといわれる。こうした体制の下、原子力発電所の建設すらも国家計画の一部とみなされ、とくに石油ショック後、官民協調をつうじてこれを推進してきた一方、社会にはそうした国策への理解・合意が「一方的」に求められてきた。そして原子力村のメンバーは、それぞれが携わっているプロジェクトを原子力委員会の長計に反映させることで、当該プロジェクトが国策として正当性を与えられるよう注力してきた。しかし二〇〇一年以降、長計は原子力政策大綱と改称され、二〇〇二年のエネルギー政策基本法の制定にともない、経済産業省のエネルギー基本計画は、その全文が閣議決定の対象となるので、原子力開発の国家計画という点で原子力政策大綱と同等以上の権威を獲得するにいたった。

他方、法による正当化という点でいえば、原子力災害特別措置法(5)にもふれておく必要がある。この法律は、日本において一九九九年九月にJCOの東海事業所で原子力事故がおきたことを機に、一九九九年一二月に施行された。首相はこの法律の下、原子力緊急事態宣言を出した場合には自分にすべての意思決定権を集中できるようになり、政府をはじめ地方自治体、原子力発電事業者を集権的に指揮し、原子力災害の拡大防止、地域住民の避難などにかんして重大な決定を下すことが可能になった。しかし福島原発危機にかんしていえば、この法律のせいで、首相（ひいては政府）の権限が過剰に強化されたために、情報提供の仕方が恣意的になった可能性は否定できない。

いずれにせよ、閣議決定、法令制定といったプロセスを利用して原子力開発が国策として正当化され、東京電力などの電力会社（原子力発電事業者）を取り込みながら、その盲目的・機械的推進が可能になったことに間違いはない。そして、国策の化身となったさまざまなコーポレーション、諸個人は、日本という国そのものと一体化したという錯覚を抱くようになった。そして他方、国策である原子力発電についての専門知識をもたないうえ、国と一体化する機会すらもたない社会を、原発安全神話に象徴される体裁の世界に幽閉しようとしたのではないだろうか。その結果、組織のレベルにおいて、社会常識ではにわかに信じがたい吸収阻害能力——個人レベルでは、たとえば不誠実かつ傲慢な東大話法[6]——を、価値あるケイパビリティとみなすような原子力推進文化を日本に蔓延させ、官民問わず「想定外」というレトリックを重ねていくうち、今回の福島原発危機にたどりついてしまったのではないだろうか。長期的にみればフクシマは、国策としての原子力開発の推進が成功しすぎた——原子力開発の盲目的・機械的推進がうまく達成された——がゆえの失敗であり、その火種は、プレ3・11時代からすでに燻っていたといえよう。

第二に、日本の電力産業の制度的基礎の前近代性である。すなわち、第3章の**表3・3**の最上段に示された条件をみればわかるように、日本の電力産業の三種の神器とでもいうべき地域独占、発送配電一体、総括原価主義といった制度的特徴は、それぞれの歴史的起源を戦前にもつ。とくに最初の二つの要素は、電力戦と呼ばれた過当競争に疲弊した電力会社を競争から保護し、適正な利潤の確保と電力の安定供給を実現することを目的に、松永安左ヱ門が戦前期に描いたビジョンに由来する。さらに、彼の電力産業にたいする影響力は、東京電力が関東一円に電気を供給するために福島県と新潟県に原子力発電所の建設を可能にした凧揚げ地帯方式の採用という点でも発揮された。くり返しておくが、当時、彼が凧揚げ地帯方式を主張した意図は、給電地帯以外の地方で水力発電所の建設をすすめる点にあったことを忘れてはならない。しかも、さらに掘り下げていえば、松永自身、原子力開発にたいしてどのような見解を抱いていたのだろうか。松永は、以下のように述べた。

最近では原子力エネルギーは、経済的にも石炭、経済的にも石炭、石油にとって代わることが明らかとなり、わが国でも漸く本格的な原子力発電の時代を迎えようとしている。しかし、長い眼でみれば、人類の原子力利用はまだその緒についたばかりである。…原子力エネルギーの…利用度をさらに現在の十倍、百倍にまで高めるには、増殖炉の開発を目標とする今後の努力にまつばかりである。…わが国も、この人類の大目的のために、大いに協力し、努力をつくさねばならない。[7]

すなわち松永は、世界のトレンドに配慮しながら、基本的には原子力開発にたいして積極的な姿勢を示しているようにみえる。しかし、彼が委員長をつとめていた産業計画会議が一九五六年一二月に発表した「原子力導入とその問題点について」では、以下の二つの指摘がなされた。第一に、長期的に原子力が必要になるからといって、短期的なニーズがないにもかかわらず、経済性を無視して原子炉の導入を実施すれば、短期的にも、長期的にも、あやまちをおかすことになりかねない。第二に、十分な計画にもとづき、最大の経済性の下に原子力産業を確立すべきで、そのためには技術水準の向上に重点をおくべきである。[8] こうした指摘は、松永が直接述べたものではなく、あくまで彼が統率していた組織によるものである。しかしそこには、原子力開発の条件として、最大の経済性の実現、技術水準の向上という二つが明記されていることに注目すべきである。かくして、松永と彼の息のかかった組織は、原子力開発を世界のトレンドとして容認するとしても、これらの二つの条件を満たせない限り、原子力発電を導入すべきではない、と考えていたのではなかろうか。

こうした指摘がなされる前の一九五〇年代初期から、日本では原子力開発に向けてあわただしい動きが生じていた。とくに一九五五年は、原子力開発を国策として正当化するのに寄与した原子力三法が国会に提出されたという意味でも、日本の原子力開発にとって記念碑的な年となった。その一年後、日本が原子力開発を加速させていくなかで産業計画会議が提言を発表することで、原子力開発のあるべき姿を示そうとしたのだろう。そこで、最大の経済性の実現、技術水準の向上という二つの条件について検討しよう。

第一に、当時の軽水炉による原子力発電の発電原価は、キロワット時あたり二・七円から四・七円とされ、新型の火力発電のそれがキロワット時あたり二・五円から二・七円だったことを考えると、かなり割高とみなすことができた(9)。またより最近になって、大島堅一が一九七〇年から二〇一〇年を対象に発電原価を試算したところ、発電に直接要する費用だけでなく、研究開発や立地対策などの費用をも加えると、最も安価な一般水力三・九一円、火力九・九一円、揚水五三・〇七円にたいして、原子力は一〇・二五円となった(単位は、キロワット時あたり円)(10)。さらに原子力事故のリスクに加え、核燃料の使用後の使用済核燃料の処分・処理費用(バックエンド費用)、そして原子力発電にとって補完的な技術である揚水発電の費用などを算入すると、原子力発電の経済性はより疑わしいものになってしまう。だが一般的には、原子力発電はコスト面で経済的だと信じられてきた。主にそれは、原子力村が発表してきたデータの不適切な算出方法によるという。つまり、そのデータの算出にあたって、モデルプラントを想定した標準的な方法が用いられているものの、原子力発電所の耐用年数や設備利用率などの非現実的な仮定が設けられているという。そのため、原子力村が発表してきた原子力発電の発電原価は、必要以上に低く見積もられてしまう(11)。かくして、原子力開発の開始当時から今日まで、原子力発電の最大の経済性が実現していたかどうかは疑わしい。

さらに原子力発電の経済性については、電力産業に代表される公益事業規制研究の権威であるポール・ジョスコウもより広い視点から述べている。

新規の原子力発電所の総ライフサイクル費用（ＴＬＣＣ《運転から廃炉までのライフサイクルでかかる費用とその間に環境に与える負荷の和》）について、過去数年のうちにいくつかの研究が行われてきた。ここでの議論は、ＭＩＴ（二〇〇三）の“Future of Nuclear Power”（「原子力の将来」）、ＩＥＡ（国際エネルギー機関）の*2006 World Energy Outlook*（二〇〇六）［『二〇〇六年度世界エネルギー展望』］、そして最近のＥＩＡ（エネルギー情報局）の*Annual Energy Outlook*（二〇〇七）［『年次エネルギー展望』］といった研究成果に依拠する。これらは、本質的に同じ結論に到達している。すなわち、化石燃料を用いた発電による二酸化炭素排出にたいして何の課徴金も課さず、そして新規の原子力発電所にたいして特別の補助金を一切与えないとすれば、新規の原子力発電所に投資したところで、それは同規模の微粉炭燃料方式による石炭火力発電所に比肩しうるものではない。(12)

すなわち原子力発電は、現在主流の石炭火力発電と比較しても発電原価は高く、経済性の面で劣っており、この事実は、世界の常識になっているということである。原子力発電は安価で経済的という日本の常識は、世界の非常識でしかなかったということなのだろうか。

第二に、技術水準の向上という観点からすれば、第3章第4節で述べたように、ＢＷＲにせよ、原子力機器規格にせよ、アメリカからの輸入に依存したものだった。しかも、諸外国からのケイパビリティ移転を円滑化すべく、外国メーカーにとって有利な形で原賠法が制定された。さらに日本の原子力黎明期において、大蔵省は軽水炉にたいする研究開発予算の計上をおさえ、原子力開発にたいして慎重な姿勢を保持してきたようにみえる。原子力発電所の建設に必要な部品・サブシステムについて、個々のメーカー——たとえば、原子炉圧力容器で世界の市場シェアの八〇％近くを占める日本製鋼所など——はすぐれたケイパビリティをもつとしても、原子力発電所の建設に必要なケイパビリティをすべてもつわけではない。つまり、どんなにすぐれた会社でもケイパビリティの欠如という制約に服さざるをえない。飯田哲也が述べるように、「日本の原子力御三家である東芝、日立、三菱重工といった大企業でさえ、今日に至るまで原子炉の基本設計パッケージをつくることができなかった」(13)。たとえば東芝は、すぐれた家電メーカーとして知られてきた日本を代表する大会社である。だが、その東芝でさえ重電部門への比重が高まるにつれ、自社のケイパビリティの限界・弱みが目立つようになった(14)。というのも、原子力発電所の建設に必要な部品・サブシステムにかんして、自社で内製できるのは蒸気タービンなどに限られ、その多くをＩＨＩへのアウトソーシングに依存しなければならなかったばかりか、生産能力の面でも限界があったため、韓国の斗山重工に依存せざるをえなかったからである(15)。

日本の原子力産業は、総じてアウトソーシングに依存して発達を遂げてきたようである。そもそも、地震リスクの小さいイギリス、アメリカなどからのケイビリティ移転から出発したため、後に地震など日本特有の条件にあわせて技術を加味していくのに苦難を強いられた(16)。しかし、そもそもＢＷＲ、ＰＷＲといった軽水炉は、炉心が小さい一方、大きい熱出力を実現するのに出力密度が高いため、炉心の発熱・冷却のバランスが崩れると危険な状態に陥りやすい「綱渡り技術」によって成り立っている(17)。したがって原子炉メーカーは、海外メーカーのケイパビリティにたいする高位のアウトソーシング、そして技術的に不安定な軽水炉にたいして耐震性など新たな属性を加えていく必要性といった要因により、個々の部品・サブシステムがいくらすぐれていても、これらを擦り合わせ、一つの全体的なシステムとして原子力発電所を完成させるのに十分なケイパビリティの開発・蓄積に到達できなかったのではなかろうか。

さらにいえば、原子力発電所の運転をになわなければならなかった電力会社にたいして、その物理的安全性の確保を期待すること自体、そもそも間違っていたのかもしれない。第2章第3節でも論じたように、東京電力は福島第一原発での原子炉の導入にあたってターンキー契約をつうじてGEのケイパビリティに全面的に依存してきた。とくにGEの原子炉は、ハリケーンに備えて非常用ディーゼル発電機を地下に設置するデザインを採用していた。こうしたデザインを踏襲した福島第一原発が約一四メートルの津波により電源を失い、原子炉を冷却できなかったのは想像に難くない[18]。

したがって松永と彼が主導した産業計画会議が原子力開発に求めた二つの条件は、二一世紀をむかえた今日ですら実現されていないようにみえる。いずれにせよ、電力産業の制度的基礎を確立した松永の当初の意図とはかけ離れる形で、原子力産業は発展を遂げてきた。そして日本の電力産業については、二一世紀になっても前近代的な制度が過剰な状態のまま経路依存的に残存しており、市場競争は進展していない。かくして、もし競争的な市場が確立していれば、電力会社に経時的に開発・蓄積されていくはずのケイパビリティは、いまだ不十分な水準にとどまる。つまり日本の電力産業では、市場の厚みが増すことなく薄いままになっている。その反面、電力会社は特定の地域を独占しているため、潜在的な競合による新規参入に悩まされることなく、しかも発送配電一体という制度的特徴を死守することにより独占レントを享受できた。さらに、地域独占も容認されているため本来は不要であるはずの広告費ですら、総括原価主義の下では適正原価として勘案され、電気料金の算定に有利な効果が期待される。かくして電力会社は、競争メカニズムから隔離され、イノベーションによる新しいケイパビリティの開発・蓄積によるシュンペーター・レントというより、旧来から継承してきたルーティンの維持による独占レントの実現に注力するインセンティブをもつ。このことは、電力会社がプログラム持続性バイアスに陥る可能性を示唆する。つまりデビッド・ティースによれば、「プログラム持続性とは、当該プログラムがもつメリットにもとづいて本来維持されるべきはずの資金水準を上回るような過大な資金拠出のことを表し、この傾向は、資源配分プロセスにおける当該プログラムの支持者の存在・影響力に起因する」(19)。

かくして日本の電力会社は、歴史のなかで偶然にも設定されることになった進化経路に条件づけられ、原子力発電所のような大規模投資のみならず、発送配電一体にともなう多様な活動の内部化をも志向しがちとなる。つまり、経営史の有名な用語法を採用すれば(20)、日本の電力産業において、みえる手は消えゆくことなく、いまだにみえ続けているということである。要するに、経営コーディネーション(電力産業)は、市場コーディネーション(競争)によって侵食されずにすんでいる。この点にかんして、経営史家アルフレッド・チャンドラーが産業・企業の歴史的観察をつうじて明らかにしたように、企業は、経営、生産、マーケティングにたいする適切な投資を実行するとともに、統合戦略をつうじた諸活動の内部化により大量生産や多角化に成功すれば、規模・範囲の経済を享受できるようになる(21)。だが、リチャード・ラングロワがいうように、こうしたチャンドラー的企業は、より長期的な資本主義発展史のなかに位置づけるとすれば、ある特定の時代——とくに、一九世紀後半から二〇世紀初期——に生じた一時的なエピソードにすぎず、普遍性をもつ歴史的なトレンドとはみなされないのである。[22] さらに彼は、述べる。

時間の経過にともない、他のすべての条件（市場の範囲も含む）を一定とすれば、新しいケイパビリティの輪郭がいっそう鮮明となり、活動のルーティン化がすすむにつれ、その理解も深化していくので、ケイパビリティは他の主体へと普及しはじめることになろう。…市場が厚みを増していくにつれ、（多数の潜在的によく似た取引が行えるようになるので）資産は取引特殊的ではなくなっていく一方、相対的な最小効率規模は一般的に小さくなっていく傾向がみられるだろう。つまり、最終的に市場は生成する。[23]

しかし日本の電力産業では、このようなラングロワの消えゆく手仮説とは異なり、今のところみえる手は消えていない。

この点に関連して、原子力村の大躍進という日本の電力産業の社会主義的性格について述べておこう。日本の電力産業に消えゆく手仮説が適用できない一つの理由として考えられるのは、被規制者である電力産業が規制者である政府を取り込むことによって、規制を自分たちに有利な形で歪曲させてしまったのではないか、という古典的な規制の虜理論[24]による説明である。とくにチャールズ・ペローが論じるように[25]、原子力発電所が民間の電力会社の手に委ねられている限り、その会社には、有効な規制の実現を妨げるべく政治力を行使するインセンティブが生まれ、結果的に規制の虜につながりうるため、原子力発電の安全性が犠牲になってしまう。

福島第一原発事故を招いた全電源喪失にかんして、規制の虜になった政府の姿が浮き彫りにされた。一九九一年三月、原子力安全委員会の下部組織として「全交流電源喪失事象検討ワーキンググループ」が設置され、専門委員と電力会社から派遣された部外協力者が非公式に会議を開いた。その主題は、長時間の全電源喪失を想定し、その対象を政府の安全設計審査指針に反映するかどうかだった。結果的にこの下部組織は一九九二年一〇月、規制方針の文書作成を業界側に委ねることとなり、電力会社の意向通りに長時間にわたる全電源喪失の危険性をその指針に反映しないことになった。原子力安全委員会は、この件についての業界とのやりとりを隠蔽してきたが、この事実は、国会事故調によって明らかにされた[26]。

概して電力産業以外の他産業では、経済のグローバル化、情報通信革命などの影響をうけて否応なく競争諸力が高まり、イノベーションやコスト削減に向けたたゆまぬ努力を余儀なくされている。にもかかわらず、電力産業——とくに国策とされてきた原子力発電の分野——では、重要な核エネルギーを扱っていることもあって、原子力発電所の内部で行われている物事の詳細を外部から秘匿するインセンティブが働くのだろう。政府としても、とりわけ関係の深い電力産業にたいして、他産業とは違って規制の手をゆるめざるをえなかったのではないだろうか。とくに官民協調の表象としての原子力村の生成は、規制者が被規制者に取り込まれるという政府の失敗を助長したように思われる。この点については、上記の規制の虜の事例だけでなく、原子力開発の所管官庁である経済産業省のなかに、そのガバナンスをになうべき原子力安全・保安院が存在していることからも理解できよう。過剰な法・規制によって緩衝化された原子力発電の分野では、戦前から継承されてきた神聖な制度的遺産が生き長らえることができ、競争をつうじた新しいケイパビリティの開発・蓄積のインセンティブが生成せず、もはや陳腐化したルーティンに依存することが許されてきた。他方、電力会社のトップ・

マネジメントにしてみれば、強大な政治力を駆使して神聖なルーティンを死守するという秩序の維持が経営の至上命題となってきたように思われる。実際にこの点で、原子力村は時間をつうじて大躍進をおさめることができたがゆえに、日本の電力産業には消えゆく手仮説が適用されないのだろう。要するに原子力村は、成功しすぎたということである。

なるほど、無資源国・日本が経済発展のモデルとしてきたアメリカに戦後キャッチアップする過程で、産業の血液である電気を供給してきた電力産業、さらには原子力村を中心とした原子力産業がはたした役割は無視できない。おそらく福島原発危機がおきなければ、それらが成し遂げてきた過去の実績ゆえ、そしてそれらの政治経済的な影響力の大きさゆえ、平時の安定的状況でこれまでうまく機能してきたシステムの変革をはじめ原子力開発の是非などといった議題は、そもそも取り上げられる機会すらなかっただろう。というのも、うまく機能していると信じられている物事をあえて変える者、破壊する者はいないからである。

しかしわれわれは、ポスト3・11時代をむかえ、福島第一原発の収束・廃炉の問題、福島県周辺の人々を苦しめる基本財毀損問題、東北地方を中心とした震災のがれき処理の問題(27)、そして今後のエネルギー政策のあり方など、平時では考えられなかった新奇的な難問に早急かつ慎重に取り組まなければならない。さらに、東海地震、東南海・南海地震、首都直下型地震などいつおきてもおかしくないといわれる地震(28)、それに付随しておこりうる津波に備えておく必要もある。こうした意味で、日本は今まさに危機的状況に直面している。つまり、われわれを取り巻く状況は、平時から有事へと劇的に変わったのである。自然災害のリスクが高まった有事の状況で、もし地震・津波が、日本列島を取り囲むように設置された五四基（福島第一原発で廃炉が決まった一号機から四号機までの四基を含む）

の原子炉のいずれかを襲い、社会のケイパビリティの欠如、原子力村の吸収阻害能力と結びついたとき、今のシステムのままでは、また新たに福島の悲劇を招いてしまうかもしれない。避けるべきこうした悲劇の世界は、想像力によって描くことができよう。

だがあいにく、ポスト3・11時代をむかえた今後、時間の経過とともに、人々が震災直後に感じた危機感、被災地にたいして抱いた関心・感情、そして前述の一連の難問を解決していこうというインセンティブは、あまねく薄れていく。そして、あたかもそれを待っていたかのように、政府は原子力村のメンバーとして国策という名の秩序の維持に取り組もうとしているようにみえた。つまり、いったん稼働停止した原子力発電所にかんして、コンピュータにより基準を超えたシビア・アクシデントや自然災害にたいする耐久性を調べるためのシミュレーション、すなわちストレステストを実施し、その物理的安全性が確保されないにもかかわらず、性急な再稼働を画策してきたようである。少なくとも、国際社会を含め社会の多くの人々からはそうみられてきた(29)。しかも結果的に、原子力発電所に何らかの限界や問題が確認されたとしても、政府は、それらを電力会社に改善させるだけの強制力をもたないのであれば、原子力村のメンバーとして社会的安全性の生産をいまだに続けているだけではないか、と疑われても仕方ない。それが事実だとすれば、政府は残念ながら危機感を欠いており、プレ3・11時代と何も変わっていないといわざるをえない。

だが、あいにくこの点については、政府が二〇一一年五月に発表した「原子力被災者への対応に関する当面の取組方針」における見解をみても明らかだと思われる。すなわち、「六ヶ月から九ヶ月後には、原子炉は冷温停止状態となり、放射性物質の放出が管理され、放射線量が大幅に抑えられることになります。…原子力政策は、資源の乏しい我が国が国策として進めてきたものであり、今回の原子力事故による被災者の皆さんは、いわば国策による被害者です[30]」という見解である。だが注意しなければならないのは、メルトダウンをおこした福島第一原発は、原子炉の冷温停止状態にあると発表されたものの、実際にはいまだ放射性物質の密閉すらできておらず、溶け出した核燃料の所在も不明確のままだという点である。すなわち、普通の意味での冷温停止と、今回、政府、東京電力が「発明」した冷温停止状態とは、根本的には異なる。本来の冷温停止とは、健全に保たれた原子炉に制御棒を入れて核分裂を抑制し、水温が一〇〇度未満で安定的に冷却された状態をさす。政府、東京電力は長らくメルトダウンを認めようとしないまま、原子炉が当面のあいだ安定的に冷やされているという冷温停止状態を模索する道を選択した。ここにも、一種の言葉遊びをつうじて社会的安全性の生産に取り組むという過去の悪癖からぬけきれていない姿が、垣間みえるように思われる。以下では、社会主義的性格をもつ電力産業に支えられてきた日本の資本主義を、制度の失敗という観点からとらえよう。

2　制度の複合的失敗に特徴づけられた日本の資本主義

第3章で論じたように、日本において電力産業に支えられた資本主義が過剰制度化のわなに陥っていることは、ようやくポスト3・11時代になって露呈した。日本は、適切なケイパビリティを欠いた三者、すなわち電力会社、原子力村、社会が未曾有の震災を経験した結果、福島原発危機に直面することになった。制度失敗論[31]からみると、日本の資本主義は、厚みをもたない（薄い）市場、規制の虜となった政府、そしてプログラム持続性バイアスにとらわれた企業といった三重対によって特徴づけ

図4.1　日本における制度の複合的失敗

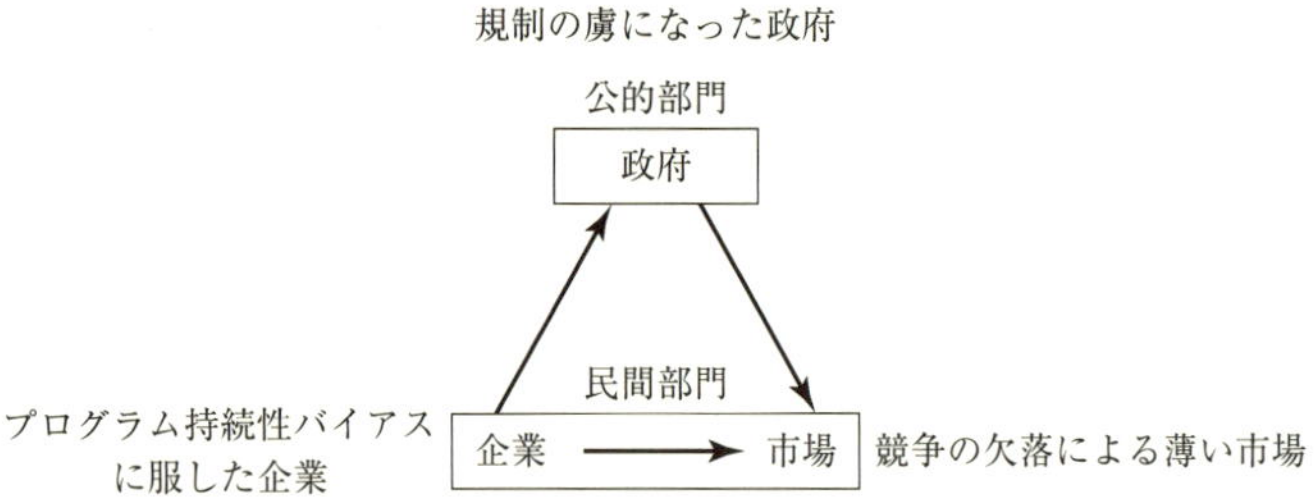

られる。この理論にしたがい、**図4・1**には、失敗した制度へとその解決をになう制度から向かう理念的な三本の矢印が記され、日本の政府・企業・市場の特徴づけが与えられている。つまりピテリスが論じるように、企業は市場の失敗を、政府は企業と市場からなる民間部門の失敗を、そして民間部門は政府の失敗を解決する[32]。

しかし日本の資本主義の下では、厄介なことに制度の複合的失敗が生じており、ピテリスが想定した補完的な制度間の支援をつうじた制度の失敗の解決メカニズムが機能していないようである。つまり、規制の虜になった政府、プログラム持続性バイアスに服した企業（電力会社）、そして競争の欠落による薄い市場（電力産業）といった三重対を解決するようなガバナンス・メカニズムが存在しない。そのため、適切な法・規制の下で多様な企業のあいだで競争が働き、多様なケイパビリティの開発・蓄積に向けたイノベーションの成果として市場の厚みが増していく、といった理念的な図式は成り立ちそうにない。

まず、電力会社が服しているプログラム持続性は、原子力発電というプログラムの支持者——原子力村のメンバー——の存在・影響力によって、そのプログラムが本来もつ価値を上回る水準の過大な投資がもたらされうることを意味する。原子力発電のバリュー・チェーンは、原子力発電所の用地購入・土地整備、原子力発電所の建設、資金調達、原子炉の生産、運転開始の許認可、揚水発電所の建設、安全PR、定期検査などの多様な活動から構成され、そこには、電力会社、銀行、原子炉メーカー、建設会社（ゼネコン）、鉄鋼会社、セメント会社、広告会社、電事連、政府などの多様な主体と莫大な金銭的利害がまきこまれることになる。そこで、原子力平和利用の国際的流れをつくったアイゼンハワー大統領の下で国防長官をつとめたチャールズ・ウィルソンが述べたGMとアメリカの関係についての印象的なフレーズをいい換えれば、「原子力発電にとってよいことは日本にとってもよいことだ」ということになろう。つまり原子力発電は、主要な大会社をまきこむことで国の支配的な地位を占めるまでになった。実際、電力会社が一基数千億円もする原子炉を購入するだけでも、その経済波及効果は計り知れないほど大きなものであって、とくに不況時に電力産業は、設備投資を前倒しするなどして日本経済を高揚するための景気対策に貢献してきた側面も見逃してはならない。政府によるケインズ的な有効需要創出の場面ですら、原子力発電は大きな役割をはたしてきたのだろう。かくして、成功をもたらしてきた原子力発電の支持者が増えるにつれ、プログラム持続性がより強く働くようになると考えられる。

ただし問題は、日本がポスト3・11時代をむかえ、地震・津波のリスクが顕在化したうえ、福島原発危機の収束に向けて取り組んでいる有事の危機的状況におかれているにもかかわらず、原子力発電が平時の安定的状況で達成してきた過去の実績と影響力の大きさゆえに、このプログラムの見直しや変革に向けたイニシアティブを、原子力村のメンバーが先頭に立って発揮することはきわめて難しい、という自縛的状況である。つまり原子力村のメンバーにたいして、プログラム持続性バイアスの解決に向けた内生的変化を期待することは困難である。このことは、民間の電力会社とともに一丸と

図4.2　ミクロとマクロの負の連環

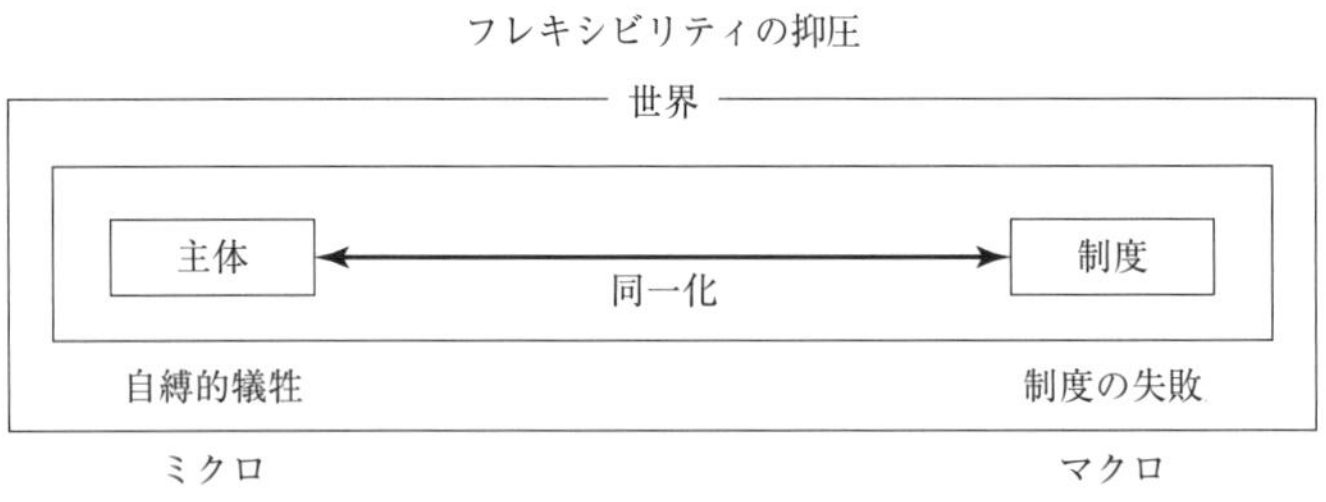

なって、国策民営体制の下で原子力開発をすすめてきた政府にもあてはまる。とくに、過去のあやまちを認めようとしない無謬主義に依拠してきた一部の官僚は、自分たちに福島原発危機の非はない、といまだに強く信じ込む以外に選択肢がないかもしれない。だからこそ、彼らの正当性、力強さ、国としての一貫性を誇示するうえで、エネルギー政策の抜本的な方針転換を意味する脱原発など絶対にありえない選択肢なのだろう。かくして、現在の危機的状況においてすら従来のままの原子力推進の旗印を掲げ、性急な原発再稼働、ひいては原子力開発の盲目的・機械的推進の回復に向けて自縛的に動かざるをえないのかもしれない。

制度は、世界（社会的技術、物理的技術、状況が結合することで創出される高次のシステム）の維持に向けて、個人やコーポレーションなどの主体の資源を奪う――自縛的犠牲を強制する――ことにより、その失敗を慢性化・悪化させうる。さらに、世界を維持するために自己増殖すること（過剰制度化という制度の失敗）によって、世界の内生的変化につながるフレキシビリティを抑圧しうる。**図4・2**に示されているように、こうしたミクロ（主体）とマクロ（制度）のあいだの負の連環は、日本の資本主義を特徴づけるもので、要約的に原子力開発に映し出されていよう。変化の動因を失い、現状維持に身を委ねるマクロは、ミクロの自縛的犠牲に支えられる。他方、マクロの存続に資する価値を忖度するミクロは、マクロと同一化する。マクロの分身と化したミクロは、マクロの崩壊、そして究極的には自己崩壊につながることを懸念して、自縛的犠牲をやめるにやめられない。こうした意味で、まさしく自縛的なのである。

何らかの組織に所属する個人にとって自縛とは、既存のシステム（主体より高次の制度や世界など）の現状維持という目的が確立し、万一そのシステムが失敗した場合ですらその失敗を認めることができず、確立した目的を与件として、局所の局所へと入り込み最適解の探索を続けようとする内向きでリスク回避的な行動原理をさす。こうした行動原理にもとづく自縛的犠牲は、国中に蔓延しているようにみえる。とくに近年、人口に膾炙した「ガラパゴス化」という印象的な言葉は、このような日本の状況をうまくとらえている。だがこれまでの議論は、日本企業の強みとされてきたいわゆる「ものづくり」、すなわち擦り合わせ型生産の発掘という文脈に限定されてきた[33]。むしろ今、このポスト3・11時代に求められているのは、ガラパゴス化の超克に向けたものづくりの精緻化による会社の競争力強化（局所的持続可能性）の議論というより、むしろ制度の複合的失敗に特徴づけられた日本の資本主義をホーリスティックな視点からリデザインするという国の存亡（大局的持続可能性）の議論にほかならない。こうしたリデザインは、社会主義に呪縛された資本主義を解放することと結びついている。一九九〇年代のバブル崩壊後、今日まで日本経済を覆いつくしてきた閉塞感の正体とは、実はこうしたミクロ的な自縛の病理、マクロ的な制度の失敗によるものだったのかもしれない。いずれにせよ日本の資本主義は、フレキシビリティという内生的変化の動因を欠くという点で病理的なのである。

そこで以下においては、日本の資本主義についての理解を深めるために、これまで成功をおさめてきた合理的な原子力推進システムとしての原子力村にかかわる多様な主体の観点から、自縛的犠牲の特徴づけを与えよう。まず、原子力発電事業者である電力会社は、原子力発電所が問題をおこして運転を止めてしまったら、地域住民にたいして原子力発電は危険だという不安を与えるかもしれないので、運転を止めるに止められない。マスメディアは、スポンサーである電力会社に配慮せずに、原子力発電の全体的な情報を社会に伝えてしまったら、電力会社がスポンサーをおりてしまうかもしれないので、全体的な情報を伝えようにも伝えられない。東京電力本店対策本部は、原子炉が危機的状況にあるため海水注入の継続が必要であるにもかかわらず、首相の許可をえないままこれを継続してしまったら、手続上の不手際を問題視されるかもしれないので、海水注入を継続しようにも継続できない。

所管官庁の官僚は、福島原発危機をうけて原子力推進を中断してしまったら、原子力推進に取り組んできた過去——自分の上司の業績、そして日本という国の正当性——を否定して無謬主義の原則に反することになるかもしれないので、原子力開発の流れを見直そうにも見直せない。そして政治家は、福島原発危機をうけて脱原発の流れに同調してしまったら、原子力発電に依存してきた国民・地域経済の発展経路を断ち切り、電力業界（財界をはじめ、有力な労働組合）の政治的支援を失うことになるかもしれないので、原子力開発の流れを見直そうにも見直せない。[34] そしてもちろん、自縛的犠牲のストーリーは、ここに例示した各カテゴリー内のすべての主体にあてはまるわけではないにせよ、少なくとも部分的には適用されるにちがいない。しかも、これら以外の他のカテゴリーにも目を向ければ、そうした自縛の連鎖はきりもなく続いていくことになろう。

表4.1　原子力発電の分野における自縛的犠牲

所属組織	理念的な行動	焦点主体	実際の行動（自縛的犠牲）
電力会社	原子力発電所の安全な運転	地域住民	不安を回避するための原子力発電所の運転継続
マスメディア	社会への全体的な情報供給	電力会社	スポンサーの撤退を回避するための社会への部分的な情報供給
東京電力本店対策本部	危機的状況における海水注入の継続	首相	手続上の問題を回避するための海水注入の中断
官庁	福島原発危機後の原子力推進の見直し	組織内の上司	過去の否定を回避するための原子力推進の現状維持
政党	福島原発危機後の脱原発への方針転換	電力業界	政治的支援の打ち切りを回避するための原子力推進の現状維持

この点については、表4・1のようにまとめられる。電力会社、マスメディア、官庁などの組織のどのメンバーも、本来であれば選択すべき理念的な行動から逸脱してしまい、それらの組織が埋め込まれた高次のシステム――原子力社会主義に呪縛された資本主義――の不変性を前提として、その価値――原子力推進文化――に埋め込まれた組織の存続・発展と整合的な自己利益――コンパクトな局所的社会の利益――のために行動する。そしてその際、各メンバーは、その所属組織が相互作用を展開している相手（焦点主体）からの明示的なシグナルを受信していないにもかかわらず、相手が期待する以上のことを推論（忖度）するよう仕向けられている[35]。つまり人々にとって、自分よりも高次のシステムと一体化することで自己利益を組織利益と整合化させ、高次のシステムの維持に資するよう行動することが望ましい。原子力開発の文脈についていえば、原子力村にとって望ましいことは、そのメンバーであるコーポレーションにとっても望ましいことであり、さらにそうしたコーポレーションにとって

望ましいことは、個人にとっても（高次のシステムの価値を受容したのであれば）望ましい、といった入れ子型構造が内包されている。

ただし、東京電力本店対策本部での実際の行動にかんしていえば、第3章第4節ですでに論じたように、トップ・マネジメントが福島第一原発一号機への海水注入の中断という判断を下したにもかかわらず、現場では、吉田昌郎所長がその判断の不適切さを判断することができたため、危機的状況に適した行動、すなわち海水注入の継続を選択することができた。このように、一刻を争う原発事故という危機的状況にもかかわらず、安定的状況に即した旧来のルーティンにとらわれ、不適切なことに自縛的犠牲を払おうとしていたトップ・マネジメントとは異なり、吉田所長は、迅速に企業家的判断を下すことができた。それにより、彼は日本では英雄視される向きもあった。だがこのストーリーは、危機的状況での対応にかんして、政府・東京電力のトップのケイパビリティの欠如を現場が補填し、現場への意思決定権の委譲が重要であることを示していたにすぎない。

さらにいえば、かつて東京電力では、推進本部の長期評価、および貞観津波の波源モデル(36)にもとづく想定波高の変更機会が少なくとも二回はあったにもかかわらず、それらを逃した張本人は、福島原発危機の対応にあたった武藤栄副社長（原子力・立地本部長）と吉田昌郎所長だった。かくしてそれは、安定的状況における過去の不適切な判断、すなわち自縛的犠牲が時間の経過によって危機的状況につながる遠因となった、という歴史の皮肉にまつわるストーリーでもある。幸か不幸か、吉田所長は、今回の危機的状況では原子炉への海水注入を続けることで、自縛の連鎖に組み込まれずにすんだ。

制度の複合的失敗に特徴づけられた資本主義の下、自縛の連鎖に組み込まれ局所探索に終始している主体は、所属組織とその高次のシステムである国の存続を脅かしかねない緊急性の高い環境（状況）の変化にたいして敏速に対応できない。それにとどまらず、これらよりもさらに高次にある彼らの探索範囲を超えたシステム――ガイア（有機体としての地球）――の持続可能性すらも侵食しかねない。とくに、ポスト3・11時代の日本の資本主義は、綱渡りの現状にある。つまり、地震・津波といった自然災害が新たに生じうるリスクを抱えながら、いまだに福島第一原発での事故収束が続けられているという危機的状況にある。にもかかわらず、合理的な原子力推進システムとしての原子力村が過去に達成してきた安定的状況での成功をいまだに期待しているようにもみえる。そして、そうしたシステムの現状維持、そのなかに埋め込まれたコーポレーションの組織利益に注力しているだけなのだろう。しかしこのままでは、被災地のがれき処理、基本財毀損問題の適切な解決策をはじめ、新たなシビア・アクシデントを未然に防ぐための有効な防止策を期待するのはとうてい難しい。その結果、もし第二の福島原発危機がおこるようなことがあれば、日本という国をはじめ地球の持続可能性は甚大なダメージを被ってしまう。

日本と地球の持続可能性を持続するうえで、社会主義的性格をもつ電力産業に支えられた資本主義は、フクシマ後の危機的状況において問題含みだといわざるをえない。そのため、ミクロ・レベルでの自縛的犠牲を解消するとともに、マクロ・レベルでの制度の失敗を解決する必要がある。問題は、原子力開発にとって都合のよい過剰な制度がはりめぐらされ、市場、企業、政府といった制度が複合的に失敗していることである。以下において私は、制度の複合的失敗を迅速かつ有効に解決するためにも、原子力村、社会をまきこんだビジネス・エコシステムのガバナンスが必要だと論じたい。

3　多能とビジネス・エコシステム・ガバナンス

(a)　メタ・バリューにもとづく第三の道――状況依存型エネルギー政策に向けて

ポスト3・11時代をむかえた現在、原子力推進文化という価値、この価値を体化した合理的な原子力推進システムとしての原子力村、そしてこのシステムを中心とした日本の資本主義は、残念なことに袋小路に迷い込んでしまったかのようにみえる。とくに、福島原発危機の舞台となった原子力発電の分野では、「原発推進派 対 脱原発派」といった対立図式の下、守旧と変革のあいだのかけひきが行われつつある。しかし、両者の力が拮抗した状態が続けば、新たな高みにのぼることはできないし、エネルギー・セキュリティの観点からみても望ましくない。かといって、原子力村と社会のかけひき、あるいはこれらの利害を代弁した政治的闘争を重ねたところで、ゼロサム・ゲームの枠組では、所詮どちらか一方に大きな犠牲、どちらか一方に大きな利得がもたらされるだけで、望ましい価値獲得の帰結がもたらされるとは限らない。ただし注意すべき点は、日本は有事の危機的状況をむかえたなかで、平時の安定的状況で成功してきた合理的な原子力推進システムをそのままの形で維持するのは難しいということである。この意味で、日本の資本主義、電力産業のあり方、エネルギー政策などの面で変化が求められていることに間違いはない。

そこで私は、変化に向けた一つの指針として、原子力推進文化、脱原子力文化[37]という旧来の対立する価値を止揚するメタ・バリューを提示したい。つまり現在の日本は、東海地震、東南海・南海地震、首都直下型地震などの地震リスクに直面しているという状況、すなわち地震活動期という有事の危機的状況にあることを前提に、さまざまな活動を同時追求する必要がある。そして地震リスクが小さくなるとともに、福島原発危機に直面している人々が危機を脱したときにはじめて、平時の安定的状況での活動が許されることになろう。このように、国のおかれた状況に依存する形でケイパビリティの配置、活動の選択を適切かつ機敏に実行することが、政府、官庁、会社などのコーポレーションのリーダーには求められる。メタ・バリューとは、こうした状況依存性を勘案したうえでエネルギー問題に対処する価値である。この価値にもとづく第三の道を、状況依存型エネルギー政策と呼ぼう。

メタ・バリューにもとづく状況依存型エネルギー政策は、国を取り巻く状況を斟酌しながら、複数の異なる活動（マルチタスク）を同時追求する。原発推進か、反原発（脱原発）か、といった原理的な争いを超え、ポスト3・11時代に適した柔軟なエネルギー政策を構築していく。この点でメタ・バリューは、価値の新結合にほかならず、既存の価値のどちらに転んでもよいという日和見主義的な二股を意味しない。むしろそれは、競争と多様性の利益の実現を念頭におき、とくに国の地震学的条件に依存したフレキシブルなエネルギー政策を志向する。硬直した従来のエネルギー政策のままでは、地震リスク、電力不足、石油高騰などといった創発的状況（ないし環境変化）にうまく対処することができず、エネルギー供給の中断によって経済の安定的な働きが妨げられるおそれがある。

また状況依存型エネルギー政策は、長期的には日本の原子力発電所をすべて廃炉にすることを目標とする。というのも、橘川武郎がいうように(38)、使用済核燃料の再利用（リサイクル方式）や一回の使用後の廃棄（ワンスルー方式）にともなう最終処分場の立地確保、核燃料サイクルに向けた再処理技術の確立はきわめて困難であるため、このまま原子力発電を続けていけば、使用済核燃料の処理にかんするバックエンド問題をいっそう深刻化させるだけだからである。

ここで、日本の原子力発電を取り巻く環境変化をみよう。第一に、日本では今後、原子力発電所のライフサイクルを反映して廃炉のニーズが高まる。すでに廃炉が決まっている福島第一原発の一号機から四号機をはじめ、老朽化によって寿命をむかえる原子力発電所についても、廃炉をすすめていく必要がある。(39) 廃炉については、一基あたり数千億円という具合に建設と同等の費用がかかることを考えれば、将来的な事業として十分に存立しうるだろう。第二に、開発途上国での経済発展を支えるための電源として、温室効果ガスの削減にも寄与しうる原子力発電、それに関連したグローバルなケイパビリティ移転にたいするニーズが高まる。ただし、地震を含め他の自然災害のリスクを抱える諸外国への原子力発電所の輸出は、福島原発危機に匹敵する危機の再来を未然に防ぐためにも、倫理、地球の持続可能性という双方の観点から問題視する必要がある。(40) というのも、福島原発危機の教訓によれば、特定地域の地震リスクの正確な評価は不可能かもしれないが、少なくとも、輸出先となる原発立地の過去の地震・津波データ、地質学的条件などの調査を前提とした輸出でなければ、ケイパビリティ移転が一転して危機移転になりうるからである。過去のデータに依拠すれば、地震リスクがきわめて小さいと判断しうる国――たとえば、スリランカ、ベラルーシ、ブラジル、ニジェールなど――については、原子力発電所を輸出したとしても、それが地震、津波の影響をうけることで危機移転のシナリオを現実化し、大局的持続可能性を脅かす可能性はおそらく小さいだろう。(41)

次に、日本の原子力発電への依存度をみよう。日本の電源別の発電電力量をみると、石炭二六・八％、天然ガス二六・三％、原子力二四・〇％の順になっている（数値は二〇〇八年(42)）。世界的にみても、石炭が四〇・九％を占め主流となっており、原子力は、天然ガス、水力に次いで第四位の一三・五％にすぎない。また、主要国のなかで原子力への依存が顕著な国は、フランスの七七・一％以外には存在しない。さらに、日本と同じ島国であるイギリスの実態をみてみると、天然ガス四五・九％、石炭三二・九%、原子力一三・六%の順である。日本は、茨城県東海村に最初に建設した原子炉をイギリスから購入した。原子力先進国であるイギリスにおいて現在、原子炉の数は、日本の五四基にたいして一六基となっている。(43) ちなみにイギリスは、国土面積は日本の七〇%、人口は日本の四六%である。以上のことから、日本は狭い島国にもかかわらず、いかに過剰な原子力発電所を擁しているかが理解できる。狭い島国を五四基もの原子炉で取り囲んでいる国は、世界を見渡しても地震大国である日本をおいてほかにない。

バックエンド問題はもとより、自然災害のリスクの増大という観点から、日本の原子力産業は、福島原発危機を契機に従来の物事の仕方を見直さねばならなくなった。とはいえ、グローバル市場のニーズにこたえる使命を適切な仕方ではたす必要があるし、地球の持続可能性に資する世界のエネルギー政策の進展を日本の特殊事情によって妨げる理由もない。まずこの点にかんして、原子力産業にとどまることなく研究者、政策担当者などをも含めて、福島原発危機の原因を解明することでえた教訓を世界に敏速かつ正確に発信していかねばならない。この点で日本は、フクシマを経験した唯一の「原発事故先進国」として世界に貢献し、地球の持続可能性を持続していく責務がある。

ポスト3・11時代をむかえた日本では二〇一二年五月五日、北海道電力の泊発電所三号機が定期検査のために停止したことにより、五四基すべての原子力発電所が止まった。すべての原子力発電所が止まるのは、当時二基しかなかった原子力発電所が一九七〇年に止まって以来の出来事である。その結果、電力不足が問題視された。政府は、関西電力管内において、電気事業法にもとづき契約電力五〇〇キロワット以上の大口需要家の使用最大電力に制約を設ける、という電力使用制限令を検討した。これにたいして、他地域への生産移管を検討しはじめた会社もあった。とくに、瞬停(44)によって深刻なダメージをうけかねない繊細な半導体や液晶などを扱う高付加価値メーカーは、海外移転すら検討せねばならなかった。さらに、外国メーカーへのアウトソーシングなどの意思決定を下すこともありうる。いずれにせよ、こうした会社のミクロ的な意思決定が集計されると、マクロ的には日本経済の空洞化につながりうる。したがって、政府がエネルギー政策にかんして思慮を欠くことにより、会社による性急な原発再稼働の要請、あるいは会社による海外への生産移管の連鎖による産業空洞化といった望ましくない帰結がもたらされうる。

実際、とくに関西地方を中心とした財界は、二〇一一年四月の関東地方での計画停電のケースをふり返り、前述のような政府の動きにたいして十分な思慮を重ねる間もなく、経済という秩序の維持を重視し、大飯原発の再稼働を求めざるをえなかったようである。すなわち電力不足になってしまえば、会社は生産活動の中断を余儀なくされる結果、収益を犠牲にせざるをえなくなるので、原子力発電所の安全性はどうあれ原発再稼働を求めざるをえなかったということだろう。

そして政府は、電力不足という現実的な理由を背景に計画停電や節電の必要性を求めながら、物理的安全性を確保していないにもかかわらず、大飯原発を再稼働することを模索した。そして六月八日、野田佳彦首相は「国民の生活を守るために、大飯発電所三、四号機を再起動すべきというのが私の判断であります」と述べた。しかし、「福島を襲ったような地震・津波が起こっても、事故を防止できる対策と体制は整っています」といい切ったかと思えば、「勿論、安全基準にこれで絶対というものはございません」とも述べた。[45] 政府は、原発再稼働に向けて早々と動き出した。

基本的に福島原発危機の教訓は、原子力発電所の運転には物理的安全性の確保が不可欠だという点につきる。だが問題は、上述の一貫性のない野田首相の発言にあるように、原子力発電所の安全性を実質的に確保していない段階で、しかも二〇一一年一二月に国会で組織化された東京電力福島原子力発電所事故調査委員会が調査報告を行ってすらいない段階で、政府が原発再稼働を判断したという点である。その段階で、大飯原発をはじめとする関西電力の原発には免震重要棟がなかったため、物理的安全性が確保されたとはいえない。さらに、原子炉内の圧力を下げるために弁を開くベントをやむなく実施する場合に、放射性物質が大気中へ流出するのを防ぐフィルター付きベントの設置もなされていなかった(46)。

結局、政府も、関西電力も、フクシマの教訓を生かすことなく、危機的状況においてすら従来通りの原子力推進文化の下で吸収阻害能力を活用し、物理的安全性を確保していない原子力発電所を性急に再稼働させようとしたといわざるをえない(47)。彼らをはじめ原子力村は、秩序の維持ということで従来通りの原子力開発の推進を国策の名の下に堅持したいのだろう。それによって、政治家は選挙での支援をえることができ、経営者は事業機会を確保することができ、そして官僚は天下り先を確保できる。だとすれば、こうした安定的状態は、一連の主体にとって相互最適となるナッシュ均衡（原発推進均衡）であり、どの主体もその状態から逸脱するインセンティブをもたない。しかし、もちろん状況依存型エネルギー政策の観点からすれば、危機的状況での原発再稼働という選択肢は考えられない。さらに、物理的安全性の確保がなされていないとなれば、問題外だといわざるをえない。このままでは、日本が地球の持続可能性の持続という点で、原発事故先進国として世界に貢献できるようには思われない。

とくに免震重要棟は、地震リスクが高まっている危機的状況における物理的安全性の観点から万一の備えとして不可欠である。というのも、福島第一原発では二〇一〇年七月に免震重要棟が完成していたが、この建物があったおかげで原発事故の収束作業が可能になり、そうでなければ事態はさらに深刻化したであろうからである。その免震重要棟は、鉄筋コンクリート二階建て約一八七〇平方メートルの広さをもち、天然ゴムなどを用いた特殊な装置により地震の揺れを大幅に軽減でき、震度七の地震にも耐えられる構造となっている(48)。こうした免震重要棟がなければ、万一、新たな大震災がおきて第二のフクシマが生じたときに事後的な収束作業に着手することができなくなってしまう。すなわち、制御不能になった原子炉からの放射性物質の放出を放置せざるをえなくなった結果、国の持続可能性は深刻な影響をうけかねない。したがって、物理的安全性の増大につながる免震重要棟を欠いたまま、大飯原発を性急に再稼働することは、最悪の場合にはカタストロフィの生成という可能性を意味する。

しかし、原子力安全委員会は三月二三日、大飯原発のストレステスト一次評価にかんしてわずか数分の会議を開き、再稼働を妥当と決定した(49)。他方、その再稼働に慎重論を唱える班目春樹原子力安全委員会委員長は、安全性の確保は原子力安全・保安院の仕事、そして再稼働の判断は政府の仕事と述べ、自らの責任を放棄してしまったようにもみえる(50)。要は、専門家ですら原子力発電所の物理的安全性を担保できない状況だったのである。結局、政府も、関西電力も、物理的安全性を確保できていない原子力発電所を再稼働させようと性急にならざるをえなかったようである。経済や会社のパフォーマンスを犠牲にする事態を長引かせたくなかったということもあろうが、残念ながらフクシマの教訓を生かせなかったということだろう。

以下においては、原子力産業を含め、それ以外のさまざまな業界が状況依存型エネルギー政策にもとづいて同時追求すべきマルチタスクについての概要を示そう。危機的状況においては、国内の既存

表4.2　状況依存型エネルギー政策におけるマルチタスク

発掘	――輸出先の自然災害のリスクを勘案した原子炉の輸出、最新型原子力発電に向けたケイパビリティの拡充、など
探査	――再生可能エネルギーなど新しい電源開発の促進、廃炉のためのケイパビリティの開発、除染のためのケイパビリティの開発、放射性物質関連のシステム的イノベーション、原子力発電所の物理的安全性の確保・向上、状況に依存した選択、など
退蔵	――危機的状況における原子力発電所の稼働停止

の原子力発電所を基本的には稼働停止とする。これらの物理的安全性――たとえば、原発安全神話のような体裁上の（社会的）安全性ではなく、真の意味での実質的な安全性――を向上させる。そして、輸出先の自然災害のリスクを勘案したうえで原子炉のパッケージ型輸出に注力する。国内の地震リスクの減少、福島原発危機の実質的な収束が実現したという意味での安定的状況をむかえるまで再生可能エネルギー――たとえば、小水力、太陽光、地熱、風力、バイオマスなどの新しい電源――の開発を促進する。他方、安定的状況をむかえたときに再生可能エネルギーが十分に発展していない場合に備え、国内で短期的・中期的に必要とされる最小限の最新型原子力発電――たとえば、トリウム溶融塩炉など――の利用に向けたケイパビリティの深耕を試みる。もちろん最新型原子力発電の展開を有利にするために、再生可能エネルギーの開発をあえて妨害・遅滞させるような動きを規制していく必要もあろう。さらに、国内で今後増え続ける耐用年数を超えた原子力発電所の効率的かつ有効な廃炉の技術開発、およびフクシマ後に必要となった除染、放射性物質関連――たとえば、医薬品、食品、飲料、放射性物質測定器など――のシステム的イノベーションを志向する。これらの活動については、**表4・2**に示されるように、既存の物事を掘り下げる「発掘」、新奇的な物事の創造に取り組む「探査」、

そして既存のケイパビリティを利用しないまま保持する「退蔵」といった三つのカテゴリーに基本的には分類できよう。

ただし、地震活動期が去ったと判断されること、福島原発危機の実質的な収束が実現したこと、再生可能エネルギーの開発・実用化が十分に進展していないこと、そして原子力発電を除く既存の電源（節電を含む）により国内の電力需要を満たせないこと、といった四つの条件が満たされる状況に限って、地震リスクが相対的に小さい地域に立地する原子力発電所については短期的な稼働（再稼働）を認めるという形で、状況に依存した選択（状況依存型の選択）の余地を認めてもよいかもしれない。しかし、原子力発電所の物理的安全性の確保、そして独立性・専門性をもつ第三者による定期検査とそれにともなう問題解決の実効化が実現できなければ、状況依存型の選択の余地はない。したがって事実上、この活動には六つの条件が求められる。とくに物理的安全性は、従来、原子力村が注力してきた社会的安全性とは異なる実質的な安全性を意味するので、その確保・向上のためのケイパビリティの開発・蓄積という活動は、新奇性の探索に関連する探査とみなすのが妥当だろう。かくして、こうした状況依存型の選択は、厳密には探査のカテゴリーに加えておくべきであり、ポスト3・11時代をむかえた直後の性急な原発再稼働とは本質的に異なる。それは、厳しい条件に依存した活動である。

また、状況依存型エネルギー政策にもとづく原子力発電所の廃炉、危機的状況での稼働停止、さらには短期的な原発再稼働を意味する状況依存型の選択といった一連の活動は、原子力発電によって地域経済の存続・発展が左右される原発立地の地方自治体にしてみれば、望ましい効果をもたらすものだとはいえない。とくに、電源三法によって原子力発電所の新設にたいするインセンティブを強め、地域経済の発展を原子力発電に完全に依存することになった地方自治体がかりにも存在するとすれば、どの活動も地域経済の破壊につながる元凶にしかなりえない。そのため、地方自治体の長をはじめ地元の政治家・会社経営者などはこうした悪影響を懸念して、そうした活動を抑制すべく政府に働きかけるだろう。だが結局、こうした動きも過剰制度化のわなにすぎない。すなわち、こうした地方自治体は、電源三法の交付金と原子力発電以外に地域経済の原動力を確保できぬまま、いつまでも経済的な自律性を確立することができず古い経路にとどまり続ける。したがって、廃炉、危機時の稼働停止、そして状況依存型の選択といったいずれかの活動を導入する際には、特定の事業に偏った交付金の支給にとどまる従来型の法・規制ではなく、若年労働者の移住（移民も含む）を促しながら総合的な地域活性化を志向したクラスター――特定の企業と運命をともにした企業城下町ではない――を形成するためのインセンティブを付与すべきだろう。他方、電力会社にとって、原子力発電に依存したビジネス・モデルの下で予測される巨額の経済損失、ならびにそのモラル・ハザードと没民営性を含意する国策民営のわな(51)を避けるためにも、今後、原子力発電所の国有化をすすめていく必要があろう。

さらに状況依存型エネルギー政策が示唆するように、まず原子力発電への依存度を下げていくと同時に、バックエンド問題の解決がもはや不可能だと考えられるため、原子力発電所をすべて廃炉にしてその他の電源に全面的に依存していかねばならない。つまりそれは、二〇％超を占める電源が失われることを意味する。だが、再生可能エネルギーが安定的な電源として普及するまでは、その努力に向けた時間を要するため、移行期を火力でつないでいかねばならない。その際、火力の燃料となる石油、ＬＮＧ（液化天然ガス）などの確保が必要となる一方、地球の持続可能性のためには、二酸化炭素の排出量が最も多い石炭火力発電所のイノベーションが必要となる。とくに電力の安定供給については、日本のエネルギー自給率は四％（二〇〇八年の数値、原子力を除く）にすぎないため、国が不確実性の高いグローバル市場で十分なエネルギーを確保するためのリスク・マネジメント、すなわちエネルギー・セキュリティ問題として広い視野でとらえねばならない。今後、エネルギーの大量購入をつうじて大きなコスト交渉力をえるためのコンソーシアム形成などの点で、政府、商社、電力会社などによるケイパビリティの開発・蓄積が求められる(52)。

メタ・バリューの下で展開する状況依存型エネルギー政策は、発掘、探査（状況依存型の選択を含む）、退蔵の同時追求を意味する。この点で、マルチタスクの同時追求を可能にするダイナミック・ケイパビリティである多能が不可欠となる(53)。日本の資本主義を特徴づけている制度の複合的失敗はもとより、福島原発危機という難問を解決していくためにも、多能というダイナミック・ケイパビリティが必要とされている。特定の分野に限定された一般的ケイパビリティだけでは、経済のグローバル化、情報通信革命の進展などの劇的な環境変化はもとより、今の日本が直面する新奇的な危機的状況に適切かつ迅速に対処できないのは明白である。

ここで、とくに退蔵について注釈を述べておきたい。というのも日本では、東日本大震災を機に、プレートの境目がずれ動くスロースリップ現象により地震リスクが高まったと一般的にいわれるようになったので、福島原発危機に匹敵するシビア・アクシデントの再発を防止するために、原子力発電所の立地地域での自然災害のリスクを想定すると、原子力発電所の稼働を停止し、長期的な休止・保存の状態におくという退蔵の戦略が重要な意味をもつからである。だが、原子力に関連する莫大な利害の網の目をつうじて動いている巨大な力を止めるには、それを上回る力が必要となる。前述したように、原子力発電所の稼働停止にともなう機会損失は莫大な水準にのぼるため、原子力発電に依存したビジネス・モデルを確立した電力会社のなかには、苦難を強いられるものも出てこよう。かくして退蔵は、地味ながらタフな戦略だといえる。実際、地震の発生については確率論的な評価が避けられないため、今ここで、原子力発電所の稼働停止にふみきるか否かの判断については政治的なものにならざるをえず、大胆な判断に加え、その判断が特定の組織によって歪められないための中立性も求められる。日本の危機的状況を前提とする限り、退蔵という戦略を選択できるかどうかは、今後の原子力開発どころか日本という国の存亡を左右しうる重要な岐路だといってよい。また退蔵は、物理的安全性を欠いたままの性急な原発再稼働とは質的に異なる。政治、経済、法・規制などの国の基本的な制度設計、その運営に携わっている人々は、このことを肝に銘じておく必要がある。

次に、危機的状況における局所的な電力不足についてふれよう。原子力発電所が稼働停止になった場合、地域独占によって競争が働かないからこそ、計画停電のような形で市場支配力を行使する機会が電力会社に与えられる。したがって、万一の災害時の電力供給を可能にするような分散型自家発電のインセンティブを促すのに加え、地域市場間の電力融通を可能にもするために、電力会社による発送配電分離を実施し、資産価値の高い送電網を管理する国有の送電会社を設立する必要があるように思われる。ここでは、政府のダイナミック・ケイパビリティはもとより、長いあいだ電力会社に退蔵されてきた未利用のケイパビリティが重要なカギをにぎることになろう。他方、日本における電力融通の難しさは、周波数の違いによるものだと広く認識されているが、実はそうではない。それぞれの電力会社は、各管内を自前でまかなおうとする強いインセンティブをもつため、そもそも利用する予定のない送電線の拡充に向けた投資インセンティブをもたない。つまり、地域独占が送電線にたいする投資インセンティブを阻害してきたと考えられる。さらにいえば、日本における再生可能エネルギーの立ち遅れも、電力会社による送電線の独占によるものだ、と指摘されている。(54) この点でいえば、発送配電分離と国有の送電会社の設立を同時追求する必要があろう。

政府は、ポスト3・11時代の危機的状況においてすら、プレ3・11時代の安定的状況のルーティンにのっとって、とりあえずは原子力発電所の運転をいったん停止したうえで、新たにストレステストなどの演技を重ねて社会的安全性を追加的に生産し、一定の冷却期間をおいてから原子力発電所の運転再開にふみきればよい、と安易に考えていたようにすらみうけられる。しかし、それが本当だとしたら大きな見当違いであり、いずれはこの国の自爆すら招きかねない由々しき事態だと思われる。政府をはじめとした原子力村は、社会の人々が実際に平時の安定的状況におかれている（あるいは、少なくともそうだと信じている）場合、そして彼らが社会的安全性と物理的安定性が一致していると信じている場合に限って、社会的安全性を生産することができよう。しかし彼らは、福島原発危機を契機として、有事の危機的状況に直面しただけでなく、社会的安全性が物理的安全性とは異なるみせかけにすぎないことを学習してしまった。

したがって、所管官庁の官僚、電力会社の経営者、国会議員、そして地方自治体の長などといった原子力発電にかかわりうる主体は、旧来の技術のうえに成り立っている既存の原子力発電所の物理的安全性を本質的に向上することができなければ、日本のいずれかの原子力発電所の立地地域で深刻な自然災害がおきたとき、福島原発危機に匹敵するシビア・アクシデントを新たに招いてしまう可能性が残されていることをけっして忘れてはならない。かくして退蔵という選択には、確率論的にしか生起しないという意味では非現実的かもしれないが、万一生起してしまったら破滅を招きかねない、という最悪の事象（テール・リスク）が生起する可能性を思い描くにたる豊かな想像力が求められる。日本が今まさに抱えている問題は、国を動かす中枢に、危機的状況を前提とした想像力が欠けていることであり、危機を旧来通りの仕方で取り繕おうとしている点にある。

ところで前章で検討したように、福島原発危機の原因について中間報告が明らかにした三つの要因は、いずれも認知にかかわっていた(55)。とくに東京電力は、過去の津波にかんしてチリ津波という特定の事例を基準点としたことで、大局探索をつうじて戦略集合を拡張していくという認知活動を怠ったようである。しかしいったん基準点が決まってしまうと、それは後の意思決定にたいして大きな影響を及ぼし、その近傍での局所探索をもたらす(56)。また福島原発危機は、複数の失敗が予測不可能な仕方で相互作用するシステム事故とみなされるので、地震・津波といった自然災害、原子力災害が時系列的な流れのなかで連続的に生じた帰結である。こうした意味で、組織が多能であるためには、特定の機能に限定されたケイパビリティではなく、自然災害、原子力災害それぞれの境界を超えていく越境的な大局探索を可能にするクロス・ファンクショナルなケイパビリティの開発・蓄積が求められる。

実際、ポスト3・11時代の日本は全体として、東日本大震災の被災地付近での余震や新たな津波、他地域での地震・津波がおきる可能性に加え、原子力発電所で予測不可能な仕方で新たに生じた創発的問題にも対処していかねばならないだけでなく、賠償などをつうじた地域共同体の基本財毀損問題の迅速な解決、数千万トンに及ぶがれきの処理、放射性物質を含む汚染水などの処理、放射性物質を放出し続ける原子炉の収束、使用できなくなった原子炉の廃炉、原子力発電に代わりうる代替電源の模索、既存の原子力発電のケイパビリティの精緻化、原子力産業のグローバル展開、当事者である東京電力の経営・ガバナンス改革、そして政府の原子力行政の見直し（たとえば、原子力規制庁などの新設）など、実に多様な問題に同時並行的に取り組んでいかなければならない。このように日本では、福島原発危機にかかわる一連の問題にたいする越境的かつ迅速な資源配分が求められている。

こうした危機的状況では、戦前から前後にかけて日本の電力産業の将来にかんして全体的なビジョンを描き、必要に応じて変化にたいする抵抗勢力をも説得しながら、変化を創造してきた松永安左ヱ門のようなカリスマ的リーダーが求められる。だが、こうしたリーダーはあいにく今の日本、とくに官僚化してしまった電力産業には不在だといわざるをえない[57]。大規模な電力供給システムが確立していなかった戦前とは違い、今日では、発電、送電、配電のための安定的なシステムの構築に向けて巨額の設備投資が行われた結果、政府、電力会社、メーカー、建設会社などのあいだで強固な人的紐帯、長期・安定的取引関係が確立され、巨大な権益の網の目がさまざまな産業を越えて覆いつくすようになった。そのため、いくら有能な個人であっても属人的な力で、そうした巨大機械のなかで達成できる物事は戦前と比べてかなり限定される。要するに、確立したシステムの下では、カリスマ的リーダーは不要になってしまう。この点にかんして、ラングロワは述べている。

いったん堅固な外皮の破壊という激務が終わってしまうと、カリスマ的リーダーシップはもはや不要になり、企業家は夕日のなかへと消えていかなければならない。…システムとしての企業家資本主義は、実質的機能はおろか、正当性の源泉すらも失い、結果的には企業家を西方へと追いやらざるをえなくなってしまうため、合理化の進展というプロセスによって、最終的にはある種の官僚社会主義という帰結がもたらされる[58]。

こうした記述は、日本の電力産業をうまくいいあてているように思われる。

地域独占に特徴づけられる日本の電力産業では、電力会社が規模の経済をつうじて独占レントを享受する見返りに電力の安定供給を確実に実現できるよう、法・規制による保護をつうじて意図的に競争が排除されてきた。ミクロ経済学のテキストが示唆するように、競争というプロセスがうまく機能すれば、超過利潤を生み出している産業では新規参入が生じ、企業が獲得する利潤は平準化していくはずである。だが、過剰な法・規制の力によって、こうしたプロセスが働くことを人為的に妨げ、自然独占を容認してきたということである。本来であれば、電力産業にもグローバルな市場統合にもとづく大きな競争諸力が働くはずだが、法・規制にとどまらず、在庫できないという電気の物理的特性、さらには原子炉・送電設備などの巨大な電力供給システムの存在も参入障壁として機能しうる。

実際、ピーター・ノーランの一連の研究(59)によれば、二〇〇〇年代前半までにグローバル市場の一部では、少数の大規模なグローバル企業がシステム・インテグレータとしてその半分近いシェアを占めるまでになっていた。ノンコア事業の分割、コア事業の統合が急速に進行するという集中化プロセスがバリュー・チェーンの各段階で働き、強力な技術、マーケティングのケイパビリティなどをもつシステム・インテグレータは、世界中で活動を展開すべく、川上から川下までそれぞれ最もすぐれたサプライヤーを選び出し、そのシステム・インテグレータと取引関係をもつ一次サプライヤーを頂点としたそれぞれのサプライヤー・ネットワークのなかでは上層から下層にまで強大な圧力が働く。ノーランは、過酷な競争を展開する少数の大規模なグローバル企業はそうしたカスケード効果を生み出す、と主張した。こうした状況において、システム・インテグレータが競争優位を確立するには、システム全体の費用を最小化するためにバリュー・チェーンの利益をホーリスティックな視点で俯瞰しなければならない[60]。

だが東京電力は、国内競争ばかりかグローバル競争からも無縁な存在であり続けたため、普通の企業とは違い、競争優位の確立・持続という課題に取り組まずにすんだ。かくしてこの企業には、システム・インテグレータに求められるホーリスティックな視点で俯瞰するケイパビリティは必要とされず、実際にこうしたケイパビリティの開発・蓄積に貢献しうる戦略的経営者を育成せずにすんでしまった。競争が欠落した状況では、競争優位の確立・持続のために認知（注意資源）を配分する必要がなく、競争のランドスケープを俯瞰することのできる戦略的経営者は不要となる。むしろ、既存のプログラム（ルーティン）を維持するために、さまざまなドメインとの境界で交渉をすすめられる経営管理者が重用されてきた。

したがって、福島第一原発の親とでもいうべき木川田一隆ですら、松永とは違って、日本の電力産業の未来図を描き、それにもとづいて、ＧＨＱをはじめ多様な主体を説得できるほど大胆な企業家ではなかった[61]。木川田は、先制的に原子力発電所の建設にふみきったとはいえ、地元の福島県にある断崖の丘陵地という不適切な立地選択を行ったのに加え、原子力発電のケイパビリティにかんしてＧＥへの全面的なアウトソーシングという不適切な戦略的意思決定を行った。これらからも明らかなように、彼は、福島原発危機を招来した要因をつくりこそしたものの、ホーリスティックな視点で原子力発電のバリュー・チェーン全体を俯瞰しうるほどのすぐれたケイパビリティをもっていなかったとみなされよう。

結局、松永が確立に尽力した地域独占、発送配電一体といった二つの要素、そしてこれらに加え総括原価主義は、経路依存的に二一世紀の電力産業のあり方を拘束するのにとどまらず、現在必要とされている戦略的経営者の育成を阻害し、電力産業が新しい経路を発見ないし創造していくうえで桎梏となっているようである。そもそも彼は、戦前期の電力戦のような過当競争の排除を一つの目的として、電力産業のビジョンを描いたことを想起しよう。ただし松永のカリスマ的リーダーシップは、意図せざる帰結だったとはいえ、日本の電力産業の社会主義的性格の残存に寄与したという点で福島原発危機の遠因となった一方、この危機的状況の打開に向けた変化を創造するのに必要とされている。これは、まさに歴史の皮肉というしかない。かくして、ポスト３・11時代の日本の電力産業は、戦前期からの松永の呪縛、より正確にいえば、戦後になって原子力社会主義として進化を遂げた体制の呪縛をいまだに払拭できていない。その呪縛は、彼のような際立ったビジョナリーですら解けるかどうか定かでないほど根深い。

さらに、ポスト３・11時代の日本の原子力開発にまつわる有事の危機的状況を可能な限り客観的に分析するという理論家の観点からみれば、こうした状況は、ポスト・ノーマル・サイエンスの状況と特徴づけられる。(62)すなわち、要素に還元できない複雑性、不確実性に特徴づけられた現実世界の理解・制御にたいするニーズが高まっているだけでなく、さまざまなステイクホルダーが関与することにより費用、便益、価値が生じてもいるような状況である。このように、システムの不確実性が高位、しかも意思決定にかかわる利害も高位といった状況で問題解決をすすめるには、再現可能かつ予測可能な科学的原理にせよ、特定分野についての専門知識をもつ専門家によるコンサルティングにせよ、有効な成果を生み出しえないだろう。というのも、ポスト・ノーマル・サイエンスは、新奇性が継続的に生み出されるだけでなく、諸個人の意図と彼らが埋め込まれている構造的な集計物（集合）とのあいだにコンフリクトが生じてもいる創発的複雑系にかかわっているからである。(63)まさに日本の原子力開発は、創発的複雑系の様相を呈している。

すでに論じたように、巨大な権益の網の目をはりめぐらせ、莫大な投資によって日本全体に建設された一七カ所の原子力発電所のうちの一つが、東日本大震災という自然災害の発生とともに未曾有の事故をおこした。これを契機として、深刻な原発事故の解決に向けたケイパビリティの欠如、さらに悪いことに、平時のオペレーションについてすらかならずしもうまくケイパビリティが蓄積されてこなかったことが明るみに出た。福島原発危機の文脈では、特定分野の科学者、特定産業の専門家などの限られた知見を動員するだけでは不十分であるばかりか、地震・津波のリスク評価にもとづく安全性の確保という点でいえば確率論的な視点が不可欠でもある。一般的に、ポスト・ノーマル・サイエンスの状況では、真とみなされる確実な解がそもそも存在せず、しかもすべてのステイクホルダーによる支援が必要とされるため、意思決定の質を高めていくことは、真実を発見するより重要な意味をもつ。ここではステイクホルダーだけでなく、問題解決にたいする貢献を希望する主体をもまきこむことにより、多様なケイパビリティの利用・開発を実現するという拡張的ピア共同体による問題解決が求められる[64]。この種の共同体は、単なる民主主義的参加とは本質的に異なる新しいガバナンスの可能性を示唆する。以下では、原子力発電の分野において凝集性の高い原子力村と、凝集性の小さい社会とからなるビジネス・エコシステムという概念に検討を加え、そのガバナンスについて議論を展開しよう。

(b) 制度の複合的失敗の解決のためのビジネス・エコシステム・ガバナンス

本書で示した世界関数によれば、世界の可能性が物理的技術、社会的技術、状況によって左右されうる以上、福島原発危機の原因は、政府、東京電力などの特定の主体に帰しうるほど単純ではない。また、それをもっぱら津波、地震に帰すなどといった仕方も非科学的で、正当な根拠を欠くといわざるをえない。本書では、福島原発危機の原因にかんして、もっぱら特定の主体によるモラル・ハザード、あるいは未曾有の自然災害のいずれかに求めるナイーブな見解を採用せず、ケイパビリティ論にもとづく一般的解釈と日本の文脈特殊的な歴史的解釈の双方をつうじて理解してきた。そうした理解によれば、日本が今後、福島原発危機に匹敵する複合災害を再発させないようにするには、原子力発電に依存してきた電力産業に支えられた日本の資本主義は、以下の三つの問題を解決しなければならない。

(一)（社会のケイパビリティ問題）原子力発電にかんして、社会のケイパビリティをいかに拡充していくか。

(二)（原子力村のケイパビリティ問題）電力会社を中心として、成功ゆえに強大な存在となった原子力村の吸収阻害能力の除去とともに、原子力発電所の運転、原発事故の収束、基本財毀損問題の解決など山積する創発的問題を解決するための原子力村のケイパビリティの開発・蓄積をいかに実現するか。

(三)（資本主義のダイナミズム問題）原子力村の大躍進により、そのなかにとりこまれた政府の中立性を回復しなければならない。そして原子力開発を国策として掲げ、過剰な法・規制により国策の盲目的・機械的推進を実現する体制——原子力社会主義——を見直す必要もある。そうした過剰な法・規制、原子力村の原子力推進文化、そして日本の資本主義を支えてきた電力産業に残存する戦前の社会主義的な制度的特徴——地域独占、発送配電一体、総括原価主義——といったものに再検討を加え、競争と多様性の利益を尊重した資本主義のダイナミズムをどう実現していくか。

結局これらは、薄い市場（一、二、三）、規制の虜となった政府（二、三）、プログラム持続性バイアスに服した企業（二、三）にかかわっており、これら三重対からなる制度の複合的失敗を解決するためのガバナンスをいかに実効化するかという問題に逢着する（括弧内は、前述の問題の番号を示す）。

こうしたガバナンス問題にかんして理論的にいえば、取引費用経済学の伝統的な企業と市場の二分法[65]はもとより、これに企業間ネットワークを加えた三分法[66]を採用したところで、政府と社会がはたすべき役割を組み込まないとすれば、その解明に近づけるとは思えない。他方、現実的にいえば、日本の原子力開発を推進してきた原子力村に焦点をあてるにせよ、原子力村自体が社会との相互作用によって経時的にどう変化してきたか、という組織のダイナミクスを検討しない限り、福島第一原発事故が福島原発危機へと悪化した背景を理解できない。

したがって、特定の企業の規律づけやモニタリングを含意するコーポレート・ガバナンスという伝統的概念では、企業境界を超えた動学的問題である福島原発危機を理解するうえで十分な役割をはたしえない。契約の束における株主の投資収益の保護を一義的にとらえる株主主権論にせよ、経営者にステイクホルダーの厚生を内部化させるような制度設計を求めるステイクホルダー社会論にせよ、コーポレート・ガバナンスの議論は、原子力開発という目的を着実に実現していくうえで政府が産業政策や法・規制の面ではたした役割、あるいは地域共同体が企業城下町に転化していくうえで地域住民がはたした役割など、企業境界を超えた諸問題の理解には適していない[67]。

それでは、福島原発危機にかんして特定の企業の観点、すなわちコーポレート・ガバナンスの「コーポレート」という観点からは十分に扱いきれないとしても、残りの「ガバナンス」という観点については有効だといえるだろうか(68)。主にコーポレート・ガバナンス研究の理論的支柱となっている主流派の組織経済学によれば、ガバナンスとは、情報の非対称性、インセンティブの不整合に起因したエージェンシー費用という企業価値の損失分を最小化するための規律づけやモニタリング、あるいは契約に記せなかった資産の利用の仕方にかんする意思決定権（残余コントロール権）の配分にかかわる(69)。つまりそれは、所有と深い関係をもち、株主価値の増大に寄与する制度である。株式会社における所有と経営の分離によって、主に株主と経営者のあいだには情報・インセンティブの歪みが生じる。そして、それに起因した経営者のモラル・ハザードを補正するために、M&A、ディスクロージャ、委任状合戦、内部統制に加え、フリー・キャッシュ・フローの減少に寄与する負債に依存した資本構成などが一定の役割をはたしうる。

しかし、経営者のモラル・ハザードは現実の会社経済に蔓延しているとはいえ、それが経営者の利己的動機、あるいは会社の将来を安定化するための利潤動機のどちらにもとづいているのか、という問題は本質的とみなされる。もちろん福島原発危機の場合には、単一の会社より高次のシステムにかかわることは明白であり、しかも経営者が短期的な私利追求へと暴走する、というウィリアムソン流の単純な機会主義説とも異なる。いずれにせよ、この問題は、経営者の組織との一体化(70)、あるいは組織への埋め込み(71)がどれくらい進展しているかにかかわるものであって、究極的には旧来の方法論的個人主義の限界という問題に逢着することになろう(72)。ただしここでは、この問題に立ち入ることはせず、企業境界を超えた原子力村の長期利潤の獲得という動機に焦点を絞り込んで議論を続けよう。

この点でいえば、企業を対象とした議論ではあるものの、チャンドラーの経営史(73)、エディス・ペンローズの企業成長論(74)に代表される動学的な企業観は、とりわけ有用だと思われる。というのも、両者ともに、企業の目的は長期利潤の増大にある、と明確に主張しているからである。ピテリスは、彼らの系譜をひくことで、成長は長期利潤を実現するための手段で、企業の戦略・組織は成長制約を取り除く必要性にかかわっていること、そして企業の存在はその目的と不可分の関係にあることを力強く主張する(75)。

原子力村の文脈でいえば、官僚・政治家・電力会社の目的は、経時的な原子力開発——原子力産業の持続的成長——で一致するようになり、それを推進する組織の面でも、社会での反原発運動の高まり、石油ショックによるエネルギー問題の政治化などの成長制約を突破すべく、当初の官民対立から官民協調へと変貌を遂げたとみなされる。それによって原子力村は、ルース・カップリングではなくタイト・カップリングの特徴をもつようになり、そのシステム内部で密《タイト》な結びつきを強めた。そして、原子力開発の盲目的・機械的推進を実現にしたという点で、あたかも一枚岩の、凝集性が高い企業のような存在——擬似コーポレーション——になったようにみえる。しかし原子力村にとって、成長のために必要とされているにもかかわらず、国内で原子力発電所を新設するための立地を確保していくこと、したがって成長路線をとることは、次第に難しくなっていった。このため、既存の原子力発電所にかんして、何か問題をおこした場合でも稼働停止の期間を短くして再稼働をできるだけ急がせるインセンティブ、および廃炉をできるだけ引き延ばすことで稼働期間（ないし減価償却期間）をできるだけ長くするインセンティブが強化されたのだろう。さらに、将来的に経済成長が見込まれる開発途上国へのプラント・技術の輸出拡大といったインセンティブも生じたと考えられる。

少なくとも一枚岩ではなかったという意味で、企業境界を超えた単なるルース・カップリング・システムだったはずの原子力村は、とくに石油ショックを経験した後、平岩時代以降の官民協調の流れのなかでタイト・カップリング・システムとしての擬似コーポレーションに化したと考えられる。こうした理由で、その理解においては動学的な企業観にもとづいたアプローチが有用だと思われる。だがもちろん原子力開発には、地域共同体、消費者、反原発団体などに代表されるように、厳密には原子力村のメンバーとみなされない多様な主体がかかわっている。そこで、擬似コーポレーションとしての原子力村を中核として、これらの主体を包摂した拡張組織をとらえるのに適した概念が求められる。

この点で本書では、ビジネス・エコシステムという概念の導入を試みた。そもそもこの概念は、ゆるやか《ルース》に結びついた多数の主体が共同で発展・存続を目的とした相互作用を展開している生態系のアナロジーにもとづく[76]。ティースによれば、ビジネス・エコシステムとは「企業だけでなくその顧客、サプライヤーにも影響を及ぼす組織、制度（機関）、個人からなるコミュニティ」のことである[77]。したがって現状として、原子力発電のビジネス・エコシステムは、擬似コーポレーションとしての原子力村、およびその外部に存在する多様な主体――社会――から構成されている。そして、このシステムの内部では、前者はタイト・カップリング、後者はルース・カップリングにそれぞれ特徴づけられるといった二重構造が確認される。このように二重構造をもつビジネス・エコシステムの下で、原子力発電に関連したケイパビリティの開発・蓄積がなされてきた。

ポスト３・11時代の原子力発電について論ずべき問題は、東京電力、関西電力など個別の電力会社のコーポレート・ガバナンスではない。むしろ、利害が一致しているために結びつきが密な凝集性の高い原子力村、そして利害が一致していないために結びつきがゆるやかな凝集性の小さい社会からなるビジネス・エコシステムのガバナンスである。こうしたビジネス・エコシステム・ガバナンスにかんして、ミクロ・レベルでは個人の自縛的犠牲の抑制を問題にする。またマクロ・レベルでは、原子力開発にかんする過剰制度化という問題をも含め、制度の複合的失敗の解決が目的とされよう。ビジネス・エコシステム・ガバナンスには、地震活動期をむかえたといわれる日本で新たな自然災害が発生したとしても、第二の福島原発危機が生じないようにするために、先に示した社会のケイパビリティ問題、原子力村のケイパビリティ問題、そして資本主義のダイナミズム問題を解決することが求められる。

ここで福島原発危機は、複数の失敗が予測不可能な仕方で相互作用しているシステム事故という特徴だけでなく、長期的帰結が見通せないという意味で予測不可能な構造的不確実性という特徴ももつことを想起しよう。そしてこうした危機的状況では、今までに経験したことのない新奇的な問題が創発しているうえ、社会を構成する諸個人と、原子力開発の盲目的・機械的推進を可能にしてきた合理的な原子力推進システムとしての原子力村とのあいだには、無視しえないコンフリクトが生じてもいる。ポスト3・11時代において、こうしたコンフリクトは、プレ3・11時代には原子力発電にたいして無関心だった一般市民が脱原発、反原発といった態度を鮮明にし、そのなかには、デモ、言論活動などに積極的に取り組むようになった者も増えた一方、政官財界の一部がやや不利な状態で苦し紛れに原子力発電の正当性を擁護せざるをえない、という図式で顕在化している。かくして前述したように、福島原発危機は、ポスト・ノーマル・サイエンスの状況とみなすのがふさわしい。

そこで以下では、とくに前述の制度の複合的失敗にかかわる三つの問題を解決する仕組について吟味する。これらの仕組は、もちろんビジネス・エコシステム・ガバナンスの構成要素と考えられる。第一に、福島原発危機に直接的なかかわりをもつステイクホルダーにとどまらず、その問題解決プロセスに関与したいと考えている主体の参加をつうじて、問題解決に向けて多様なケイパビリティの利用・開発を実現する拡張的ピア共同体が挙げられる。(78) 福島原発危機の文脈では、明確に問題を定式化し、それにたいして適切な解を見出すことはきわめて困難だと考えられる。そのため、できる限り広い範囲を対象にして、多様な主体の多様なケイパビリティを動員し、できる限り多様な可能世界を選択肢として想定することにより意思決定の質を高めていく必要がある。こうした指針にふさわしい拡張的ピア共同体は、原子力発電におけるビジネス・エコシステム・ガバナンスの成否を左右しうる支柱の一つになるだろう。

この点で飯田は、日本のエネルギー政策には、環境問題について社会的な言論活動を無数に積み上げ、歴史的に発展させた共通意味世界としての環境ディスコースが欠落しており、原子力などの科学技術にかんする問題が生じるたびに場当たり的な対応に終始してきた事実を看破する。(79) こうした環境ディスコースの欠落は、社会のあきらめと無関心、原子力村の野心と現状維持、そして何より両者のケイパビリティの欠如とがあいまって、とくに原子力発電の分野で規律づけやケイパビリティ移転といったガバナンスの機能がうまく働かなかったことを示していよう。基本的にこのことは、原子力村においても人々のあいだで議論・批判・思想の排除を促すような価値が生成し、とくに物理的技術にたいするCSRが曖昧になってしまったことと結びついていよう。(80) あいにく日本ではヨーロッパとは異なり、社会、原子力村からなるビジネス・エコシステムで環境ディスコースが蓄積される代わりに、原子力村が社会に向けて社会的安全性の生産に取り組んできた。

これにたいして、環境ディスコースの先進国とでもいうべきデンマークは注目に値する。デンマークでは、科学技術が社会に及ぼしうる影響を評価し、これを国民への告知、政策の策定に活用するというテクノロジー・アセスメントにかんして、専門家による技術的評価にとどまらず、多様な主体による社会的・政治的・倫理的評価も必要とされる。しかも、市場投入後の事後的評価ではなくそれに先立つ事前的評価を行うべきとの方針にもとづき、一九九五年には、DBT（デンマーク技術委員会）が設置された。DBTは、専門家ではない一般市民が社会を代表して特定の問題――たとえば、大気汚染、遺伝子組み換え食品、食物の放射線照射など――について専門家に質問し、コンセンサスを形成し、社会に伝達する役割をはたしている。(81)

このように、市民の一部が社会の代表として専門家との協働機会をもち、社会が専門家から学習することで、ケイパビリティを拡充しうると期待される一方、素人ならではの斬新な視点を専門家に提供することで、それが原子力発電の知識成長に活用されるかもしれない。そして専門家は、社会との協働機会をつうじて社会のニーズをより詳細にくみ取り、それを反映させつつ、原子力村のケイパビリティの拡充にも貢献しうるように思われる。だがあいにく、原子力推進文化の信仰者によって固められ、吸収阻害能力をもつようにすらみえる原子力村の鉄壁の伝統主義にたいして独力で創造的破壊を挑むのは、かなり困難だと思われる。さらにいえば、巨大な権益の網の目をはりめぐらせ、強大な支配力を手にした原子力村は、そのルーティンが環境変化のなかでもはや陳腐化していたとしても、そのイノベーションにすすんで取り組もうとはしないだろう。こうした停滞は、社会がたとえば反原発デモのような形で直接的な意思表示を試みたところで、簡単には打破できないように思われる。しかも原子力村には、原子力開発にかんして独自のインセンティブを有した政府が関与していることも忘れてはならない。与党であれ、野党であれ、ポスト3・11時代ですら、無邪気にもプレ3・11時代の体制のまま原子力開発を推進しようとする一部の政治家にひきずられながら、法・規制の策定といった面で強大な力を発揮しうる。しかし、平時の安定的状態で大成功をおさめてきたこうした原子力村の難攻不落性こそが、逆に有事の危機的状況にある今の日本では、国際社会からも疑問視されているということである。

第二に、国際的専門機関からのグローバルなケイパビリティ移転である。日本においては、政府は一つしか存在していないので政府間競争が働かないのは当然である。そのため、政府内で多様なケイパビリティの開発・蓄積に向けたインセンティブが希薄化していることは否めない。ただし、現時点で政権を握っている民主党は、連立を組む国民新党、以前は与党だった自民党、公明党をはじめ、社会民主党、日本共産党、みんなの党などの既存政党、あるいは社会で一定の支持を集めている政治的リーダーによる新党立ち上げ――新規参入の脅威――といった競争諸力に一応はさらされている。だが原子力開発にかんしていえば、ポスト3・11時代ですら、国民の生活を守るために政治主導を掲げて与党の座についた民主党のなかにも、原子力開発の推進のためのシステム構築に寄与した自民党のなかにも、賛成派、反対派が混在しているため、原子力発電の賛否、どちらの方針を掲げた政党なのか、社会の有権者の目からみて実にわかりにくくなっている。さらに、一部を除く一連の政党のあいだには、多岐にわたる経済的・政治的・社会的問題について政策上の明確な違いがあるわけでもないので、政策の質をめぐる政党間競争が働きそうにない。ましてや、それぞれの政党において、国のビジョン、政策の意義・限界などを咀嚼して国民に広く納得させられるだけの能力をもつ政治家は、きわめて稀有だといってよい。そして社会には、政治に失望した人々が政治そのもの、国の諸問題にたいする関心すらも失い、無知へと流されてしまう傾向がみられる。

福島原発危機の原因として、政治、社会の双方のケイパビリティの欠如も挙げうるが、政治家が政策立案能力、これを国民に伝達するためのコミュニケーション能力を高める一方、政党が体裁をとりつくろった内容の粗いマニフェスト——実現不可能なおとぎ話——ではなく、政治家が個人的に主張する内容の細かい政策的見解を社会に提供することで、より適切な投票決定を促すような選挙制度を設計する必要がある。さらにいえば、社会の人々ができるだけ多くのソースから情報収集を行う能力を高め、それにもとづいて現実世界のあり方を批判し、よりよき世界に向けたビジョンを形成しうるほどの教養と視野の幅を広げるような教育制度の設計も必要だろう。

しかし、かなり多くの時間を要する制度設計に唯一の救いの道を求められるほどの余裕は、危機的状況にある今の日本にはあいにく残されていない。そのためこの問題に立ちいる代わりに、日本が直面している危機的状況において原子力発電にかんするグローバルなケイパビリティ移転を迅速に実現するためのビジネス・エコシステム・ガバナンスという本題に話を戻そう。福島原発危機は、複数の原子炉での同時多発的なメルトダウンにともなう人類が未経験の難問だという意味でいえば、そもそも日本をはじめ一国の政府の手に負える範疇を超えていよう。しかし一九五七年の設立以来、原子力発電、原子力発電所の安全基準の作成・普及、保健・食品・農業などの分野での放射線利用、原子力の軍事転用を防止する核セキュリティなどの広範な分野を対象に活動してきたＩＡＥＡの専門的なケイパビリティは、ビジネス・エコシステム・ガバナンスにおいて有効な役割をはたすものと期待できよう。とくにそれは、原子力開発を偏重し、物理的安全性をおろそかにしがちになるという政府の不適切な行動を規律づけるうえでも重要な意味をもつ。

とくに福島原発危機の文脈でいえば、地域住民の避難にかかわるPAZ（予防的措置範囲）の設定、およびストレステストの意味についてのIAEAの知見を、政府は参考にすべきである。まずIAEAは、二〇〇二年の安全要件GS-R-二[82]において、地域住民の被曝を最小限におさえるために原子力発電所の半径三キロメートルから五キロメートル圏をPAZ、そして三〇キロメートル圏をUPZ（緊急防護措置区域）に設定して有効な対策を講じるというグローバル・スタンダードを確立しようとした。とくに、「敷地外での深刻な確定的健康影響のリスクを低減するため、原子力ないし放射線の緊急事態が発生したときに予防的緊急防護措置を実施するための整備がなされていなければならない施設周辺の区域[83]」としてPAZを定義した。PAZの設定により、原子力緊急事態宣言から避難決定までの時間の損失を防ぎ、被災者が原子力発電所の事故後、直ちに避難できるようにとの提案がなされた。

しかし原子力安全委員会は、TMI事故を契機として一九八〇年に防災対策の指針を示したが、JCO事故をきっかけに二〇〇〇年にその改訂を行った。その指針がいうEPZ（防災対策を重点的に充実すべき地域の範囲［防災対策重点地域］）では、風向きなどにもとづきコンピュータによって放射線量を予測したうえで避難決定が行われるため、計算を含めた一連の作業に時間がかかってしまう。しかし原子力安全委員会は、IAEAによるPAZの提案を防災指針に織り込まない、という判断を下した。だが、こうした判断は、原子力安全・保安院が二〇〇六年四月から、原子力発電の安全性にたいする国民の不安を増大させかねない、といった意見を再三にわたって原子力安全委員会に申し入れた結果、二〇〇七年五月に下されたものだった。すなわち、国内の規制機関である原子力安全・保安院は、IAEAによる物理的安全性についての基準を反故にした[84]。しかし原子力安全委員会は二〇一〇年一二月、世界的な動向に配慮して基準の導入を検討する考えを再度示した。だがこれをうけて電事連は、二〇一一年の一月一三日と二月三日に文書をつうじて、PAZについては地価の下落や観光客の減少、EPZについては領域内の地方自治体による交付金・補助金の要求といった理由をそれぞれ挙げ、これらの導入に反対する姿勢を示したという(85)。どうやら、ここでも自縛的犠牲が確認されるように思われる。

福島第一原発事故をふり返ってみると、IAEAの提案にしたがい、ひとたび地震がおきたら放射線量の予測を待つことなく直ちに避難するという行動が徹底化されていれば、地域共同体の被害を実際よりもかなり小さくできたはずである。原子力安全委員会をはじめ原子力開発にかかわってきた政府の一部組織のケイパビリティの欠如と吸収阻害能力のために、結果的には地域共同体にたいして大きな犠牲が強いられた。組織デザインの観点からすれば、危機的状況の下では、適切な情報をもたない中央がすべてを集権的にコントロールする代わりに、現場での裁量を発揮できるよう意思決定権を分権化しなければならない(86)。この点を勘案していたという点で、IAEAはすぐれていたのである。

さらにIAEAは、ストレステストにかんしてその審査プロセスの妥当性を認めるだけであって、個々の原子力発電所の物理的安全性を保証するわけではない。そもそもストレステストとは、原子力発電所が想定を超えた自然災害に見舞われた場合、原子炉建屋や他の機器などが事故にいたるまでにどれくらいのゆとりをもつかを調べるための検査である。日本では福島第一原発事故をうけ、菅直人内閣により二〇一一年七月、EUを参考にそれが導入された。そして原子炉については、二段階評価が実施されることになった。その結果、原子力安全・保安院は二〇一二年一月一八日、関西電力が提出した大飯原発の三号機、四号機の再稼働に必要なストレステストにかんして国内初の判断を下し、これを妥当とする審査書案をまとめた。そこには、福島第一原発事故の発端となった地震・津波が来襲しても、深刻な状況にいたらせないような対策が講じられていると記された(87)。

これをうけ政府は、IAEAにたいして国際機関としてストレステストの信頼性を高めるため、原子力安全・保安院の審査プロセスに一定の評価を与えるよう求めた(88)。そこでIAEAは、ストレステストの手続の妥当性を評価するために来日し、一月二六日より大飯原発での視察をはじめることとなった。そして、団長をつとめるジェームズ・ライオンズは、個別の案件についてわれわれが判断するというより、原子力安全・保安院による審査プロセスを確認することが視察の目的であることを強調した(89)。つまりIAEAは、原子力安全・保安院の審査プロセスがIAEAの安全基準に合致するかを確認する役割をはたすにとどまり、個々の原子力発電所の再稼働の許可については一切関知するところではなく、これは政府の責任だという立場をとっている(90)。結果的に一月三一日、IAEAは原子力安全・保安院の審査プロセスをおおむね妥当と評価したうえで、電力会社がストレステストで実施する内容を原子力安全・保安院が具体的に記載するよう指示書を改善すること、地方自治体にたいして説明会を開催すること、そしてストレステストの二次評価によりシビア・アクシデント対策についての審査を確実に行うなどを求めた(91)。

しかし、ストレステストの評価において前提とされている設計上の想定は、東日本大震災以前のものと何らかわりない。そして原子力安全・保安院は、大飯原発のストレステストの意見聴取会では一般市民を会場から閉め出した。さらにストレステストに加え、原子力発電所の寿命の法・規制にかんして、二〇一二年一月に細野豪志原発事故担当大臣は、運転後四〇年を超過したら原則として廃炉とする、という方針を明確にしたものの、まもなくして政府は、原子力発電所について六〇年までの運転を可能とする例外を方針して示した。(92) これら一連の証拠からすると、どうやら政府の意図は、性急な原発再稼働を実現すること、国内での新設が困難になった既存の原子炉の延命を図ること、そして願わくば原子力開発の推進を堅持することにあるかのようにみえる。こうした一連の流れのなかで、ストレステストによって社会的安全性を向上させるために、IAEAの専門性を利用したとみてとることもできる。要するに、ストレステストは物理的安全性を向上させているとはいえず、政府の行動は、社会的安全性を重視している点でプレ3・11時代と何らかわりない。

しかし危機的状況では、IAEAから政府への有効なケイパビリティ移転を実現することによって、政府の行動にたいする規律づけを可能にし、地震活動期であることを前提に原子力発電所の稼働停止、原子力発電所の物理的安全性の向上、そして自然災害のリスクの高い立地における老朽化した原子炉の廃炉などをすすめることが急務である。だが現時点では、ストレステストの事例が例証するように、政府が社会的安全性の生産のためにIAEAを利用するという不適切な図式が確認された。IAEAは、個々の原子力発電所の物理的安全性の判断にまでふみこまない。結果的に再稼働の判断は、原子力村の影響をうけた政治力学のなかで脆弱な支持基盤のうえに成り立ち、中立性を欠く内閣――より正確には、首相、官房長官、経産大臣、原発事故担当大臣――による恣意的な判断に委ねられる。この点こそが問題なのである。前述したように、こうして大飯原発の再稼働は決定されたのである。

もちろん、こうした限界を補う仕組を考えねばならない。そこで第三に、民間・公的部門での企業家精神の発揚を挙げる。この点で、かつて経済産業省の事務次官だった村田成二をはじめとした（新革新）官僚による電力自由化に向けた制度改革の取り組みが参照に値する。村田は、平沼赳夫経産大臣の下、地域独占にもとづく高い電気料金が日本企業の国際競争力を奪う一因であることを看破し、アメリカをモデルに電力自由化を推進することで電力会社の発送配電分離をめざした。その際、村田は部下をワシントンに派遣し、アメリカの「日米規制改革および競争政策イニシアティブに基づく日本政府への米国政府の年次改革要望書」に電力自由化の項目を加えてもらおうと画策したとされる。だがアメリカでは、カリフォルニア電力危機での大規模停電、およびエンロンの粉飾決算などの出来事がタイミング悪く生じ、日本での電力自由化に水をさすことになった。これとあいまって原子力村の強大な政治力が働き、電力自由化は貫徹をみなかったとされる[93]。

村田が模索した道は、アメリカを介したいわゆる「外圧」による電力産業の間接的なガバナンスである。したがって彼は、電力産業のゲームのルールを変えるうえで、この産業の大きな影響に服した政府に依拠することは得策ではなかったので、市場経済の手本であるアメリカにたいしてガバナンス機能のアウトソーシングを試みたということだろう。ここでの企業家精神によるガバナンスは、競争を欠くがゆえに多様なケイパビリティの開発が損なわれてきた電力産業において規制緩和をすすめ、市場原理にもとづく効率的な電力供給を可能にするよう発送配電一体のアンバンドリングを実現するために、ゲームのルールの変革に向けてアメリカの外圧を利用する、というアプローチだったとみなされよう。

ただし注意しておかねばならないのは、われわれは企業家精神という言葉から、民間部門での私企業（とそのメンバー）による変化の創造を思い浮かべがちである[94]。しかし、公的部門の官僚組織（とそのメンバー）が社会的厚生の増大に向けて電力産業のゲームのルールを変える、といった不確実な状況での意思決定・行動に必要とされる要素もまた企業家精神とみなされる。このように、官僚（公的部門）が私企業（民間部門）の変化を誘導しうるという意味で、民間企業家精神と公的企業家精神のあいだには相互依存性がある。とくに公的企業家精神の発揚は、新しい法・規制など民間主体がゲームをプレイするためルールの創造・施行、新しい政府組織の設立、国の仕組の再編、官民間の新しい相互作用の実現、そして民間主体による社会的な非営利目的の追求、などといった場面で期待される。(95)

福島原発危機についていえば、政府の一部を埋め込んだ凝集性の高い原子力村と凝集性の低い社会からなるビジネス・エコシステムのガバナンスを実効化するために、安定的状況から危機的状況への環境変化のなかで陳腐化したと思われるルーティンからの逸脱を試み、そのイノベーションに取り組むという企業家精神が、民間部門（電力産業）、公的部門（政府）の双方で求められている。そうしたルーティンとしては、未曾有の自然災害、原子力発電所でのシステム事故などの危機的状況にもかかわらず、旧態依然として一途な原子力開発へと突進しようとする原子力社会主義を支える過剰な法・規制のように、公的部門にかかわる制度もある。あるいは、電力会社のイノベーション能力をそぐ一方、独占レントの獲得を可能にする地域独占、発送配電一体、総括原価主義を前提としたビジネス・モデルのように、民間部門にかかわる制度もある。所与の法体系（制度的環境）の下で実行可能なビジネス・モデル（制度配置）が決まってくる以上、ひとたび環境変化が生じれば、法とビジネス・モデルの双方の変化が求められる。この点で、公的部門（政治家、官僚など）、民間部門（電力会社、業界団体などで働く人々など）のすぐれた人的資産を自縛から解き放ち、新しい時代にふさわしいイノベーションへと結びつけていかねばならない。

とくに日本の資本主義、それを支えてきた合理的な原子力推進システムとしての原子力村、そしてその基盤をなす原子力推進文化からなる重層的な構造に着目すれば、競争と多様性に向けた日本の資本主義革命は、メタ・バリューという新しい価値を具現化し、それにもとづいて関連性をもつ制度の再配置・実効化をどう実現していけるかにかかっている。以上で論じたように、ビジネス・エコシステム・ガバナンスは、拡張的ピア共同体による環境ディスコース、国際的専門機関からのグローバルなケイパビリティ移転、そして民間・公的部門での企業家精神の発揚からなる。そして、メタ・バリューにもとづくエネルギー政策は、状況依存型と特徴づけられ、発掘、探査（状況依存型の選択を含む）、退蔵の同時実現を可能にする多能に加え、ビジネス・エコシステム・ガバナンスも必要とする。

日本の資本主義の変化を導くのに必要な多能やビジネス・エコシステム・ガバナンスは、ダイナミック・ケイパビリティとみなされる。マウリッツィオ・ゾッロとシドニー・ウィンターがいうように、[96]ダイナミック・ケイパビリティには、組織のルーティンにたいする働きかけをつうじてその修正を実現するという高次のケイパビリティとしての性質がある。しかし組織は、環境変化のなかで、戦略的機会の感知・捕捉、さらには再配置を可能にする能力をもたなければ、ルーティンを修正することはできない。[97]つまり、問題認識ができなければ、問題解決につながることはないのである。

かくしてビジネス・エコシステム・ガバナンスには、強すぎる原子力村が自ら環境に適応しないですむよう、主体的に環境を形づくるための吸収阻害能力を除去し、社会親和的なケイパビリティの開発・蓄積を促進する機能が求められる。この点にかんして原子力村のメンバーは、成功をもたらした過去の物事の仕方に自信を抱きすぎたあまり、未来に向けて可能な選択肢を思い描くことができないという形で、自信過剰に陥ってしまったのではないか。[98]つまり想像力を欠くことで、特定の世界以外の多様な世界の可能性に目を閉ざしてしまったのではないか。さらに平岩時代以降、電力会社が財界の頂点に立ち、強大な政治力を掌握したことで、ゲームのルールとは、したがうものではなく形づくるものだ、という錯覚を抱くようになったのではないか。もしそうであれば、拡張的ピア共同体の確立によってできるだけ多様な主体を取り込み、多様な世界の創造——特定の世界への適応ではない——を促進することにより、オプション価値を創出することができよう。すなわち、多様なオプションによって構成された一つのポートフォリオは、そのなかの一つのオプションより大きな価値をもつ。(99)

要するに、モジュール型システムは、タイト・カップリング・システムとしての原子力村にたいして比較優位をもつとみなされる。この点については、環境と組織の関係性に着目した原子力産業の比較制度分析が明らかにするように、伝統的な日本のインテグラル（擦り合わせ）型システムは中位の不確実性の下で、そしてアメリカのモジュール型システムは高位の不確実性の下で、それぞれ有効に機能しうる。(100) したがって現在、原子力産業を取り巻く不確実性の高い環境の下では、オープン・ルールに依拠したモジュール型システムへの移行を模索すべきだといえる。さらに比較制度分析は、政府が送電網を買い上げること、原子力発電所を国有化し、独立性・専門性の高い規制機関が設定したルールにより運営すること、そしてスマートグリッドの活用を媒介として産業の垣根を超えたイノベーションを促進すること、などといった含意を与える。これらの活動は、状況依存型エネルギー政策においては探査として位置づけられよう。

ダイナミック・ケイパビリティは、個々の主体の自縛的犠牲（所属組織を埋め込んだ高次のシステムの存続・成長を優先した個人の犠牲）、自信過剰（過去の成功による想像力の欠如）はもとより、彼らによる集合レベルでの性急な集団思考を統治するものでなければならない。ポール・シューメーカーが論じるように、組織のなかでコンセンサス形成が支配的な動きになると、行動の現実的な評価が無視され、中途半端な選択肢が性急に信奉されてしまう。[101] たとえば、電力会社のアンバンドリングによって発電、送電、配電といった機能を分離する必要があり、この点でかりにコンセンサスが形成されたにせよ、発送配電分離を政治目標として掲げ、情報不足のため適切な制度設計を実現することが不可能な状況でそれを性急にすすめることは得策ではなく、単に混乱をもたらすだけだ、という懸念もある。[102] だが、ビジョンの実現を志向した迅速な行動は、ビジョンにもとづいていない焦燥感にかられた性急な行動とは本質的に異なる。ダイナミック・ケイパビリティに深く関係するのは、まさしく前者の行動にほかならない。

とくに日本では、被災地のがれき処理の地方自治体レベルでの受け入れの是非をめぐる議論が取り上げられることになったが、それ自体、地域経済の再建のためにも迅速に処理すべき問題である。しかし残念ながら政府は、性急に物事をすすめようとしているようにしかみえない。二〇一一年八月、「東日本大震災により生じた災害廃棄物の処理に関する特別措置法」(以下、災害廃棄物処理特措法」) が施行された。政府はこの法により、一般的に「がれき」と呼ばれる災害廃棄物の処理が迅速かつ適切に行われるよう必要な措置を計画的かつ広域的に講ずるとしている。しかし、日本における環境汚染の影響を最小限にとどめようというのであれば、われわれは、被災地にたいする共感、被災地の経済復興などのさまざまな理由の下、放射能汚染のリスクがあるがれきの処理を性急にすすめようとする流れを問題視し、適切な処理方法、それにもとづく環境にたいする負担の程度などについて環境ディスコースを実施し、国民のコンセンサスを広く形成していかなければならない。そうでなければ、原子力開発のときと同じ盲目的・機械的推進の図式を、がれき処理の場面でも登場させるだけである。

この点で、岩手県下閉伊郡岩泉町の伊達勝身町長は、がれき処理について適切な見解を示す。

現場からは納得できないことが多々ある。がれき処理もそうだ。あと二年で片付けるという政府の公約が危ぶまれているというが、無理して早く片付けなくてはいけないんだろうか。山にしておいて一〇年、二〇年かけて片付けた方が地元に金が落ち、雇用も発生する。もともと使ってない土地がいっぱいあり、処理されなくても困らないのに、税金を青天井に使って全国に運び出す必要がどこにあるのか。(103)

この意見は一理ある。がれき処理は、地域経済の復興に向けた雇用創出という目的に活用できるはずである。しかしあいにく政府は、地方自治体の多様な意見をくみ取ることなく、性急ながれき処理への自縛的犠牲を社会に求めているようにすらみえる。

ここで求められるのは、政府の性急な行動を規律づけるビジネス・エコシステム・ガバナンスだが、そこでは、政府、与野党、電力会社、業界団体、社会などのなかから公的企業家精神を発揮することで、この国のあり方をビジョンとして提示できる真のリーダーが重要な役割をはたすことになろう。日本の官僚組織、電力会社などで十分に活用されていないすぐれた人的資産を既存のルーティンから解き放ち、競争と多様性の利益を実現しうるような新しい資本主義の実現に向けてそれを活用するためにも、社会の広範な層の人々を取り込みつつ、国のさまざまなあり方について公的論議——公的論議のふりではない——を粛々と重ねていく必要がある。

以上の議論については、次ページの図4・3に要約される。そこには、持続可能性を実現するための新旧二つの経路が示されている。福島原発危機に直面した日本は、ポスト3・11時代にメタ・バリューという新しい価値にもとづく状況依存型エネルギー政策の下、電力産業とその関連産業にたいして、発掘・探査・退蔵の同時追求に必要な多能としてのダイナミック・ケイパビリティの開発・蓄積を求めなければならない。さらに、多様な世界の実現に寄与しうる拡張的ピア共同体による環境ディスコース、原子力産業をはじめ他産業についての高い見識を有する国際的専門機関からのグローバルなケイパビリティ移転、そして新しいゲームのルールに向けた民間・公的部門での企業家精神の発揚からなるビジネス・エコシステム・ガバナンスとしてのダイナミック・ケイパビリティの開発をすすめる必要もある。こうしたダイナミック・ケイパビリティは、個人の自縛的犠牲、自信過剰、性急な行動を統治するものでなければならない。そして、社会のケイパビリティ問題、原子力村のケイパビリティ問題、そして資本主義のダイナミズム問題に取り組むことによって、制度の複合的失敗を解決していかねばならないだろう。

また日本の電力産業は、陳腐化した既存のシステム——中位の不確実性と適合的なインテグラル型システム——から新しいシステム——高位の不確実性と適合的なモジュール型システム——への移行にともない一時的なパフォーマンスの損失、すなわちJカーブ効果(104)を経験するかもしれない。電力会社は移行プロセスにおいて、電力産業の三種の神器ゆえ古い経路の下では獲得できた独占レントを失うことになり、そこへ原子力発電所の稼働停止・廃炉などの創発的問題が重なるとすれば、収益が圧迫されてしまうことは目にみえている。それによって国内での電力の安定供給が実現できなくなるとすれば、日本経済にたいする打撃は計り知れないものとなろう。

図4.3　ダイナミック・ケイパビリティとしての多能とビジネス・エコシステム・ガバナンス（BEG）

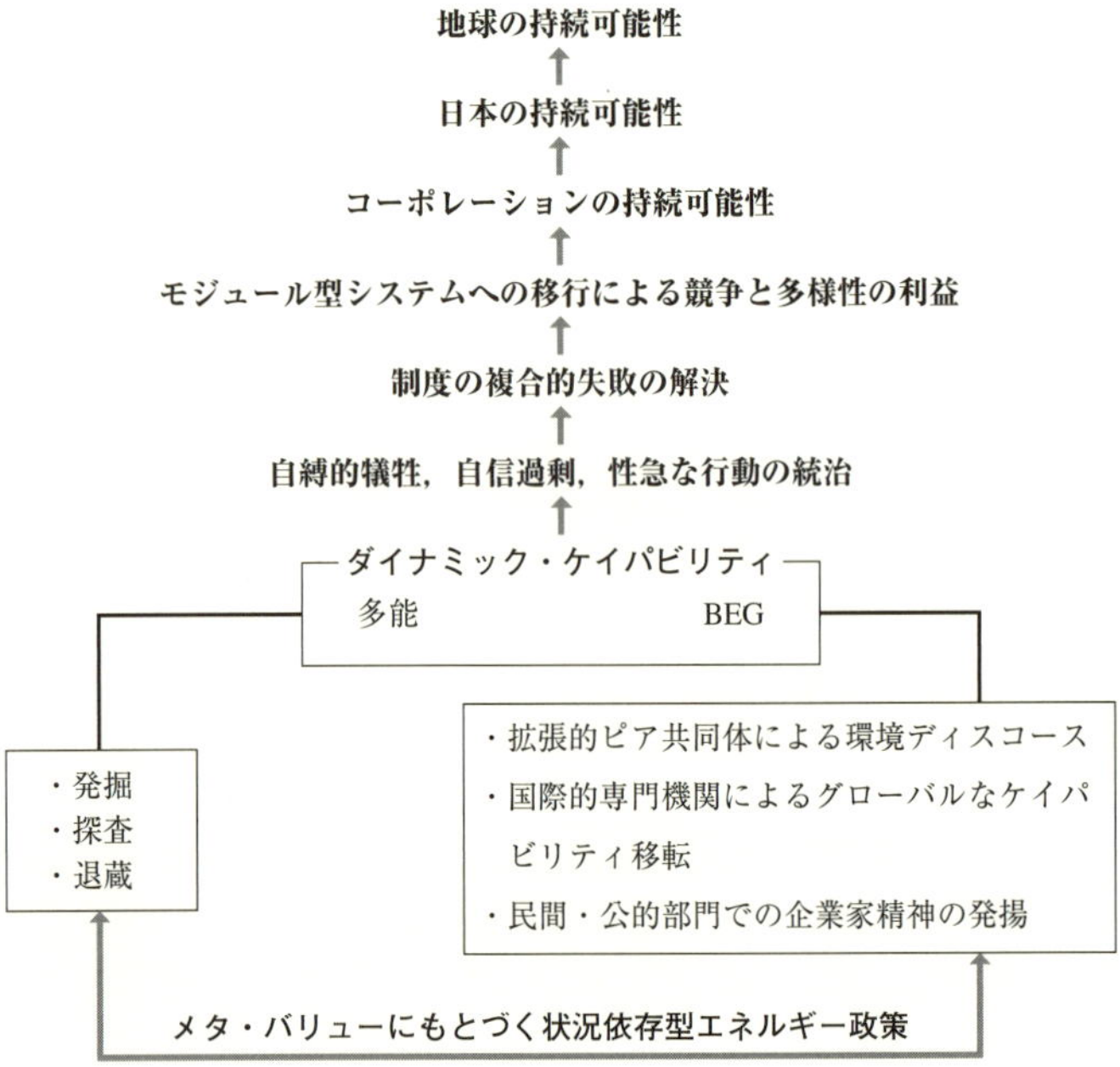

古い経路

（陳腐化した）ルーティン ⇒ 自縛的犠牲，自信過剰，性急な行動 ⇒ 制度の複合的失敗 ⇒ インテグラル型システムによる独占レント ⇒ コーポレーションの持続可能性（ ⇒ 日本の資本主義，地球の持続可能性？）

新しい経路

ダイナミック・ケイパビリティ ⇒ 自縛的犠牲・自信過剰・性急な行動の統治 ⇒ 制度の複合的失敗の解決 ⇒ モジュール型システムによる競争と多様性の利益 ⇒ コーポレーションの持続可能性 ⇒ 日本の新しい資本主義，地球の持続可能性かくして政府は、電力会社によるビジネス・モデルの再構築という局面では、管理のために莫大な費用を要する原子力発電所の国有化をすすめていく必要がある。そして、安定供給に向けた新しい電源の開発・普及を効率的に実現するためにも、高圧直流送電網への大規模投資を牽引していく必要もある。当然、古い経路のままでは、地域独占ゆえの強大な支配力、発送配電一体ゆえの送電設備利用時の高すぎる託送料、そして総括原価主義ゆえの無駄な投資などによって、社会的厚生は著しく損なわれてしまうだろう。さらに、原子力開発に有利に働く過剰な法・規制などの制度の存在もあいまって、再生可能エネルギーや送電網などにたいする投資インセンティブは阻害されてきた。古い経路のままでは、日本における電力市場のグローバル化はいつまでも進展しないだろう。原子力村、電力産業に取り込まれて規制の虜となった政府は、自らの失敗を解決し、電力市場のグローバル化を促進することで社会的厚生の増大に資するような自己統治力を身につけねばならない。

ただし新しい経路への移行は、決まった大きさの価値の取り分を安定化させる価値獲得ではなく、価値そのものの大きさを拡大していく価値創造を有利にするパラダイム・シフトを意味する。[105] そのため電力会社は、従来の価値獲得とは異なる価値創造に焦点をあてた戦略の策定・実行によって、独占レントと比べてかなり大きな競争と多様性の利益を獲得しうる。さらにそうした移行の過程では、電力会社、官僚組織に存在するすぐれた人材をイノベーションに解き放つ機会がもたらされ、社会が享受する価値も増大する。それによって、コーポレーションの持続可能性だけでなく、日本という国の持続可能性をはじめ地球の持続可能性にも正の効果がもたらされることになろう。したがって、電力産業をはじめ日本の伝統主義を変えるという資本主義革命は、けっして忌避すべきものではなく、競争と多様性の力によって局所的持続可能性と大局的持続可能性を同時に高めうるという意味で、明るい未来を切り開いてくれる変化として位置づけられる。

他方で研究者は、福島原発危機のようなポスト・ノーマル・サイエンスの状況において生じている創発的問題に取り組むため、社会科学と自然科学の境界はもとより、それぞれのカテゴリーを構成する学問分野間の境界をも超越するという意味で、超学際的な研究をすすめていく必要がある。こうした研究は、コーポレーション、産業、国、地球それぞれの持続可能性に貢献する一方、われわれは、その成果からえた知見を活用しながら、次世代にたいして人間の組織活動のインフラとしての市場、コーポレーションを確実に継承していく必要がある。いずれにせよ福島原発危機は、現実世界と理論世界にとって未曾有の課題を突きつけたことに間違いない。

第5章　競争と多様性のためのダイナミック・ケイパビリティ

本書では、福島原発危機の原因を解明し、日本の資本主義が抱える制度の複合的失敗という問題を明らかにした。その際、ケイパビリティ論にもとづく一般的説明とともに、日本の電力産業史・資本主義発展史に着目した歴史的説明をも試みた。とくに歴史的説明という点で、東京電燈という日本初の電力会社が設立された一八八三年から、福島原発危機が生じた二〇一一年までの期間を対象として、日本の資本主義の進化プロセスのなかに原子力村の生成・発展を位置づけ、原子力村の成功という観点から福島原発危機の原因を考察した。この危機は、過剰制度化に特徴づけられる共有無知の世界で生じた。ミクロ・レベルでは、高次のシステムの価値にたいする個人の自縛的犠牲が求められる一方、マクロ・レベルでは、制度の失敗によって資本主義がフレキシビリティを失っている。そして、ミクロとマクロのあいだには負の連環が生じ、マクロの化身となったミクロは、変化に向けて身動きがとれない。本書は、フクシマを日本の資本主義の危機の縮図ととらえ、この危機の解決に向けてダイナミック・ケイパビリティに希望を託した。したがって、フクシマそのものの解明を意図した従来の成果とは一線を画す。

日本の資本主義の下では、東京電力・原子力村による自己埋め込み、原子力村による真実の世界と体裁の世界の分離、そして体裁の世界への社会の幽閉といった特徴が確認される。これらの主体のあいだではケイパビリティの欠如（無知）が共有され、集合的に体裁の世界が真実の世界を凌駕した状態がみられる。日本の原子力開発は、過剰な法・規制に守られながら国策としてすすめられてきた。さらに、原子力推進文化を体化した難攻不落の原子力推進システムである原子力村の生成によって、原子力開発の盲目的・機械的推進は実現をみた。この意味で原子力村は、原子力社会主義の中枢をなす。さらに原子力村の中枢をなし、原子力発電を実質的になってきた電力会社は、地域独占、発送配電一体、総括原価主義の下で競争から隔絶され、政治経済にたいする強大な支配力をえた。電力産業、なかんずく原子力産業を基盤に進化を遂げてきた日本の資本主義は、市場を排除し計画化を志向した。

こうして日本の資本主義は、奇妙なことに社会主義によって支えられてきた。社会主義にたいする防壁となるはずの原子力平和利用は、皮肉にも社会主義によって推進されてきた。かくして日本の資本主義は、戦後長きにわたり社会主義による呪縛をうけてきた。こうした資本主義の呪縛こそ、グローバル時代の日本の桎梏であり、フクシマの原因となったように思われる。つまり、需要と供給の即時的なマッチングを要する産業の血液を供給する電力産業は、過剰な法・規制の存在もあいまってグローバル化の諸力から隔絶されてきた。だが、こうした電力産業に支えられてきた日本の資本主義の下、原子力村のケイパビリティの欠如は、原発推進文化と整合的な法・規制、原発安全神話などの過剰な制度によって補填されてきた。結局、十分な物理的安全性を確保しえなかった福島第一原発で未曾有の自然災害がおきたとき、フクシマは生じた。それは、過剰制度化のわなの顛末だった。

さらに、福島第一原発事故によりもたらされた深刻な放射能汚染は、生態系にたいして深刻なダメージを与えた。その報いは、時間の経過によりやがてわれわれ人間にはね返ってくるであろう。そして、独占の弊害により逆機能をきたした東京電力、政府の双方による社会的技術への過剰依存を温存する一連の陳腐化した制度がこのまま維持されるとすれば、日本だけでなく地球にたいしても持続可能性という点で大きなダメージを与えかねない。これらの組織は、これまで優秀な人材を集めてきたにもかかわらず競争を欠くため、もはや時間の経過とともに陳腐化した文化、インセンティブ・システムなどのせいで、彼らのすぐれた資源を旧来のシステムの保持・拡大に向けて浪費してきたようにすらみえる。

福島第一原発事故は、早期に適切な対策を講ずることができれば、深刻な基本財毀損問題をひきおこすこともなく、福島原発危機にまで深刻化せずにすんだのではないか、といわれる。第2章、第3章で検討したように、官邸と東京電力のあいだでは意思疎通がうまくとれなかったこともあり、菅直人首相が現場での問題認識、問題解決にたいして過剰な介入――たとえば、三月一二日の福島第一原発への現地視察など――を行った。他方、原子力安全委員会の班目春樹委員長は、適切な知見の提供ができず、原発事故を収束させることができなかった。結果的に原子力のガバナンスにかかわる監督行政の組織デザインの場面で、政治の過剰介入のリスク（いわゆる菅リスク）か、専門家の不完全な知識のリスク（いわゆる班目リスク）か、をめぐって議論が行われるようになった。

こうした議論が行われるなか、政府は、環境省の下で原子力安全・保安院と原子力安全委員会を統合して原子力規制庁とし[1]、これをチェックする原子力安全調査委員会を設ける案を示した。これにたいして自民党と公明党は、原子力規制庁の上部組織に三条委員会[2]として専門家からなる原子力規制委員会を設ける案を示した。端的に両者の違いは、緊急事態における指揮権の所在にあり、政府案は政治（首相、環境大臣）の介入を、そして自公案は専門家の判断を、それぞれ容認する形になっている。しかしフクシマは、すべての主体がケイパビリティの欠如に服し、そのことが問題の原因であることを示した。かくして、現時点で有力とされる自公案に内包された専門家のケイパビリティの欠如というリスクを補うためにも、ＩＡＥＡなどの原子力の国際的専門機関はもとより、原子力先進国のアメリカなどからのグローバルなケイパビリティ移転を前提とした組織デザインを模索すべきだろう。

他方、福島原発事故独立検証委員会は、とくに政治の過剰介入のリスクについて、想定外の展開のなかでケイパビリティを欠いた少数の政治家が中心となって、創発的危機にたいして場当たりな対応を続けたことを明らかにした。そして、これを「稚拙で泥縄的な危機管理」と総括した(3)。そうした危機管理においてリーダーシップを発揚した菅首相については、トップ・ダウン型マネジメント、自己主張の強さ、そして官僚組織・東京電力などフォーマルな指揮系統（ライン）の情報にたいする不信と個人的なアドバイザーである六名の内閣官房参与（スタッフ）への依存、といった三つの特徴を挙げ、それによって彼は、個別の事故管理に注力するあまり全体の危機管理を怠った点を指摘する(4)。また本来、そうした危機管理の場面では、ルーティンにしたがって動く官僚組織をできるだけ早く有事の危機対応に切り替えさせる必要があったがうまくいかず、しかも官僚以上に官僚的な東京電力の迅速な適応力の欠如も問題になった(5)。

第３章でみたように、福島原発危機の原因について、東京電力は津波帰属論を唱え、福島第一原発では津波によって全交流電源喪失が生じた直後にすべての原子炉が制御不能になった、と主張してきた。しかしＭＯＴ分析(6)は、原子炉は津波後の全交流電源喪失によって制御不能になったのではなく、しばらく制御可能だったものの、東京電力のトップ・マネジメントが廃炉による莫大な損失を回避するために原子炉への海水注入をためらった、と主張した。つまり、東京電力のトップ・マネジメントによるモラル・ハザード説（機会主義説）を唱えた。ＭＯＴ分析とは対照的に、事故調査・検証委員会の中間報告[7]は、海水注水やベントの遅れを東京電力や政府のモラル・ハザードのせいだとは考えない。しかし問題は、大島堅一がいうように[8]、外部電源をつなぐ受電鉄塔が地震によって倒壊し、津波を被る前にすでに福島第一原発は外部電源喪失に陥り、危機的状況をむかえていたことである。福島原発危機のより詳細な原因解明については、今後、国会事故調、事故調査・検証委員会などの調査報告をふまえ、多面的にさまざまな可能性を勘案する形で行われることが望ましい。深刻なバックエンド問題を抱える日本は、フクシマを契機としていずれ原子力発電所をすべて廃炉にせざるをえない。しかし、こうした国内の問題によって、地球の持続可能性、そしてこれに資する世界的な産業発展の可能性が損なわれないようにするためにも、福島原発危機を適切に理解し、その成果を世界に発信していくことは、われわれの使命である。

次に、被災地のがれきの処理という国内の問題に立ち戻りたい。所管の環境省は、国民が安心して生活できる安全な環境を保持せねばならないにもかかわらず、環境と経済開発の関係についての問題は経済産業省、環境保全に必要とされるデータ収集・処理についての問題は文部科学省、そして国民の健康と環境の関係についての問題は厚生労働省といった具合に、一省庁としてタテ割り行政の弊害・限界に制約され、関連するすべての環境問題を俯瞰し、越境的に取り組むことが困難な状況におかれているように思われる。ただしそれは、環境省だけでなく他の官庁・会社などのコーポレーション、あるいは公的部門、民間部門にかかわらず、あらゆる組織に広くあてはまる問題である。つまりそれは、内向き志向のサイロに特徴づけられた部分最適組織をホーリスティックな視点から打破していく、というクロス・ファンクショナルな組織デザイン(9)の問題である。福島原発危機に匹敵するシステム事故の発生・再発を未然に防ぐためにも、越境的な取り組みを促進する組織のデザインやリデザインに向けて、官僚組織を含め電力会社にもダイナミック・ケイパビリティが求められよう。

一朝一夕に実現するのはきわめて困難だとしても、放射能汚染のリスクがあるがれきなどを適切に処理するのに必要な放射性物質の拡散防止技術、(非現実的ですらあるかもしれないが)放射性物質の半減期を短縮する触媒、体内に取り込まれた放射性物質の排出を促進する薬品・食品、そして放射性物質に起因した病気を治癒するための薬品・医療技術などを同時に開発する、といった放射性物質関連のシステム的イノベーションの急速な進展を、危機的状況に直面してしまった今、事後的ではあるものの期待するよりほかにない。というより、そもそも高度産業社会がもたらしうるさまざまな危機を想定し、これらが生じる前に人間にとって有害な影響を軽減しうる技術を先制的に開発しておくべきだったのだろう。しかしそれは、全知全能でない人間にとっては、実現がきわめて困難な企業家的——超人的——な取り組みとみなされる。

このように、現時点で未来を先取りするというフィードフォワード型戦略は、理念的には望ましいといえる。だが、たゆまぬ利潤増大を求める貪欲な企業の視点からすれば、莫大な費用の負担にもかかわらず成功の確率がきわめて小さいため、かならずしも魅力的な選択だとはいえない。だからこそ、こうしたイノベーションに取り組む企業家、会社などを高く評価する動機づけの仕組が求められる。そして人間は、事後的な過去の内省をつうじてえた経験を現在に生かすフィードバック型戦略にもとづいた学習を選好しがちである。とはいえ、東京電力をはじめとした原子力村の事例が示していたように、いったん吸収阻害能力を獲得してしまうと、自らの過去の経験をつうじた直接学習ですら困難になってしまうようである。かくして、フィードフォワード型戦略にもとづくシステム的イノベーションにせよ、フィードバック型戦略にもとづく学習にせよ、現状を打破して変化を創造するという点でいえば、いずれも高次のダイナミック・ケイパビリティを必要とする。

原子力村は、原子力開発の面ではたしかに成功してきた。だが、その背後にある自己埋め込み、吸収阻害能力、そして原子力開発にとって有利な制度のため、環境変化を見誤ってきたおそれがある。ジェフリー・フェファーとロバート・サットンは、時間の経過のなかでの環境変化を勘案し、過去にうまくいったようにみえる物事を何も考えずにくり返すことを避けねばならない、という警告を与える。[10] この警告にかんして、彼らは興味深いストーリーを示す。すなわち、ある患者が体調を壊したので医者に行くと、その医者はその患者の容体を確認せずに、突然、盲腸の手術をするといい出す。患者が医者にその理由を聞いてみると、その人の前に診察した患者が盲腸で、その手術がうまくいったからだ、と答えた。つまりこのストーリーは、過去にうまくいったと思われる物事を、何の根拠もなしにくり返すことの異常さを浮き彫りにする。原子力村が彼らのそうした警告を無視し、国全体をまきこみながら全力で失敗するのを避けるためにも、原子力村には事実にもとづいた経営が求められる。つまりそれは、有効な物事、有効ではない物事についての事実だけでなく、危険な思い込みをもたらす半端な真実をも理解し、間違った経営の仕方を排除することである。要は、多くの人々によって当然視されている常識を疑い、事実のみを信じるという客観的な経営の仕方である。

しかし心配なことに、日本でリーダーと目されている人たちのなかには、国の経営、コーポレーションの経営において、何に優先順位をおくべきかを見極めるための思慮深さを欠き、ただ同じ物事をくり返すのに真摯になっている人もいる。ポスト3・11時代における危機的状況での原子力開発、とくにその一環とみなされる物理的安全性を確保せぬままの性急な原発再稼働は、患者の容体を確認することもなく、過去の成功体験という根拠にすらならない根拠だけをたよりに、突然、盲腸の手術をする、といい出す医者の異常な行動とかわりないようにみえる。原発再稼働は、短期的には電力不足にたいする解になりうるとしても、長期的には、陳腐化した古い経路である原子力開発の推進路線への回帰、日本経済の空洞化、さらには国・地球の持続可能性にたいする脅威となりうる。

したがってストレステストも、電力不足の可能性も、原子力規制庁の設置も、原子力発電所の物理的安全性を実質的に確保できないのだとすれば、原発再稼働の根拠にはなりえない。あいにくこのことを見極める思慮深さが、この国を動かすリーダーにはどうやら欠落している。だが彼らに、真摯さはある。だからこそ、政府は原発再稼働を決断したのだろう。しかしその真摯さは、社会の人々の基本財はもとより、コーポレーション、国、地球それぞれの持続可能性すら犠牲にしかねない原子力発電所の物理的安全性の確保にたいする真摯さの代わりに、既存の秩序の維持という限られた物事にたいする真摯さにとどまっている。真摯さも大切だが、今こそ広い視野をもち、平時の安定的状況と有事の危機的状況との違いを思慮深く判断すべきときなのである。必要なのは、劇的な環境変化を勘案してテール・リスクに配慮するというカタストロフィ・マネジメントの視点にほかならない。

福島原発危機は、われわれに三つの教訓を与えてくれた。第一に、急いては事をし損じる。第二次世界大戦後、日本はＧＨＱによる財閥解体をへて前近代的な制度の創造的破壊を試み、市場経済への移行を模索しはじめた。その過程で旧財閥系企業は、銀行を中心として企業集団の形成へと動いていった。他方でアメリカは、ソ連とのイデオロギー対立という状況で共産主義勢力にたいする防壁として日本を位置づけ、対日占領方針を独占禁止・集中排除から経済の自立促進へと転換した。[11] そして、こうした状況で原子力平和利用を提唱し、日本では、GE、ウェスティングハウスといった原子炉メーカーから急速なケイパビリティ移転が試みられた。しかし、原子力発電の分野で比較劣位だった日本の電力会社・原子炉メーカーにとって、比較優位だったGE、ウェスティングハウスなどがもつ直接的ケイパビリティを適切に評価するための間接的ケイパビリティをもつことなど、そもそも高嶺の花にすぎなかった。[12] というのも、日本の原子力開発は、正力松太郎、中曾根康弘など一部の政治的企業家が抱く個人的野心がからみあう形で性急にすすめられ、原子力発電に必要なケイパビリティのアウトソーシングにもっぱら依存し、独自のR&D活動、規格の確立に向けた努力を怠ってきたからである。そうした仕方に猛反発した湯川秀樹らの主張を真摯にうけとめることで、もし日本が原子力発電にかんするケイパビリティの内部化を早期からすすめていたとすれば、福島原発危機は食い止められたかもしれない。ケイパビリティがなければ、ケイパビリティを評価することなどとうてい不可能である。本書で確認してきたように、あいにく東京電力をはじめとして日本の電力産業は、原子力発電にかんする限り安全な運転を確保するためのケイパビリティの開発・蓄積に失敗してきたようである。だが福島原発危機の原因を、もっぱら東京電力という単一の会社のモラル・ハザードに帰すという仕方は適切ではない。したがって本書では、電力会社以外に広範な主体を包摂したビジネス・エコシステムを対象にしたガバナンスについて論じてきた。

第二に、覆水盆に返らず。われわれは未曾有の危機に直面しているにもかかわらず、いまだにその深刻さに気づいていない人たちも案外多いのかもしれない。だがわれわれは、現時点では人間の手に負えないほど厳しすぎる現実に対峙している。原子力村がおかした罪は、放射性物質を拡散させ、社会に基本財毀損問題をおしつけたという点ではきわめて重い。しかし、原発安全神話をナイーブにも信じこみ、原子力発電から注意をそらし、結果的に原子力開発の盲目的・機械的開発を許してしまった社会にもそれなりの責任がある。したがって、ポスト3・11時代にふさわしいエネルギー政策と資本主義を実現するためにも、原子力村、社会からなるビジネス・エコシステムのガバナンスが不可欠である。だが悲しいかな、原子力村にいくら厳しい非難の言葉を浴びせようと、われわれは原発事故前のプレ3・11時代に戻ることはできない。そして彼らも人間であり、あやまちから逃れることはできない。われわれは、厳しすぎる現実を乗り越え、コーポレーション、国、地球それぞれの持続可能性を整合化させるような新しい資本主義に向けて前進していくしかない。

われわれには、平和な日常をすごしていたプレ3・11時代における自縛的犠牲によって、原子力発電にかかわる諸問題にたいして真摯に取り組んでこなかったがゆえの代償が、今頃になって求められているともいえる。あえて誇張した表現を用いれば、今後われわれは、単なる利潤追求機械と化した東京電力、これを中核とした原子力開発の盲目的・機械的推進のための合理的機械としての原子力村にひきずられる形で、資本主義の名を冠してはいるものの、実質的には社会主義という名の闇の世界へと逆戻りし、「想定外」の自然災害とともに自爆する以外、残された道はないのだろうか。そして日本では、二〇%超の電力のために原子力発電（石炭、天然ガスに次ぐ三番目の電源）に依存し、そのために地震リスクの大きい日本列島を五四基の原子炉で取り囲み、自爆の危険にさらしてきた。この事実を直視しよう。自縛の結果として、大きな地震リスクをもつ日本列島を取り囲むように設置されたダモクレスの剣は、意図せざる帰結として日本という国の自爆装置と化し、この小さな島国とその住人たちを殺しかねない。想像力の産物であるこうした最悪のシナリオが現実化するのを防ぐべく、敏速に叡智を結集させなければならない。

われわれの兵器庫のなかには、多様な世界を創造するための競争、という強力な武器が唯一残されていることを、あらためて肝に銘じておかねばなるまい。そしてわれわれは、自分が所属する組織の存続・成長を過大視することを、直ちにやめる必要がある。そして、自分と近接した関係にある（コンパクトな）他組織、これらを埋め込むより高次のシステムの価値・期待を忖度するのをひかえる必要もある。でなければ、そうしたシステムがもたらす秩序の意味を見失い、秩序の維持が自己目的化することで、環境に適合していない陳腐化した秩序のために、個人は疎外され続ける。長い歴史のなかで育まれてきたシステムの慣性や経路依存性は、否応なしに個人の資源を奪おうとする。自縛的犠牲から逃れるには、組織を含めた高次のシステムから一定の距離を保つことで、多様なケイパビリティを吸収するための多様なコンタクト・ポイントをもつことにより、認知・行動にかんしてフレキシビリティを用意しておく必要がある。そうでなければ、特定の組織と一体化することによって、その組織より高次のシステムが陳腐化していたとしても、その延命のために無駄な自縛的犠牲を強いられるだけである。

どうやらわれわれは、自分とそのコンパクトな社会――たとえば、血縁、閥、利権などにもとづく局所的社会――の繁栄・存続に執着し、日本という国、そして世界を大局的に俯瞰することを忘れつつある。とくに近年の日本では、ヒエラルキーの頂点に近づくことでえた権力を、局所的社会の価値獲得のために用いる擬似リーダーが跋扈しているようである。特定の組織――所属組織とそれを埋め込む高次のシステム――のための価値獲得にばかりに集中し、国や地球のための価値創造を犠牲にしすぎているのではないか。ガラパゴス化とは、視野狭窄による局所探索に終始することで、下位から

表5.1　東日本大震災から約一年後の日本の原子力発電所の状況

北海道電力	**関西電力**
泊 1a 2a 3c（9.8メートル、550ガル）	敦賀 1b 2a（2.05メートル、800ガル）
東北電力	美浜 1b 2b 3a（1.57メートル、750ガル）
東通 1a（8.8メートル、450ガル）	大飯 1a 2a 3a 4a（1.86メートル、700ガル）
女川 1d 2d 3d（13.6メートル、580ガル）	高浜 1a 2b 3b 4b（1.34メートル、550ガル）
東京電力	**北陸電力**
福島第一 1d 2d 3d 4d 5d 6d（5.7メートル、600ガル）	志賀 1b 2a（5メートル、600ガル）
福島第二 1d 2d 3d 4d（5.2メートル、600ガル）	**四国電力**
柏崎刈羽 1a 2b 3b 4b 5b 6c 7a（3.3メートル、2300ガル）	伊方 1b 2b 3a（3.97メートル、570ガル）
日本原子力発電	**九州電力**
東海第二 1d（5.75メートル、600ガル）	玄海 1b 2a 3b 4b（2.05メートル、540ガル）
中部電力	川内 1a 2a（3.69メートル、540ガル）
浜岡 3b 4b 5b（8.3メートル、800ガル）	
中国電力	
島根 1b 2b（5.7メートル、600ガル）	

注）『毎日新聞』（2012年3月1日）、http://mainichi・jp/select/jiken/graph/1year20120301/index.html にもとづき著者作成。原子力発電所の名前の後に続く数字は、原子炉の番号（号機）、そしてアルファベットは、aストレステスト提出、b定期検査などにより停止、c運転中、d震災により停止、をそれぞれ表す。括弧内の数字は、想定津波、想定地震動を順に表す。表は、2012年3月1日時点での現況を示す。したがって、2009年1月に運転終了となった浜岡原子力発電所の1号機、2号機は表に含まれていない。

上位へとつながるシステムのヒエラルキーにおいて下位のシステムの持続可能性の実現に自己満足することである。日本の資本主義が抱える問題は、ものづくりのガラパゴス化などではなく、リーダーシップのガラパゴス化、ひいてはリーダーシップの高次で作用すべきモニタリングやケイパビリティ移転などを意味するガバナンスのガラパゴス化なのである。

とくに官僚、政治家など、法・規制の立案に携わっているリーダーは、自分の局所的な世界観に

表5.2　東日本大震災から約一年後の福島第一原子力発電所の状況

	建屋内放射線量	放射能汚染水
1号機	23から5000	1.42
2号機	5から430	2.21
3号機	10から1600	2.38
4号機	0.1から0.6	1.81

注）http://www.tokyo-np.co.jp/article/feature/nucerror/condition/list/CK2012031202000073.htmlにもとづき著者作成。建屋内放射線量の単位は毎時ミリシーベルト、放射能汚染水の単位は万トン。数値は、2012年3月12日時点のものを示す。

よって策定されたルールの力で、その意図とはまったく無関係に、国そのものの消滅すら導きかねない、という切迫した危機感をもつべきである。危機感は、想像力をかき立たせることをつうじて、非現実的かもしれないが、完全には棄却できない多様な可能世界を描き出すのに必要とされる。とくに、多様なケイパビリティの実現に向けたイノベーションを促進する競争の活性化を目的とした立法化のプロセスにおいて、危機感にもとづく想像力は、主体にとって選択肢の幅を拡張していくのに重要な役割をはたす。

ところで二〇一二年五月五日、すべての原子力発電所は運転を停止した。それより二ヵ月前、すなわちフクシマの約一年後の二〇一二年三月一日の時点では、**表5・1**に示されるように、ストレステストを提出したのは電力会社七社（一六基）にのぼり、原子力安全・保安院の審査、原子力安全委員会の確認作業を経た後、最終的には首相と三閣僚による再稼働の可否の判断へと続く[13]。そして事故から一年が経過した福島第一原発の現状については、**表5・2**に示される。驚くべきことに、使用済核燃料が一号機には三九二本、二号機には六一五本、三号機には五六六本、四号機には一五三五本も、それぞれ震災後から残されたままになっており、原子炉に装荷されている量より多い[14]。

万一、想定外の同時多発的な自然災害やテロなどにともなう原発事故が、福島県にとどまらず今後、他の地域でもおきたとすれば、日本はどうなってしまうだろうか。日本は、そうしたリスクに十分な備えができているといえるだろうか。もしそうした事故が現実化してしまえば、当然「想定外」という言葉にはもはや何の効力もない。というのも、そのときには、想定外という日本語を使える日本人は絶滅し、日本という国が消滅しているかもしれないからである。この最悪のシナリオを絶対に阻止せねばならない。だがフクシマ後でもなお、原子力平和利用という大義の下で日本の海岸線沿いに建設されてきた一連の原子力発電所が、対外的には潜在的な核抑止力として機能している、という見解をナイーブにも唱える人たちもいよう。彼らにしてみれば、大国・強国の象徴である原子力（発電所）は神聖なものなのだろう。そして、ほとぼりがさめるのをねらって、従来通りの原子力開発の盲目的・機械的推進のプログラムを復活させようと目論む人たちもいよう。だがあいにく福島原発危機のため、ポスト3・11時代の社会において原子力発電を取り巻く状況はいっそう厳しくなった。しかも、原発安全神話という心地よいベッドでの長い眠りから目覚めた普通の市民による脱原発運動の高まり、「原発」にたいする嫌悪感の醸成が促進され、原子力村が国策として従来通りの仕方で原子力開発の推進を実現することは、ますます困難になりつつある。国防のつもりが一転、自爆とは実に皮肉な話だが、福島原発危機を機に、国としての自爆を防げるよう国を変えていくうえで、ダイナミック・ケイパビリティは有望だと思われる。

しかし、これまで蓄積してきた原子力発電にかかわる一連のケイパビリティを犠牲にして、今この瞬間から原子力開発を全面的に中止する、というのは現実的な話ではない。たとえば、これまで原子力発電所に依存しながら地域経済の発展を導いてきた原発城下町にせよ、そうした地域共同体を渡り歩き、原子力発電所に雇用機会を求めてきた原発ジプシーにせよ、全体の発展のために犠牲を強いられてきた部分が、原子力発電の中止によってまた新たな形での犠牲を強要されてしまう。他方、原子力発電と電源三法にもとづく交付金の双方に甘えて、地域での有力な産業のイノベーションを怠ってきた原発城下町のために、あるいは地域独占に甘えて、フレキシブルなビジネス・モデルのイノベーションを怠ってきた電力会社のために、物理的安全性を確保していない状況での原発再稼働を容認することも、部分による全体のための犠牲という域を出ない。原発推進派にせよ、脱原発派にせよ、双方ともに、ホーリスティックな視点を欠いたコンパクトな価値獲得ゲームをくり広げる異なるプレイヤーに付けられたラベルにすぎないとすれば、部分による全体のための犠牲という問題は、一向に解決されぬまま放置されてしまうだろう。

そもそも福島原発危機は、原発推進か、脱原発か、という二者択一的な選択をわれわれに求めているのだろうか。それとも、「原発推進派　対　脱原発派」といった対立図式を止揚しうるような新しい価値の創造を求めているのだろうか。この点にかんして、クリストス・ピテリスはいみじくも述べている。

　危機とは、ギリシャ語で「判断」を表す言葉である。資本主義制度の危機は、資本主義制度が一般的な状況の下で通常はたすべき機能を適切にはたしているかどうかを判断するための節目にほかならない。(15)

福島原発危機に直面したわれわれには、自分たちがこれまで開発してきた一連の資本主義制度の機能について冷静な判断が求められている。原子力発電を取り囲む形で発展を遂げてきた日本の資本主義は、今まさに岐路に立たされている。そして、少なくとも私は、福島原発危機がわれわれに突きつけたのは、原子力開発をめぐる二者択一的な選択などではないと考える。

戦後日本の資本主義発展史をみればわかるように、日本はとりわけアメリカの存在によって多大なる便益を享受し、豊かな社会へと近づいてきた。このことを勘案すれば、今後も、原子力発電だけでなく、今回の福島原発危機以降のポスト3・11時代に求められる放射性物質関連のシステム的イノベーションにおいても、アメリカを中心とした国際社会との協力関係が必要とされよう。日本は国際社会との共進化のために内向き志向を捨て、競争と多様性がもたらす潜在的便益についてのさらなる学習をすすめ、前近代的な社会主義的性格を残存させている電力産業の近代化に取り組む必要がある。この点で、自縛的犠牲から独立しているのはもとより、そうした取り組みに長期的にコミットしていけるような専門家を、とくにすぐれた一部の官僚のなかで育成していくこと、そして必要に応じて海外の豊富な人的資産ベースから採用していくことが求められる。さらにいえば、多くのすぐれた人材を抱えていると思われる電力会社のなかから、そしてフクシマと日本の問題、さらには地球の持続可能性の問題に取り組もうという決意を秘めた次世代の人々のなかから、二一世紀の松永安左ヱ門が登場することも期待しておこう。ただしそのためには、そうした企業家の受け皿となる多様なコーポレーションにおいて、抜本的な組織のリデザイン——とくに、独占の弊害によって官僚化した組織が逆機能をきたすなかで、社会常識からずれた既存の秩序に「人間らしさ」を吹き込むための改革——が必要なのはいうまでもない。

本書で提示したように、彼らに求められる役割は、前述の対立図式を止揚するメタ・バリューにもとづく状況依存型エネルギー政策によるマルチタスクの同時追求にほかならない。つまり、日本が地震活動期をむかえたことを前提として既存の原子力発電所を基本的には稼働停止（退蔵）させ、現在の海外輸出と将来的な国内でのニーズに向けて原子力発電のケイパビリティの深耕など（発掘）を試みる一方、放射性物質関連のシステム的イノベーション、再生可能エネルギーなどの新しい電源開発、さらには物理的安全性の確保・向上など（探査）にも注力するという価値である。ここでは、発掘、探査（状態依存型の選択を含む）、退蔵の同時追求が求められるという点で、多能というダイナミック・ケイパビリティが重要な意味をもつ。

その際、日本が従来うまくなしえなかった原子力発電のケイパビリティの適切な開発・蓄積を補うべく、アメリカをはじめとした原子力先進国はもとより、IAEAのような専門性の高い国際機関からのグローバルなケイパビリティ移転を図り、日本において資産の迅速な再配置を実現できる仕組を構築せねばならない。こうした仕組は、日本における制度の複合的失敗にたいする処方箋にもなりうるはずである。周知のように、この点では従来、とくにアレバと三菱重工、ウェスティングハウスと東芝、GEと日立などといった組み合わせの下、企業間の提携・買収をつうじたケイパビリティの開発・蓄積がすすめられてきた。こうしたグローバルな共進化体制によるケイパビリティを今後は、局所的持続可能性ではなく、大局的持続可能性の実現に向けて活用していかねばならない。

とくに福島原発危機で明らかになったように、過去におきた地震・津波などの自然災害のリスクをできるだけ長期的な観点から評価するためのケイパビリティが重要な意味をもつ。こうした自然災害に対処するためのケイパビリティを海外へのプラント輸出に反映させる一方、国内では困難な原子力発電所の新設・運転延長から、原子力発電所を必要とするとともに一定の条件を満たした開発途上国などへの輸出拡大へと力点をシフトしていくことで、これまで蓄積してきた原子力のケイパビリティを活用する必要があろう。その際、新規事業機会の開拓、より安全で精緻化した技術開発などのマルチタスクに同時並行的に取り組むことが求められる。また、国内の既存の原子力発電所については、地震活動期を前提として稼働停止とし、自然災害のリスク、それが生じた場合の潜在的な被害の大きさ、それにたいする耐久性、耐用年数などを総合的に再検討し、リスクが高いとみなされる原子力発電所から廃炉に向けた準備を早急にすすめていく必要がある。もちろん、建設されてから数十年もの年月が経過している陳腐化した技術を体化した耐用年数目前の原子力発電所の廃炉は、もはや避けられない。したがって、そうした原子力発電所の寿命の延長に向けた過剰制度化の小細工は、物理的安全性の確保という観点からみて社会的にうけいれられるものではない。日本においては、どんなに過剰な制度を設定しようともバックエンド問題の深刻化は不可避であるため、いずれすべての原子力発電所は廃炉の運命をたどらざるをえないのである。

さらに社会との関係において、地域共同体が抱えた基本財毀損問題を迅速に解決することが何より優先されるべきである。しかし問題は、原発事故により生活基盤を奪われてしまった被災者の人々は、不適切にも「東大話法」(16)が駆使された不親切な書類による複雑な手続をへて賠償金を手にしたところで、基本財を元通りに取り戻すことは難しいかもしれない。さらに第3章でも述べたように、不適切な制度によって電力会社のモラル・ハザードが誘発されかねない、という主流派の組織経済学的解釈に依拠すれば、基本財毀損問題の解決にかかわる原賠法は、原子力事故の責任を最終的には国に押しつけ、電力会社のモラル・ハザードの種子を内包している。この点は、竹森俊平が主張していたことでもある(17)。それとはやや違う角度から、マーク・クーパーは述べる。

市場は、原子力発電所の賠償を扱ううえで最善の制度であり、民間の賠償責任は、市場行動を規律づける最善の規制体系となる。国内的にも国際的にも、新しい原子炉にたいする賠償責任の上限を撤廃することで、現行の賠償責任制度は廃止にすべきだろう(18)。

だが私見によれば、福島原発危機を解決するには、こうした原賠法などの特定の制度ではなく、むしろ**表3・3**に記された一連の制度からなる制度的複合体の改革が求められることになろう。

半減期がとてつもなく長い放射性物質によって汚染された自宅、土地、生活用水、農地、学校などの除染をすすめたところで、原発事故前の状態を復元できるどうか定かではない。ましてや福島第一原発には、放射性物質を放出し続ける原子炉、放射性物質によって汚染されたがれきや汚染水などが残されたままである。残念なことに、事故の当事者である政府、東京電力、さらには世界中の誰にも、過去に経験したことのないこれらの深刻な問題をどう解決してよいのかわからない。とはいえ、立ち止まっていては何の解決にもならない。そこで、たとえば海水注入によってもはや使用できなくなった原子炉の廃炉をすすめていくのはもちろんのこと、小水力、太陽光、地熱、風力、バイオマスなど原子力に代わる新たな代替電源を探査するとともに、原子力を含めて火力、水力といった既存電源の発掘を試みる必要もあろう。原子力発電に依存したビジネス・モデルを確立してきた電力会社をはじめ、原子力発電所の立地である地域経済だけでなく、日本の国民経済、ひいては国境を越えた世界経済も、そうした探査、発掘、退蔵というマルチタスクのニーズを、ポスト3・11時代の潜在的な事業機会とみなし、ビジネス・モデルの迅速な創造によって一連の事業との結びつきをつくり出すことで、さらなる経済発展を実現できるように思われる。

原子力村は、原子力開発の成功により吸収阻害能力を身につけた。そして、社会的技術のイノベーションの成果である体裁の世界のなかに、時間をかけて社会を幽閉してきたものの、自己埋め込みによって自らもその世界のなかに閉じ込められてしまった。そして、真実の世界では物理的技術のイノベーションの画期的な成果を生み出せなかった。つまり、原子力村、社会はともにケイパビリティを欠如し、社会的技術の過剰という体裁の世界と、物理的技術の空虚という真実の世界の分離がもたらされた。こうした世界は、原子力開発に有利となる過剰な制度によって可能になった共有無知の世界にほかならず、それに未曾有の自然災害が加わったことで福島原発危機は生じた。人々は、福島原発危機を経験することで、そうした世界の分離にようやく気がつきはじめた。つまり、福島原発危機は「寝た子」をおこしてしまった。実際、放射性物質の半減期、核燃料の放射熱などを制御しえないという点で、原子力発電にかかわる物理的技術はいまだ完成の域に達していない。もちろん、地震・津波などの自然災害を制御できないという点でも同じことがいえる。こうした不完備性に由来する危険性を、原発安全神話によって覆いつくしたところで、根本的には何の解決にもならないということを、福島原発危機はわれわれに教えてくれたのである。

概して人間は、制御が相対的に容易だという理由で、物理的技術より社会的技術に向けて注力しがちになるため、社会的技術への依存度は物理的技術への依存度を凌駕し、社会的技術の過剰、物理的技術の空虚という形で二つの世界が分離することになろう。すなわち福島原発危機は、原子力村が実質を高めるための物理的技術ではなく、体裁をよくみせるための社会的技術に依存しすぎる形で自己埋め込みに陥ったことを示す一つの例証にほかならない。福島第一原発を運転し、福島原発危機の当事者となった東京電力は、社会的技術によって社会を体裁の世界に閉じ込めるつもりが、自らをもその世界のなかに埋め込んでしまった。このことは、以下に示す社史からの引用をみても容易に理解できよう。

> 原子力の安全に関しては、多くの法令や基準などが整備されているが、当社はこれらを遵守することはもとより、国際的な勧告などを先見的にとらえ、新開発の安全手法や技術を積極的に採用し、さらに内外の原子力発電所の事故や経験を教訓として安全確保対策に反映させてきた。…また、事故対策としては、技術的見地からは考えられないケースまでを仮想して安全対策を立てていることが、原子力発電所の特徴の一つである。このため当社は、多重防護の考え方に立って、異常な状態の発生を防止することを第一とし、それが拡大して事故へと発展することのないよう、さらに万一事故が発生した場合にも公衆の放射線災害を防止できるよう、多重の防護策を講じている。[19]

東京電力がこの引用通りのことを心がけていれば、福島原発危機はおきなかったはずである。だが悲しいかな、福島原発危機は現実のものとなった。

ということは、「先見的」「積極的」「多重防護」などこの会社の実態とはかけ離れた表現は、社会の人々の認知をコントロールすることで、原発安全神話に描かれた体裁の世界に彼らを幽閉するのに貢献してきた社会的技術の表象にすぎないということになろう。つまりこれらは、東京電力が原子力発電における物理的安全性のケイパビリティの欠如を補填するかのごとく、社会的安全性の過剰生産にひたむきに取り組んできたことにより生み出された認知的産物にほかならない。だが今となっては、自己埋め込みがもたらした顛末をむなしく物語るだけである。

さもなければ、この企業は本当に「技術的見地からは考えられないケースまでを仮想して安全対策を立て」た結果、福島原発危機を招いてしまったのだとすれば、そうした仮想を試みる際に本質的な想像力を欠いていたというだけの話である。いうは易く行うは難し。何ができるかではなく、他者にどうみえるかが重視されるようになると、物事の実行に必要とされるケイパビリティの開発・蓄積ではなく、むしろ人目をひく表現・発言を重視するようになる。こうした意味で原子力村は、社会を「寝かせ続けたい」と思うあまり自己埋め込みに服してしまったが、それは能弁のわな[20]に深く関係する。ただし、前者は後者とは違い、単なる個人レベルでの話ではなく、複数の主体からなる集合レベルでの話であることに注意しよう。すなわち自己埋め込みは、さまざまな個人の認知・行動が集計されてもたらされた制度的現象だということである。

しかしフクシマは、東京電力だけでなく、他のコーポレーション、日本人、さらには人類にとっても自らの想像力の乏しさに気づかせるための試金石なのだとすれば、せめて私は、この危機のなかに機会を見出す楽観主義者であり続けたいと思う。ここでいう機会とは、日本はもとより世界において、真の資本主義の実現をめざす資本主義革命に向けて用意されたシェルターということになろう。もちろんそれは、国内で新しい産業の可能性を模索する機会にとどまるものではない。すなわち、自縛的犠牲の忖度・受容を暗黙的に強制するような全体主義的傾向から逃避すべく、海外に出てグローバル化に対応していく機会をも意味する。しかし、国内にとどまっていようが、海外に出ようが、われわれはグローバル化という怪物から逃れることはできない。

こうした観点からすれば、福島原発危機は、われわれのグローバル化への適応力、ひいては日本の持続可能性、地球の持続可能性の試金石でもある。今回、環境にやさしいはずの原子力発電は、環境にすらやさしくできず、われわれ人間をも危険にさらしてしまった。だがそれは、過渡的な電源として戦後日本の経済成長を支えてきたし、今後もグローバル経済のなかで自然災害のリスクの小さな開発途上国の経済成長を支えていくことになろう。そうすれば、その開発途上国も温室効果ガスの削減という点で地球の持続可能性に貢献しうるだろう。フクシマを契機として、昭和が生み出した原子力社会主義という亡霊の存在が明らかになった。怪物と亡霊がせめぎあうなか、日本の資本主義は岐路に立たされている。会社、産業、地方自治体、官僚組織、政府といった各組織を構成する人々は、日本や地球がまだ残されているうちに、これらの持続可能性にたいする危機感を抱き、自縛的犠牲から自らを解き放ち、新しい資本主義の発展に向けて一刻も早く動き出す必要がある。この場面では、ダイナミック・ケイパビリティの獲得が求められる。今こそ、想像力を発揮し、未来へ向けてできるだけ多様な世界を思い描くべきときである。福島原発危機は、時間の経過に身を委ねているだけでは何も変わらない、という第三の教訓をせっかくわれわれに与えてくれたのだから。

われわれは、資本主義国に住んでいると思っていたが、意図せざる福島原発危機を機に、この国には社会主義の亡霊がいることに気づかされた。アメリカという資本主義国をモデルとして経済発展に向けて取り組んできたはずなのに、とくに電力産業は、政治経済にたいして強大な支配力を発揮し、競争と多様性を排除することで成功を遂げ、戦後日本の経済発展に大きく貢献してきた。他方、戦前からの社会主義的遺産を継承するとともに、国策の名の下で過剰な法・規制に守られながら、原子力社会主義の確立・維持を合理化してきた。平時であれば、このシステムはうまく機能してきたといえるだろう。

しかし有事に直面している今、われわれは、自爆の危険が目の前にあることに気づかなければならない。福島原発危機は、今もなお続いている。この危機を招いた日本の資本主義を精査し、それを呪縛する社会主義を除染すべきときがどうやらきている。ただし、社会主義の除染という作業は、電力産業をはじめ原子力産業、これらに依存してきた国民・地域経済にたいする不利益を意味しないし、そうであってはならない。日本は、グローバル時代において地震活動期に入ったことをふまえ、福島原発危機の解決に向けてグローバルなケイパビリティ移転を可能にするとともに、危機的状況にふさわしいエネルギー政策の再構築をすすめていかねばならない。本書では、その一つの可能性としてメタ・バリューにもとづく状況依存型エネルギー政策を試論的に提示した。エネルギー政策の再構築という過程では、これまでの資本主義のあり方を見直すことは至上命題になっている。この場面で、官僚組織、電力会社をはじめとする日本のコーポレーションはその局所的持続可能性と、より高次のシステムの大局的持続可能性とを整合化すべく、新しい資本主義に向けてすすんでいけばよい。

誰かが何かしてくれると皆が思っているだけでは、誰も何もしないという結果しか導かれない。それでは結局、何も変わらない。そうではなく、危機を乗り越え、自国のみならず地球の持続可能性への貢献を意図する多くの人々が、想像力と行動力を発揮することで、新しい日本、ひいては競争と多様性の利益を尊重する新しいシステムを機能させること、それがすなわち資本主義革命にほかならない。個人はもとより、コーポレーション、国、地球、それぞれの持続可能性を両立させるための革命は、社会の人たちだけでなく、政府、電力産業などの原子力村の人たちにとっても挑戦的な課題である。われわれの未来は、われわれ自身にかかっている。

104. Whittington *et al.*(2000), Whittington and Pettigrew(2003)を参照。
105. 価値獲得と価値創造については，Pitelis(2009)を参照。

第5章

1. 以下，原子力規制庁についての記述は，『朝日新聞』(2012年5月30日)，『毎日新聞』(2012年6月6日)，『毎日新聞』(2012年6月7日)による。
2. 三条委員会とは，国家行政組織法第三条にもとづき設置される高い中立性をもつ行政委員会をさす。
3. 福島原発事故独立検証委員会(2012, p. 119)。
4. 福島原発事故独立検証委員会(2012, pp. 108-112, p. 393)を参照。
5. 福島原発事故独立検証委員会(2012, pp. 391-396)を参照。
6. 山口(2011a, 2011b, 2011c)を参照。
7. 事故調査・検証委員会(2011)を参照。
8. 大島(2011)を参照。
9. Roberts(2004)を参照。
10. Pfeffer and Sutton(2006)を参照。
11. この点については，谷口(1995)を参照。
12. こうしたケイパビリティの二分法は，Loasby(1998)を参照。
13. 『毎日新聞』(2012年3月1日)を参照。
14. 大島(2011)を参照。
15. Pitelis(1991, p. 147)。
16. 安冨(2012)を参照。
17. 竹森(2011)を参照。
18. Cooper(2011a)による。
19. 東京電力社史編集委員会(1983, pp. 852-853：傍点著者)。
20. Pfeffer and Sutton(1999)を参照。

70. Simon(1957, 1991), Akerlof and Kranton(2000, 2005, 2010)を参照。
71. Granovetter(1985), Aoki(2001, 2010)を参照。
72. 詳しくは，Hodgson(2003), Aoki(2010), Taniguchi(2011c)を参照。
73. Chandler(1977, 1990)を参照。
74. Penrose(1959)を参照。
75. Pitelis(1991)を参照。
76. Iansiti and Levine(2004)を参照。
77. Teece(2009, p. 16)。
78. Ravetz(1999)を参照。
79. 飯田(2011c)を参照。
80. 高木(2000)を参照。
81. ここでのデンマークの事例については，小林(2007)による。
82. IAEA(2002)を参照。
83. IAEA(2002, p. 59)。
84. 以上については，『毎日新聞』(2012年3月16日)に負う。
85. 『毎日新聞』(2012年3月27日)による。
86. 谷口(2006)を参照。
87. 以上については，『毎日新聞』(2012年1月19日)に負う。ただし前述したように，現時点では大飯原発に免震重要棟すら設置されていない。
88. 『読売新聞』(2012年1月31日夕刊)による。
89. 『毎日新聞』(2012年1月27日福井版)による。
90. 『毎日新聞』(2012年1月31日夕刊)による。
91. 『読売新聞』(2012年2月1日)による。
92. 以上については，『毎日新聞』(2012年1月20日)による。さらに本章の脚注39も参照。
93. 以上については，主に恩田(2007, pp. 137-142)，山岡(2011, pp. 195-199)に負う。
94. 理論的に企業家精神とは，イノベーション(Schumpeter 1934)，不確実性の負担(Knight 1921)，あるいは市場における不均衡の敏速な発見(Kirzner 1973, 1997)にかかわる諸活動として扱われてきた。
95. Mahoney *et al.*(2009), Klein *et al.*(2010)を参照。
96. Zollo and Winter(2002)を参照。
97. Helfat *et al.*(2007), Teece(2009), Helfat and Winter(2011)を参照。
98. Schoemaker(1993, 2002)を参照。
99. Baldwin and Clark(2000), Langlois(2007)を参照。
100. 青木(2011), Aoki and Rothwell(2011)を参照。
101. Schoemaker(2002)を参照。
102. 飯田(2011a)を参照。
103. 『朝日新聞』(2012年2月29日岩手版)による。

とにより政局をつくり出し，社会の多くの層から支持を集める傾向が確認される。こうした傾向は，社会の無知とナイーブな期待——より適切にいえば，社会における政策評価のケイパビリティの欠如——のみならず，政治におけるケイパビリティの欠如をも反映した帰結にすぎないことが多々あり，実際に歴史はこのことを証明してきたように思われる。彼らのいう改革は，時として民主主義を欠いた単なる破壊にすぎないことがあり，しかも悪い場合には，改革という名の破壊が，彼らのコンパクトな局所的社会の存続・発展を目的としたものであったりする。いずれにせよ，みせかけの強さしかもたない独裁者への権限移譲は，望ましい帰結をもたらすものではないだろう。だがもちろん，歴史をふり返ってみれば，カリスマ的リーダーが登場することで社会の変革に成功する場合もあるが，そうしたケースはきわめて稀だといわざるをえない。

58. Langlois (2007, pp. 44-45)。
59. たとえば，Nolan (2008), Nolan *et al.* (2008)を参照。
60. Nolan (2008)を参照。
61. かつて木川田は，東京電力の前身の東京電燈の社長だった小林一三の秘書課長をつとめていた。そして，後に東京電力社長をつとめ，自分の故郷である福島県で福島第一原発の建設をすすめた。小林は，その木川田について「大局的に見て考えなくてはならないことを，小局的に東電本位に考えているところがあったのである」(三神 1983, p. 175)と述べ，部下である木川田の限界を厳しく見抜いていた。あえていえば，福島原発危機の遠因の1つとして，木川田の視野狭窄が挙げられるのであって，彼は戦略的経営者に必要な要素を欠いていたのだろう。結局のところ彼は，福島県の発展，東京電力の発展といった具合に，自分にかかわりの深い組織とその利益を大切にしてきたという点でコンパクト性(第3章を参照)に服していた。
62. Funtowicz and Ravetz (1994a, 1994b), Ravetz (1999)を参照。
63 Funtowicz and Ravetz (1994b)を参照。
64. 以上については，Ravetz (1999)を参照。
65. Coase (1937), Williamson (1975)を参照。
66. Powell (1990, 1996), Dyer and Singh (1998)を参照。
67. コーポレート・ガバナンスについては，周知のようにBerle and Means (1932)の実証研究を嚆矢として理解がすすめられ，豊かな研究成果が蓄積されてきた。たとえば，Freeman (1984), Deakin and Hughes (1997), Shleifer and Vishney (1997), Tirole (2001), Freeman *et al.* (2010)などを参照。またD'Agostino and Taniguchi (2012)は，本書と同様のビジネス・エコシステム・ガバナンスの観点からとくに原子力村や政府・企業の結託を企業境界を越えた「メタ組織」としてとらえ，福島原発危機と水俣病の比較研究を試みた。
68. 谷口(2006)を参照。
69. Jensen and Meckling (1976), Fama (1980), Jensen (1986), Grossman and Hart (1986), Hart (1995a, 1995b), Shleifer and Vishney (1997)を参照。

図)は，そもそも国際連合のプロジェクトであるGSHAP(世界地震ハザード評価プログラム)によるものである。ただし私は，ここで挙げた国にたいする原子力発電所の輸出を推奨しているのではなく，あくまで原子力発電所の輸出先の地震リスクの評価という活動をバリュー・チェーンのなかに組み込むべきだと提案していることに注意してほしい。

42. ここでの数値は，http://www.fepc.or.jp/present/jigyou/shuyoukoku/sw_index_03/index.html による。
43. イギリスの原子力発電の実態については，http://www.world-nuclear.org/info/inf84.html による。
44. 瞬停とは，1秒未満のごく微量な単位での瞬間停電や電圧降下を意味する。
45. 以上については，http://www.kantei.go.jp/jp/noda/statement/2012/0608.htmlを参照。
46. ただし関西電力は，これらについては3年後の設置をめざすという。ここでの記述は，『毎日新聞』(2012年4月24日夕刊)に負う。もちろん，重要免震棟やフィルター付きベントを設けたからといって，物理的安全性を確保するのに十分だということにはならない。
47. 原子力村は，過去においてもその存在意義を社会にみせつけるために吸収阻害能力を発揮してきたようである。この点で竹森(2011)が論じるように，電力自由化をめぐる論議が活発化したことで，追いつめられた電力会社はいっそう国策会社化し，原子力開発の推進に拍車をかけたようである。原子力推進文化と整合しない動きが社会で生じたときには，徹底的に反発することで力強さを誇示するのは，原子力推進文化によって育まれてきた吸収阻害能力のなせる業だろう。だがこうした自縛的な選択は，長期的には電力会社の持続可能性ばかりか国の持続可能性すらも損ないかねないという意味で，当然望ましいものだとはいえない。
48. 『毎日新聞』(2010年7月21日福島版)による。
49. 大飯原発のストレステストについては，あらためて後述するつもりである。
50. 『毎日新聞』(2012年3月24日)による。
51. 竹森(2011)を参照。
52. 以上については，橘川(2012)を参照。
53. Tushman and O'Reilly(1996), O'Reilly and Tushman(2008)を参照。
54. 以上については，飯田(2011a)を参照。
55. 事故調査・検証委員会(2011)を参照。
56. このことは，行動経済学でいうアンカリングにかかわる。詳しくは，たとえばTversky and Kahneman(1974), Bazerman and Moore(2009)を参照。
57. 危機的状況では，原子力発電をめぐる是非はもとより，国防強化，国益保護，行政改革などさまざまな政策上の論点があるにせよ，(それが実現可能かどうかは関係なく)明確なアジェンダを声高らかに語り，時には独裁的な仕方でこれを推進しようとする「リーダー」が個人のパフォーマンスをつうじて，あるいは新党を立ち上げるこ

34. 東京電力労働組合中央執行委員長は，2012年5月に中部電力労働組合の大会での来賓あいさつで，「裏切った民主党議員には，報いを被ってもらう」と述べ，民主党政権のエネルギー政策にたいして，原発推進でなければ，支持団体として政治的支援を打ち切るという明示的な脅しをかけた(『朝日新聞』2012年5月30日)。少なくともプレ3.11時代には，暗黙的な脅しが効いていたようにみえる。
35. 理論的にいえば，方法論的個人主義に依拠したゲーム理論は，プレイヤーが相互作用を直接展開している相手(組織，システムを含む)の意図・行動についての期待，予想を形成して意思決定を行っていることに着目するが，そうしたプレイヤーが相互作用を展開していない彼らの高次に存在する組織，システムの意図・行動についての推論については勘案してこなかったように思われる。この点についてAoki(2010)がいうように，秩序は，集合的な文化と個人的な認知とが結合して生み出されており，このことを説明するうえで方法論的個人主義，ホーリズムともに問題を抱えていよう。
36. 佐竹・行谷・山木(2008)を参照。
37. 脱原発派は，原子力村と比べて歴史も浅くそれほどの凝集性をもたない。そのため，こうした文化の生成にはいたっていないとみるのがより正確かもしれないが，人々の認知・行動をコーディネートする際のフォーカル・ポイントとなりうる1つの創発的価値であることにかわりない。
38. 橘川(2012)を参照。
39. 日本では，原子力発電所の運転期間を原則として40年に制限するという法制化の動きがある。それによれば，例外的に最長20年の延長期間が認められる(『朝日新聞』2012年1月18日)。竹森(2011)は，このように老朽化した原子力発電所の寿命を延長する理由として，減価償却の期間を延長し続けることで，破綻したビジネス・モデルを軌道に乗っているようにみせかけているからだと論じる。だが飯田(2011d)によれば，これまでに世界で閉鎖された原子力発電所の平均寿命は22年だという。ポスト3.11時代にもかかわらず，世界の原子力開発のトレンドに逆行し，ガラパゴス化していく日本がここにも垣間みえる。
40. 本書では，世界が状況，社会的技術，物理的技術の組み合わせによって創造されると考えてきた。したがって，潜在的な危険性をもつ原子力発電所の建設・運転を状況に依存する形で判断することは重要である。この点で，MIT NSE Information Hub (MIT NSE 情報ハブ［http://mitnse.com/］)は，地球上の地震リスクと原発立地の関係性を示した図(http://mitnse.files.wordpress.com/2011/05/final_map.png)を発表した。この図からわかることは，日本は大規模な地震リスクをもつにもかかわらず，原子力発電所が集中的に立地している世界で唯一の国だということである。メタ・バリューの視点からすれば，地震活動期をむかえた日本がこの状態を維持することは，原子力災害のリスクを意味するために，とうてい容認できるものではない。
41. ここでの記述は，http://mitnse.files.wordpress.com/2011/09/globalseismichazardmap1.pdfを参考にしたものである。そのGlobal Seismic Hazard Map (世界地震ハザード

6. 安冨(2012)を参照。
7. 松永(1965, p. 3)。
8. 以上については，産業計画会議編(1965, p. 24)による。
9. 産業計画会議編(1965, p. 32, p. 34)に負う。
10. 大島(2011)による。
11. 詳しくは，大島(2011, pp. 92-96)を参照。
12. Joskow(2007, p. 39：二重ヤマ括弧内著者)。
13. 飯田(2011b, p. 28)。
14. この点で，東芝は2006年にウェスティングハウスを買収したことを想起しよう。
15. ここでの東芝の事例については，豊田(2010, pp. 152-154)に負う。
16. 内橋(2011)を参照。
17. 桜井(2011a)を参照。
18. 以上については，『朝日新聞』(2011年6月11日夕刊), Nuttal(2011)に負う。
19. Teece(2009, p. 20：傍点著者)。
20. Chandler(1977), Langlois(2003, 2007)を参照。
21. Chandler(1990)を参照。
22. Langlois(2003, 2007)を参照。
23. Langlois(2007, pp. 100-101)。
24. Stigler(1971)を参照。
25. Perrow(2011)を参照。
26. 『産経新聞』(2012年6月4日)を参照。
27. 2012年3月12日の時点で，東日本大震災の主な被災地である岩手県，宮城県，福島県のがれき量は，それぞれ475.5万トン，1569.1万トン，208.2万トン(合計2252.8万トン)という。ここでのデータについては，http://www.reconstruction.go.jp/topics/shinchoku120312.pdf に負う。
28. 東海地震については http://www.bousai.go.jp/jishin/chubou/taisaku_toukai/pdf/gaiyou/gaiyou.pdf，東南海・南海地震については http://www.bousai.go.jp/jishin/chubou/taisaku_nankai/pdf/gaiyou/gaiyou.pdf，そして首都直下型地震については http://www.bousai.go.jp/jishin/chubou/taisaku_syuto/pdf/gaiyou/gaiyou.pdf を参照。とくに最初の2つの地震は，100年から150年の間隔で発生しており，いつ再発してもおかしくないといわれている。
29. しかしCooper(2011b)がいうように，原発事故がおきた後で原子炉の安全性を点検しようという動きは，原発事故前に安全性を軽視するという業界特有の傾向を表すといえるのかもしれない。
30. 原子力災害対策本部(2011：傍点著者)。
31. Pitelis(1991, 1995)を参照。
32. Pitelis(1995)を参照。
33. この点については，藤本(2004)，港(2011)などのすぐれた文献がある。

221. Richardson (1972), Langlois and Robertson (1995), Cowan *et al.* (2000) を参照。
222. したがって共有無知は，共有知識とは逆の状況としてとらえられるかもしれない。共有知識の嚆矢的研究については，Lewis (1969) を参照。
223. Jepperson (1991) は，制度がもつ「当然とみなされる」という特性を強調する一方，それが正当化された再生産プロセスという意味で制度化という言葉を用いる。社会と原子力村それぞれの観点から過剰制度化をとらえると，それは，原子力発電にたいする社会の過剰信頼と，原子力村の社会的安全性の過剰生産とが結びついた状況といえるかもしれない。原子力発電にかかわる主体はあまねく適切なケイパビリティを欠くにもかかわらず，原子力発電は，原子力村の巨大な支配力を背景として正当化され，社会によって当然とみなされる。しかし，物理的安全性が実質を欠いた世界が実現し，そうした欠如を補うべく，原子力推進文化と整合的な制度を過剰に生み出した日本は，変化に向けたフレキシビリティを失うというわなに陥ることとなる。
224. Cohen and Levinthal (1990) を参照。
225. 安冨 (2012, p. 114)。
226. 安冨が東大話法の例証の１つとして，東京大学大学院工学系研究科教授の大橋弘忠のケースを取り上げている。安冨によれば，大橋は水蒸気爆発の専門家であることを自称してはいるが，コンピュータ・シミュレーションの専門家にすぎず，厳しい物理実験の経験をもたないという。しかし安冨は，自らを専門家と称し，議論の相手を素人として見下すという仕方そのものがレトリックにすぎないとして，大橋の専門家としてのケイパビリティの欠如を問題視する。以上については，安冨 (2012, pp. 57-73) を参照。
227. 安冨 (2012, p. 116) に負う。
228. 安冨 (2012, p. 67)。
229. 大平 (2007) を参照。
230. この点でいえば，本書で展開してきた試みは，橘川 (2011) が論じているように，経営・産業史研究をつうじて産業・企業進化のダイナミズムを抽出し，これに依拠して産業や企業が直面する問題解決をさぐるという応用経営史の志向性に近いとみなされるかもしれない。

第４章

1. http://www.un.org/documents/ga/res/42/ares42-187.htm を参照。
2. Pitelis (2012) を参照。
3. 以下の記述については，吉岡 (2011) に負う。
4. 総合エネルギー調査会は総合資源エネルギー調査会，そして電源開発調整審議会は総合資源エネルギー調査会電源開発分科会として，それぞれ2001年に改組・改称された。
5. http://law.e-gov.go.jp/htmldata/H11/H11HO156.html を参照。

(の一部)などの所管省庁を念頭においていることをあらためて確認しておきたい。たとえば，日本の原子力黎明期における大蔵省の原子力開発にたいする冷静・慎重な姿勢をみても，政府のあいだに原子力推進文化が一様に浸透してきたとはいえず，政府の一部と記述するほうがより正確かもしれない。だがあくまで簡単化のために，本書ではこれまでと同様に以下でも単に政府と記述する。

204. 日本の資本主義の特徴づけにかんする詳しい議論については，さらに第4章第1節も参照。

205. Lewis(1973), Martin(2007), Jones and Pitelis(2011), Taniguchi(2011c)を参照。

206. Augier and Teece(2008), Teece(2009)を参照。

207. 『日本経済新聞』(1989年9月18日夕刊)。

208. 第2章第4節の表2.2もあらためて参照。

209. Bandura(1977)を参照。

210. こうした行動パターンは，組織のルーティンとして強固に確立しているため慣性をもち，平時であっても，危機時であっても，何ら変わりがないように思われる。とくに福島第一原発の事故後，東京電力がとった計画停電という対応をめぐって興味深いストーリーが報告された。すなわち東京電力は，鉄道会社に節電を要請してラッシュ・アワーの間引き運転をさせる代わりに，民間のテレビ局に節電を要請することをしなかった。そして，このことについて質問をしたジャーナリストにたいして，勝俣会長は「明日，新聞とテレビにコマーシャル打ちます」(上杉・烏賀陽 2011, p. 101)と答え，実際におわびの広告を出した。つまりこの会社は，平時での社会的安全性の過剰生産にすっかり慣れてしまったため，ひとたび危機に直面したとしても，本来，危機時で実行すべき適切な活動を実行できなくなってしまっているのだろう。

211. 探査と発掘の二分法については，March(1991)に負う。概して，前者は新規分野のケイパビリティの開発・イノベーションを意味するのにたいして，後者は既存分野でのケイパビリティの精緻化・深耕をさす。

212. Tushman and O' Reilly(1996)を参照。

213. 以上の原子力ルネサンスについての記述は，Nuttall (2005)に負う。彼によれば，原子力ルネサンスというフレーズは，1990年に *US News and World Report* のなかでチャールズ・ヴェニベシが発表した記事において最初につくられたようである。

214. Gioia and Manz(1985)を参照。

215. Gioia and Poole(1984)を参照。

216. Thompson(1967)を参照。

217. 高木(2000)を参照。

218. 山口(2011b)を参照。

219. たとえば，Alchian and Demsetz (1972)，Williamson (1975, 1985, 1996)，Jensen and Meckling(1976)，Milgrom and Roberts(1992)などを参照。

220. Cooper(2011a)を参照。

169. 事故調査・検証委員会(2011, p. 146)を参照。
170. 事故調査・検証委員会(2011, pp. 147-148)を参照。
171. 事故調査・検証委員会(2011, pp. 148-149)を参照。
172. 事故調査・検証委員会(2011, p. 149)を参照。
173. 以上については，事故調査・検証委員会(2011, pp. 149-150)を参照。
174. 事故調査・検証委員会(2011, p. 150)を参照。
175. 以上については，事故調査・検証委員会(2011, pp. 150-153)を参照。
176. 事故調査・検証委員会(2011, p. 158)を参照。
177. 事故調査・検証委員会(2011, pp. 121-123, p. 135, p. 138)を参照。
178. 事故調査・検証委員会(2011, p. 136)を参照。
179. 事故調査・検証委員会(2011, p. 136脚注44)を参照。
180. 以上については，事故調査・検証委員会(2011, p. 138)を参照。
181. 事故調査・検証委員会(2011, p. 123)を参照。
182. 以上については，事故調査・検証委員会(2011, pp. 138-139)を参照。
183. 事故調査・検証委員会(2011, pp. 133-134)を参照。
184. 以上については，事故調査・検証委員会(2011, p. 134)を参照。
185. 事故調査・検証委員会(2011, pp. 165-166)を参照。
186. 事故調査・検証委員会(2011, pp. 168-169: 傍点著者)。
187. 事故調査・検証委員会(2011, p. 192)を参照。
188. 事故調査・検証委員会(2011, p. 193)を参照。
189. 以上については，事故調査・検証委員会(2011, pp. 199-200)を参照。
190. これは，MPa gageないしMPaGとして表記されるものだが，メガパスカル(MPa)は圧力の単位で100万パスカルを意味し，ジー（gageないしG)は標準大気圧計測による圧力(ゲージ圧)を意味する。
191. 以上については，事故調査・検証委員会(2011, pp. 170-171)を参照。
192. 以上については，事故調査・検証委員会(2011, pp. 172-173)による。
193. 以上については，事故調査・検証委員会(2011, pp. 175-176)による。
194. 事故調査・検証委員会(2011, p. 176)を参照。
195. 事故調査・検証委員会(2011, p. 179)。
196. 事故調査・検証委員会(2011, p. 180)。
197. 事故調査・検証委員会(2011, p. 180)を参照。
198. 事故調査・検証委員会(2011, p. 181)を参照。
199. 以上については，事故調査・検証委員会(2011, pp. 212-213)による。
200. 以上については，事故調査・検証委員会(2011, pp. 213-215)に負う。
201. 本章第4節(b)を参照。
202. 佐竹・行谷・山木(2008)を参照。
203. これまで本書では，原子力村の文脈で政府という言葉を用いることがあったが，その場合，とくに原子力開発の推進に貢献してきた経済産業省(の一部)，文部科学省

142. 一般的にAMは，過酷事故対策とも呼ばれることがあり，シビア・アクシデントにつながりうる事態が生じても実際にそうなることを事前に防止するための措置，もしくはそうなってしまった場合の影響を事後的に緩和するための措置をさす。http://www.fepc.or.jp/present/safety/shikumi/accident_management/index.html，事故調査・検証委員会（2011, p. 408）などを参照。
143. 事故調査・検証委員会（2011, p. 123, p. 135, p. 138, p. 473）を参照。
144. これは，MPa absとして表記されるものだが，メガパスカル（MPa）は圧力の単位で100万パスカルを意味し，絶対圧（abs）は絶対真空を基準として表した圧力を意味する。
145. 事故調査・検証委員会（2011, p. 144, p. 149）を参照。
146. 以上については，事故調査・検証委員会（2011, pp. 477–483）を参照。
147. 以下については，事故調査・検証委員会（2011, pp. 487–498）による。
148. 事故調査・検証委員会（2011, p. 506：傍点著者）。
149. 以上については，事故調査・検証委員会（2011, pp. 489–490）を参照。
150. 佐竹・行谷・山木（2008）を参照。
151. 以上については，事故調査・検証委員会（2011, p. 490）を参照。また佐竹・行谷・山木（2008）によれば，貞観津波の波源は，仙台湾内，茨城沖から宮城沖の海溝付近などに想定されてきた。
152. このストーリーについては，事故調査・検証委員会（2011, pp. 388–400）に負う。
153. これは，マグニチュード8.2からマグニチュード8.5程度とされる巨大地震だったといわれる。
154. 事故調査・検証委員会（2011, pp. 400–405）を参照。
155. 以上については，事故調査・検証委員会（2011, pp. 80–83）による。
156. 3月11日15時42分，第1次緊急時態勢が発令された後，福島第一原発に設置された緊急時対策本部である。以下，発電所対策本部と記す。
157. 以上については，事故調査・検証委員会（2011, pp. 91–97）による。
158. 3月11日15時6分，東京電力本店に設置された非常災害対策本部である。以下，本店対策本部と記す。
159. 事故調査・検証委員会（2011, p. 97）を参照。
160. 事故調査・検証委員会（2011, pp. 108–109）を参照。
161. 事故調査・検証委員会（2011, p. 117）を参照。
162. 事故調査・検証委員会（2011, p. 110）を参照。
163. 事故調査・検証委員会（2011, p. 115）を参照。
164. 事故調査・検証委員会（2011, p. 109）を参照。
165. 事故調査・検証委員会（2011, p. 110）を参照。
166. 事故調査・検証委員会（2011, p. 136, p. 143）を参照。
167. 事故調査・検証委員会（2011, p. 144）を参照。
168. 事故調査・検証委員会（2011, pp. 146–147）を参照。

査・検証委員会(2011)と略記する。

129. 国会では2011年12月に「東京電力福島原子力発電所事故調査委員会」(いわゆる国会事故調)，そして民間では2011年10月に「福島原発事故独立検証委員会」(いわゆる民間事故調)などが組織化され，福島原発危機の原因究明にあたっている。すでに民間事故調は，震災から1年後の2012年3月に『福島原発事故独立検証委員会調査・検証報告書』を発表した。これにたいして国会事故調は，2011年9月に議員立法で成立した「東京電力福島原子力発電所事故調査委員会法」にもとづき，委員長を含めて10人の委員は，任命された日からおおむね6カ月後を目途に報告書を衆参両議院の議長に提出せねばならないことになっている。なお，国会事故調の成立経緯については第5章で扱うが，そこでも指摘するように，政府の事故調査・検証委員会は，民間の委員によって構成されているものの，政府の失敗を客観的に検証できるかどうかという点で強い疑問が向けられるのは当然だといえよう(塩崎 2011)。にもかかわらず，福島原発危機の原因解明に取り組んだ貴重な資料であることにかわりない。事故調査・検証委員会は，2012年7月末に最終報告を発表することになっている。すでに発表された一連の資料とあわせ，これから発表される一連の資料(本書の執筆時点では入手できない資料)は，本書で試みた福島原発危機をめぐる類推的推論のための貴重なソースとなりうるため，今後はこれらを活用する形で原因究明作業が続けられていくことが望ましい。さらにいえば，こうした組織的な作業とは別に，多様な研究者，実務家などがそれぞれの専門分野を超えて越境的にフクシマの問題に取り組むことで，価値多様性にもとづく新しい知見を世界に向けて発表していくことが求められよう。日本での危機の経験からえられた多様なケイパビリティが，原発事故の再発防止，あるいは新たな産業の生成に向けてグローバルに移転・活用されていくことは，地球の持続可能性にとって望ましいことだと思われる。

130. 山口(2011b)を参照。

131. 山口(2011a)を参照。

132. 1号機にはICが2系統，2号機，3号機にはRCICが1系統それぞれ設置されていた。

133. 以下の分析結果については，山口(2011a, 2011b)による。

134. 山口(2011c)によれば，実際には1号機の2系統のICのうち1系統はほぼ機能せず，残りの1系統も断続的に停止していたという。

135. 山口(2011b)を参照。

136. 山口(2011c)を参照。

137. 山口(2011c)を参照。

138. http://techon.nikkeibp.co.jp/article/COLUMN/20111215/202630/?P=5&ST=rebuildを参照。

139. 事故調査・検証委員会山口(2011c, p. 1: 傍点著者)

140. 以下については，事故調査・検証委員会(2011, pp. 466-471)による。

141. 事故調査・検証委員会(2011, p. 472)を参照。

106. 東京電力社史編集委員会(1983, pp. 566–568：傍点著者)。
107. 以上については，http://www.kyodonews.jp/feature/news04/genpatsuricchi.php による。
108. http://inthearena.blogs.cnn.com/2011/03/17/spitzer-are-the-mark-1-nuclear-reactors-in-the-united-states-like-the-ones-in-japan/
109. 川上(1974, p. 276)。
110. 飯田(2011b)を参照。
111. 以上については，恩田(2007, pp. 78–84)による。
112. 基本的に電力は，ベースロードをはじめとして，昼間の需要量に該当するミドルロード，真夏など急増した需要量にあたるピークロードといった3つのタイプにわけられる。
113. 室田(1993b)を参照。
114. 東京電力の揚水発電所のなかで最古のものは，1965年12月に運転を開始した利根川水系の矢木沢発電所である。それ以降，安曇(信濃川，1969年5月)，水殿(信濃川，1969年10月)，新高瀬川(信濃川, 1979年6月)，玉原(利根川, 1982年12月)，今市(利根川，1988年7月)，塩原(那珂川，1994年6月)，葛野川(富士川・相模川，1999年12月)，神流川(信濃川・利根川，2005年12月)といった揚水発電所が順に運転をはじめた(括弧内は，水系と運転開始年月を示す)。以上については，電力土木技術協会の水力発電所データベースに依拠している。
115. 以上については，http://www.tepco.co.jp/e-rates/individual/menu/home/home01-j.html に負う。
116. このことからも理解されるように，社会的技術と物理的技術を厳密に区別し，両者のあいだに明確な境界線を設けることは困難なのかもしれない。
117. 『読売新聞』(2011年3月23日)による。
118. 『読売新聞』(2007年12月24日)を参照。この敷地内での震度については，東京電力が地表の揺れを観測することができた3地点の地震計データを処理することにより，2007年7月末に算出した結果である。
119. 『読売新聞』(2007年10月16日)を参照。
120. 『読売新聞』(2007年7月17日夕刊)，『読売新聞』(2007年7月18日)，『読売新聞』(2007年8月24日)を参照。
121. 『読売新聞』(2007年7月17日夕刊)，『読売新聞』(2007年7月24日)を参照。
122. 『読売新聞』(2007年7月19日夕刊)を参照。
123. 以上については，『読売新聞』(2007年7月21日)による。
124. 『読売新聞』(2007年7月20日)を参照。
125. 『読売新聞』(2007年10月17日)を参照。
126. 『毎日新聞』(2007年9月8日福島版)による。
127. 山口(2011a, 2011b, 2011c)を参照。
128. 東京電力福島原子力発電所における事故調査・検証委員会(2011)。以下，事故調

85. 広瀬(2011)を参照。
86. 以上については，http://www.mext.go.jp/b_menu/hakusho/nc/t19640527001/t19640527001.html を参照。また，この第3の条件の「ある距離」とは，敷地周辺の事象，原子炉の特性などを勘案し，技術的な観点からみて最悪の場合に生じうる重大事故を超えるような，実際には生じえない仮想事故が万一生じたとしても，「全身線量の積算値が，集団線量の見地から十分受け入れられる程度に小さい値になるような距離」のことである。全体として，記述が不明瞭であることは否めない。
87. 原子力安全委員会(2006, p. 1)。
88. 原子力安全委員会(2006, p. 2)。
89. 以上については，『朝日新聞』(2011年4月2日)による。なお，1号機，4号機，6号機についてのデータは不明である。
90. 以下については，総合資源エネルギー調査会(2009)，『朝日新聞』(2011年3月25日)による。
91. たとえば，東京電力株式会社(1999, p. 78)を参照。
92. 以上については，http://www.fepc.or.jp/present/safety/jishin/taisaku/index.html を参照。なお最後の項目については，「地震随伴事象として想定される津波」についてシミュレーションなどを行うことにより，原子力発電所の安全機能に重大な影響が及ばないことを確認するためのものだという。
93. 東京電力株式会社(2005)を参照。
94. 東京電力株式会社(2005, p. 12)を参照。
95. 東京電力株式会社(2005, p. 13)。
96. もちろん，引き波によって海水面が下がりすぎることで原子炉を冷却するための海水を取水口から取り込めなくなる点を考慮すれば，津波による水位上昇だけでなく水位下降も問題にせねばならないが，以下では，もっぱら水位上昇に焦点をあてて議論をすすめる。
97. 原子力安全委員会(2001, p. 4: 傍点著者)。
98. 以下については，土木学会原子力土木委員会津波評価部会(2002)による。
99. 以上については，東京電力福島原子力発電所における事故調査・検証委員会(2011, p. 373)による。より正確には，チリ津波のときに小名浜港で観測された最高潮位はO.P.+3.122メートルだった。
100. 東京電力株式会社(2005)を参照。
101. 東京電力福島原子力発電所における事故調査・検証委員会(2011, p. 487)を参照。
102. 東京電力株式会社(2005, p. 13)。
103. 原子力安全・保安院(2011)を参照。
104. 原子力安全委員会事務局(2011)を参照。
105. 以上については，東京電力福島原子力発電所における事故調査・検証委員会(2011, p. 488)による。ちなみに，後の算定で福島第一原発に来襲しうる津波は6.1メートルとされた。

71. この図は，2011年3月11日の東日本大震災の発生時点のものである。ただし，政府の原子力関係省庁として，経済産業省，内閣府に焦点をあてており，核燃料サイクル事業を管轄する文部科学省が記されていない。また，それぞれの組織間の詳細な関係をすべて網羅したものでもない。たとえば，南直哉東京電力元社長がフジテレビジョンの監査役をつとめており，東京電力とマスメディアのあいだに人的結合関係があるなど，もっと細かくみれば，原子力村はより密な結合関係として図示できるだろう。
72. 以上については，飯田(2011b, pp. 38-39)に負う。
73. 以上については，飯田(2011c, pp. 154-155)に負う。
74. Aoki(2001)，青木(2008)を参照。
75. 新革新官僚は，計画化を志向した戦前の革新官僚から区別すると同時に，計画化を志向する戦後の守旧官僚からも区別するための言葉である。革新官僚が守旧官僚として命を吹き返し，21世紀のグローバル時代において開発主義の途上国型モデルにいまだに固執しているとすれば，もはや戦前でも，戦後でもないにもかかわらず，それは実に奇妙な話である。
76. 日本におけるいわゆる官僚支配の実現は，彼らのケイパビリティの開発・蓄積が立法府よりもすぐれている，すなわち国会議員のケイパビリティが相対的に少ないことに起因しているだけでなく，後者を支援するための制度が不十分であることに起因してもいよう。社会による官僚批判，政治家批判が彼らのガバナンスに寄与する面もありうるだろうが，日本の資本主義をより望ましい形に変えていくうえで，彼らのすぐれたケイパビリティをどう敏速に再配置できるか，彼らが欠如するケイパビリティをどのように獲得・補填するか，という地に足のついた議論をすすめていくべきだろう。
77. 2009年に政権を手にした民主党は，電力産業とくに原子力開発の権益を自民党から奪い取るかのように強力に原子力発電所の新設・輸出に尽力するようになり，そこへ原子力関連の権限を集権化した経済産業省の守旧官僚が深く関与し，原子力推進文化にもとづく官民協調型の暴走がはじまったとみなされよう。
78. Hayek(1952)を参照。
79. 塩崎(2011)を参照。
80. もちろん社会は，政治に期待したものの裏切られ続けてきたため，あきらめてしまったという側面は否めない。あきらめゆえの無関心が無知につながったという展開は，大いにありうる。しかし，社会の関心を高めようという政治家の努力が，政策ではなく政局に向かってしまったのは残念ではあるが，この問題は，ここでの議論と直接的な関係をもたないのでこれ以上立ち入るべきではないだろう。
81. 佐藤(2009)を参照。
82. 佐藤(2011, p. 156：傍点著者)。
83. 河野(2011)。
84. 鎌仲ひとみ監督『六ヶ所村ラプソディー』グループ現代，2006年。

記事をモニターしており，とくに資源エネルギー庁はこうしたモニタリングのために，電力会社役員が理事をつとめる財団法人に4年間で1億3000万円の資金を投じていたという。
43. 以上については，山岡(2011, pp. 214-216)に負う。
44. 志村(2011, p. 75)を参照。
45. 志村(2011)を参照。
46. 東洋経済(2011, p. 69)を参照。さらに，第1章の脚注10も参照。
47. 奥村(2011, p. 75)を参照。また八田(2011)は，「日本の原子力政策を策定する原子力委員会のトップは，原子力工学の職業集団の中心的存在である東京大学の原子力工学の教授である」(p. 72)と述べ，原子力村における東京大学の影響力の大きさについて示唆する。
48. 御用学者の役割については，広瀬・明石(2011)を参照。
49. 佐高(2011)を参照。
50. 恩田(2007, pp. 149-150)を参照。
51. 飯田(2011c, pp. 164-165)を参照。
52. http://news.nifty.com/cs/item/detail/yucasee-20120123-10226/1.htm を参照。
53. 調査結果にかんする以下の記述は，『毎日新聞』(2011年9月25日)による。
54. http://headlines.yahoo.co.jp/hl?a=20110927-00000002-jct-soci による。
55. グループ・K21 (2011)を参照。
56. 三宅(2011)を参照。
57. この事例は，三宅(2011)に負う。
58. 小林(2007)を参照。
59. 小林(2007)を参照。
60. 以上のデータについては，福島県エネルギー政策検討会(2002, pp. 92-94)による。
61. 以上は，恩田(2007, pp. 158-161)に負う。ちなみに，TCIAとは東電CIAの略だという。
62. 開沼(2011)を参照。
63. 開沼(2011, p. 112)。
64. Taniguchi(2011a, 2011c)による。
65. Taniguchi (2001c)による。
66. 第2章の脚注208も参照。
67. 以上については，恩田(2007, pp. 82-84)に負う。
68. たとえば，原子力安全基盤機構(2011)を参照。ただし原子力安全委員会は，5人の委員からなる小さな委員会であるため，安全審査が実際に行われるのは原子炉安全専門審査会で，その結果を順次上にあげていき最終的に原子力安全委員会での承認という形をとるようである。
69. 飯田(2011b)を参照。
70. 桜井(2011b)を参照。

究成果とみなされるだろう。

35. コーポレーションが支配的な役割をはたしている会社経済において，知覚，無知，虚偽，時間の経過による変化に着目した場合，コーポレーションと社会との相互作用の結果として，非無知，無知の知覚，無知の無知，共有無知がおこりうる(Taniguchi 2011c)。なかでも共有無知は，コーポレーションが問題認識，問題解決を選択する一方，社会が現状維持戦略を選択するという点では，非無知と同じ結果をもたらしているようにみえる。非無知以外の結果は，主体の無知ないしケイパビリティの欠如による認知・行動の問題を示唆するという点で制度の失敗とみなされよう。実際に原子力村は，社会的に組織としての団体性をもたない，すなわち「原子力村」という名前の団体が実在しないという点で，厳密にはコーポレーションとはみなされない。だが，そのメンバーである個々のコーポレーション間の密な結びつきであるというタイト・カップリング・システムの特徴をもち，原子力開発の推進を支える原子力推進文化の下に結合した人々の集合体ともみなされるため，擬似コーポレーションとでもいうべき存在として位置づけられよう。

36. Lewis (1969), Aumann (1976), Geanakoplos (1992), Aoki (2010), Deakin (2011b)を参照。

37. たとえば，Gentner (1989), Holyoak and Thagard (1995), Thagard (1996, 2005)などを参照。

38. Holyoak *et al.* (2010)は，因果モデル主導型推論のベイズ理論をフォーマルな仕方で展開する。そこでは，事象の原因となるいくつかの因子が生じることが知られ，何らかの結果がもたらされることが所与の場合，原因が実際に生じ，その結果がもたらされる確率を評価することが課題とされる。つまりここで，原因(世界関数における物理的技術，社会的技術，状況)をC，結果としての世界をWとそれぞれ記せば，ソースとターゲットの初期情報は(C^B, W^B, C^T, W^T)として与えられる。たとえば，物理的技術，社会的技術ともに2つしか存在せず，社会的技術の一方$({s_1}^T)$が未知の要素となっているとしよう。このとき，$C^T=({s_2}^T, {p_1}^T, {p_2}^T, \theta^T)$と記される。したがって，ターゲットに要素${s_1}^T$が存在し，それが世界の生成に影響を及ぼしている確率$P=({s_1}^T=1, {s_1}^T \rightarrow W^T \mid W^T, C^T, W^B, C^B)$を推定することが課題となる。むしろ以下では，図3.1に示された幾分フォーマルではない仕方でターゲットとしての福島原発危機の因果モデルを説明する。その際，複数ソースにもとづく推論(たとえば，Lovallo *et al.* 2012)を重視する。

39. PA戦略について詳しくは，内橋(1986, pp. 57-61)を参照。

40. 神林(2011)，奥村(2011)による。東京電力の清水社長は，2011年4月13日に開かれた参議院予算委員会でマスメディアへの広告宣伝費は約90億円，交際費は約20億円と述べていたが，実際にはそれは過小に報告されていたことになる(神林 2011, p. 50)。

41. 奥村(2011, p. 186)，山岡(2011, p. 214)による。

42. 広河(2011)によれば，電事連をはじめ政府すらも，新聞・雑誌の原子力発電関連の

3.6)には，両者を明確に分離するが，基本的には，動学的な枠組において状況と世界を分離することは困難だということを認識しよう。とくに図3.6の議論では，社会的技術(ケイパビリティの欠如)，物理的技術(ケイパビリティの欠如)，状況(原発立地での自然災害)が福島原発危機という世界を生み出したという展開となっている。しかし，さらなる経時的な展開を考えれば，福島原発危機という世界は，過去が生み出した現在の状況となり，未来の世界を生産するために状況という制御不能な与件となる。したがって状況という言葉の背後には，世界という意味が隠されていることに注意しよう。かくして福島原発危機は，状況(図3.5)でもあり世界(図3.6)でもありうる。

17. Nelson and Sampat(2001), Eggertsson(2009)を参照。
18. Taniguchi(2011c)を参照。
19. Kripke(1980)を参照。
20. Lewis(1986)を参照。
21. 第4章で詳しく論じるように，このことは，原子力村のメンバーによる原子力推進文化への自縛の証左とみなされよう。
22. 2011年に問題となったオリンパス事件も，日本の資本主義を支えるこうした共有価値に根ざしていたのではないだろうか(谷口 2012)。
23. 竹森(2011)を参照。
24. 日米貿易摩擦の激化によって，アメリカは，とくに1980年代の日米構造協議では日本市場の閉鎖性を問題視したが，1990年代になると戦略的貿易政策論にもとづき，産業政策をつうじて日本市場を輸入から保護することはできなくなった。にもかかわらず，電力産業だけは，大規模な長期保存ができないという製品特性ゆえに市場諸力から隔絶され，死んだはずの産業政策が生きながらえたという(竹森 2011, pp. 64-67)。戦後においても，電力産業，とくに原子力産業では産業政策が市場諸力から隔絶され，戦前からの計画化が存続したという意味でいえば，この産業はガラパゴス化の典型的事例とみなされよう。
25. 以上については，竹森(2011, pp. 50-54)を参照。
26. 竹森(2011, p. 144)による。原賠法の策定にあたり，メーカーの責任を免除するようにとの強い要請がアメリカからよせられたようである(大島 2011, p. 60)。
27. 竹森(2011, p. 163)を参照。
28. Johnson(1982)を参照。
29. 奥村(1991), 岩井(2003), 谷口(2006)を参照。
30. 奥村(1992)を参照。
31. 間宮(1993)を参照。
32. Aoki(2010)を参照。
33. Langlois(2007)を参照。
34. この点での例外として，Gibbons and Henderson (2011)が挙げられる。それは，組織経済学の観点から関係的契約と組織ケイパビリティの関係性を扱った嚆矢的な研

新聞』2011年8月9日)。注目せねばならないのは，東京電力側の主張である。東京電力は，福島第一原発から放出された放射性物質を「無主物」とみなしたうえで，それはすでにゴルフ場の土地に符合しているのだから東京電力が所有しているとはいえないという立場を示した。さらに，二本松市が測定したゴルフ場の放射線量についても，測定に用いた機材の能力，結果の記録が正確かどうかは疑わしく，海外では年間10ミリシーベルトの自然放射線が観測される場所もあるので，ゴルフ場は高線量とはみなされないとした(AERA 2011b;『朝日新聞』2011年11月24日)。結果的に裁判所は，福島第一原発から飛散した放射性物質は自社の所有物ではないため，自社が除染に責任をもつことはない，という東京電力の主張を認めることになった。しかし，これが判例とみなされ，除染にたいする東京電力の一切の責任が問われなくなるだろう，という実現可能な1つの予想について，実際に社会の多くの人々から合意をえることは難しいのではないか。

6. Coase(1960), Demsetz(1967, 2002), Grossman and Hart(1986), Hart (1995a)を参照。
7. 概していえば，外部性の内部化を強調する旧財産権理論，および契約の不完備性を補う残余コントロール権を強調する新財産権理論(不完備契約論)である。
8. Coase(1960), Demsetz(1967)を参照。
9. Demsetz(2002)を参照。
10. Demsetz(2002, p. 661)。
11. Hart(1995a, 2001)を参照。
12. 本章の脚注5で紹介した福島原発危機の文脈で生じた判決について，ゴルフ場の所有者である運営会社は，東京電力と放射性物質の放出にかんする契約を事前に結んでいるわけでもない。しかも，ゴルフ場に飛散した放射性物質は明らかに福島第一原発に由来するものであるにもかかわらず，裁判所は，その財産権を東京電力に帰属させず，除染の責任を負わせなかった。結局，危険性の高い放射性物質を「無主物」とみなすことでその所有者の存在を否定し，その無主物をつうじて他者の物的資産を毀損する権限を認めたことになるのだろう。
13. Rawls(1999)を参照。
14. Sen(1992, 1999b)を参照。
15. Deakin(2009)を参照。
16. 状況の例として，たとえば地震，津波，竜巻，ハリケーンなどのように偶発性をもち制御不能な自然災害が挙げられる。もちろんこれらは，ランダム(無作為)な事象とみることもできる。そこで，こうした事象が生じたことで人々に生じる社会心理学的な影響を単純化し，その影響は，平時と有事の両極からなる連続線(後で示す図3.5を参照)上の位置として表現できるとしよう。世界は，状況，社会的技術，物理的技術の結合によって生産されると述べたが，時間の経過を勘案した場合，ある時点(たとえば，t_0)で生成した世界は，次の時点(たとえば，t_1)の世界のあり方を左右する状況となりうる。したがって実際には，時間をつうじて状況と世界のあいだに明確な境界を設けるのは難しい。以下の議論において必要とされる場合(たとえば，図その後，さらに200社以上の建設関連業者に納入され，他のマンション，橋，仮設住宅などの建設に使われた可能性も指摘された(『毎日新聞』2012年1月16日夕刊)。
204. 『朝日新聞』(2011年3月29日)を参照。
205. 『朝日新聞』(2011年6月20日)を参照。
206. 『毎日新聞』(2011年7月9日)を参照。緊急時避難準備区域とは，緊急時に屋内退避ないし別の場所に避難せねばならない区域で，福島第一原発の半径20キロ以上，30キロ圏内，かつ計画的避難区域に該当しないという特徴をもつ。しかし9月30日，原子力災害対策本部によって解除された。
207. ここでのデータは警察庁(2012b)によるもので，1月13日に集計された12月末の暫定値である。
208. 「ジャンパー」と呼ばれる原発作業員も，福島原発危機がこれ以上悪化するのを防ぐべく，大きなリスクを負いながら非日常的な危機的状況のなかで収束作業にあたっている。原発作業員は，失業者，非行少年，多重債務者，路上生活者などから確保され，彼らには，過酷な労働環境の下で働き4000円から1万5000円程度の日当が支払われるといわれる。電気会社が支払う賃金は下請け，孫請けなどによって搾取されるため，彼らが手にする段階で賃金の大部分が目減りしてしまうのである。2009年の原発作業員の年間被曝線量をみてみると，電力会社所属が3.13シーベルト，下請・協力会社所属が78.95シーベルトとなっており，圧倒的に下請けが劣悪な労働環境におかれていることがわかる(窪田 2011)。さらに彼らのなかには，国内の原子力発電所を転々としながら過酷な仕事をこなす「原発ジプシー」と呼ばれる人もいる。
209. 山口(2011a, 2011b, 2011c)を参照。

第3章

1. Perrow(1999)を参照。
2. Knight(1921)を参照。
3. Langlois and Robertson(1995)を参照。
4. 開沼(2011)を参照。
5. たとえば福島第一原発事故後，二本松市のサンフィールド二本松ゴルフ倶楽部は8月8日，事故現場から約45キロ離れたゴルフ場が放射能汚染のために休業を余儀なくされたとして，東京電力にたいして放射性物質の除去，維持経費にかんする補償を求める仮処分を東京地裁に申し立てた(『朝日新聞』2011年8月9日)。これをうけ東京地裁は10月31日，除染は国・自治体が行うべきだとして会社側の申し立てを却下した。福島政幸裁判長は，ゴルフ場には土壌・芝生に放射性物質があり不利益な影響は否定できないとしながらも，東京電力が汚染土壌の適切な処分を行うべきではないという判断を示した。さらに，文部科学省が学校の校庭利用の制限基準として示した毎時3.8マイクロシーベルトを根拠に，ゴルフ場の放射線量はこれを下回っているため営業に支障はないとして，維持経費の補償も認めなかった。結果的にゴルフ場運営会社の弁護団は，東京高裁にたいして即時抗告することになった(『朝日

186. 『朝日新聞』(2011年４月19日)を参照。
187. 『毎日新聞』(2011年５月13日)を参照。だが結局，１号機から３号機までメルトダウンをおこし，これらの原子炉圧力容器はみな損壊した。この点について詳しくは，桜井(2012, p. 11)を参照。
188. 奥山(2011, p, 210)。
189. 東京電力株式会社(2011a)を参照。
190. 東京電力株式会社(2011b)を参照。
191. 東京電力株式会社(2011c)を参照。
192. 原子力災害対策本部(2011, p. 9)を参照。
193. 以下は，原子力災害対策本部政府・東京電力統合対策室(2011a)に負う。
194. 第178回国会における野田内閣総理大臣所信表明演説(傍点著者)。http://www.kantei.go.jp/jp/noda/statement/201109/13syosin.html を参照。
195. http://www.kantei.go.jp/jp/noda/statement/201109/22speech.html を参照。
196. 第66回国連総会における野田内閣総理大臣一般討論演説(傍点著者)。http://www.kantei.go.jp/jp/noda/statement/201109/23enzetu.html を参照。
197. http://www.tepco.co.jp/cc/press/betu11_j/images/111216n.pdf を参照。
198. 『毎日新聞』(2011年12月17日)を参照。
199. 日本政府観光局のデータによる。http://www.jnto.go.jp/jpn/tourism_data/data_info_listing.html を参照。
200. 以上のデータについては，東日本大震災復興対策本部事務局「全国の避難者等の数」(2011年12月21日)による。http://www.reconstruction.go.jp/topics/20111221hinansya.pdfを参照。
201. 栗谷(2011)を参照。
202. 双葉町の避難者数は7028人，県外避難者数は3639人(2012年１月６日現在)であるのにたいして，大熊町ではそれぞれ１万1459人，3430人(2011年12月31日現在)である。双葉町，大熊町のデータはhttp://www.town.futaba.fukushima.jp/hinan.html, http://www.town.okuma.fukushima.jp/hinanjokyo_20111231.html にそれぞれ負う。
203. この点にかんして，福島県二本松市の新築マンションの放射能汚染の事例が挙げられる。2012年１月15日，二本松市長の三保恵一が記者会見を開き，市内の鉄筋コンクリート３階建て12世帯向けの新築マンション１階部分で，屋外より高い毎時1.24マイクロシーベルトの放射線量が検出されたため，１階住民に転居をすすめ斡旋物件を探すとともに，２階，３階の住民の意向を確認していること発表した。このマンションの12世帯中，10世帯は元の住居に住めなくなった被災者だった。このケースでは，すでにコンクリートが放射能汚染の原因とみなされており，その材料となる砕石は，双葉砕石工業が浪江町の計画的避難区域で福島第一原発事故前に採取し，事故後も屋外に放置されたものだったことが判明した。この砕石会社は，事故後から4月22日に計画的避難区域に指定されるまでのあいだに，県内の建築資材会社19社に合計5200トンあまりの石を販売したという(『毎日新聞』2012年１月16日)。

157. 志村（2011, p. 13）を参照。
158. 『朝日新聞』（2011年４月10日：傍点著者）
159. 以上の記述は，『朝日新聞』（2011年４月10日）に負う。
160. 『朝日新聞』（2011年３月13日夕刊）を参照。
161. AERA（2011a）を参照。
162. しかしこの見解は，正確でないかもしれず，多面的な角度からの慎重な検討を要する。東京電力のモラル・ハザードを前提としたこうした見解については，後で詳しく吟味したい。
163. 以下，主に『朝日新聞』（2011年３月14日）による。
164. 奥山（2011, p. 82）。
165. 奥山（2011, p. 84）。
166. NBCテロとは，核兵器（nuclear weapon），生物兵器（biological weapon），化学兵器（chemical weapon）を用いたテロ攻撃のことである。
167. 『朝日新聞』（2011年３月13日夕刊），AERA（2011a），週刊文春（2011, p. 18）を参照。
168. 『朝日新聞』（2011年３月15日）を参照。
169. AERA（2011a）を参照。
170. 週刊文春（2011, p. 36）を参照。
171. 『朝日新聞』2011年３月15日夕刊
172. 『朝日新聞』2011年３月15日夕刊。なお，以上の撤退のストーリーについて，東京電力は「プラントが厳しい状況であるため，作業に直接関係のない社員を一時的に退避させることについて，いずれ必要となるため検討したい」という主旨の撤退であって，福島第一原発から全員を撤退させることではなかったという点を強調している。この点については，http://www.tepco.co.jp/cc/kanren/12011301-j.htmlを参照。
173. AERA（2011a）を参照。
174. 東京電力福島第二原子力発電所（2011）を参照。
175. 『朝日新聞』（2011年３月17日）を参照。
176. 週刊文春（2011, p. 40）を参照。
177. 『朝日新聞』（2011年３月17日夕刊）を参照。
178. 『朝日新聞』（2011年３月22日夕刊）を参照。それぞれの放射性物質の半減期は，順に８日，2.0652年，30年となっている。
179. 『朝日新聞』（2011年３月30日夕刊）を参照。
180. 『朝日新聞』（2011年４月３日）を参照。
181. 『朝日新聞』（2011年４月４日）を参照。
182. 『朝日新聞』（2011年４月５日）を参照。
183. 『毎日新聞』（2011年８月26日夕刊），http://www.kantei.go.jp/jp/kan/actions/201108/26KAIGOU_goudou.htmlを参照。
184. Carvalho and Deakin（2008），Aoki（2010）を参照。
185. 『毎日新聞』（2011年４月12日），『毎日新聞』（2011年４月13日）を参照。

調の道が開かれていったにちがいない。実際，木川田が中心となって組織化された産業問題研究会は，官民協調論にもとづく計画経済を志向していた。詳しくは，志村(2011, pp. 120–121)を参照。

131. Granovetter(1985), Aoki(2001, 2010)を参照。
132. 橘川(2004, p. 401)，吉岡(2011, pp. 168–170)を参照。
133. 橘川(2004, p. 489脚注28)を参照。
134. 『日本経済新聞』(1989年9月18日夕刊: 括弧内著者)。
135. 志村(2011, pp. 87–89)を参照。
136. 橘川(2004, pp. 493–494)を参照。
137. 筑紫哲也は，2003年の報道番組でこの問題を詳しく取り上げた。http://www.youtube.com/watch?v=fBjiLaVOsI4 を参照。さらに，佐藤(2011)も参照。
138. 『毎日新聞』(2002年8月31日)を参照。
139. 『毎日新聞』(2000年9月3日大阪版)を参照。
140. 原子力資料情報室(2002, p. 15)を参照。
141. 原子力資料情報室(2002, pp. 53–56)を参照。
142. 『読売新聞』(2003年3月2日)を参照。
143. 『日本経済新聞』(2003年3月8日)を参照。
144. 勝俣は，東京電力の一連のトラブル隠しは不適切な企業風土，内部監査が原因だとみなし，このスローガンを掲げたようである。とくに原子力部門では，外部のコンサルティング会社に委託し，社内のコミュニケーション，問題発生時の改革プロセスなどの改善をすすめさせる一方，組織内に倫理担当者をおき意識改革をすすめさせた。この点については，『日本経済新聞』(2005年1月31日)を参照。
145. 『毎日新聞』(2007年2月1日)，『読売新聞』(2007年2月1日)を参照。
146. 『日経産業新聞』(2007年2月2日: 傍点著者)。
147. 『読売新聞』(2007年3月23日)を参照。
148. 『読売新聞』(2007年3月23日夕刊),『読売新聞』(2007年3月25日付)を参照。
149. 『日経産業新聞』(2007年3月26日)を参照。
150. 『読売新聞』(2007年12月24日)を参照。
151. 柏崎刈羽原発の震災事故については，第3章第4節も参照。
152. 東京電力では，主として総務部は政治家，企画部は官僚(とくに経産官僚)とのコーディネーションをそれぞれ担当してきた。詳しくは，有森(2011)を参照。
153. 『朝日新聞』(2011年5月31日)を参照。
154. このデータは，警察庁によって2012年1月6日に発表されたものであり，その後も更新されている。ちなみに，2012年5月23日のデータによれば，それぞれの値は1万5859名，3021名になった。いずれも，警察庁(2012a)にもとづく。
155. 『朝日新聞』(2011年4月10日)，『毎日新聞』(2011年5月17日)，週刊文春(2011, p. 18)に負う。
156. 週刊文春(2011, p. 24)，『朝日新聞』(2011年4月26日夕刊)を参照。

でに16基から18基の原子炉でプルサーマルを実現することが規定された。これをうけ日本で最初に，佐賀県玄海町にある九州電力の玄海原子力発電所でプルサーマルを開始した。他方，1970年３月に発効された核拡散防止条約(いわゆるNPT)によって日本はプルトニウムを保有することが禁じられていることもあり，アメリカ政府から，余剰プルトニウムを出してはならないという圧力が日本政府にかけられた。これにより日本政府は，プルサーマル計画を国策として推進していくインセンティブを強めた。さらに，日本政府——より正確には，一部の政治家，一部の官僚——が将来的に核兵器を製造したいという野望を秘めているため，この点でもプルトニウムを利用するプルサーマル計画は好都合だと考えられているようである。他方，電力会社は国策に協力して損失が生じたとしても，これを総括原価主義によって補填しうるだけでなく，原子力発電所の運転により使用済核燃料プールにたまり続ける使用済核燃料を有効に活用する可能性もあるという理由で，プルサーマル計画を推進するインセンティブをもつ。以上については，広瀬(2011)，小出(2011)，吉岡(2011)を参照。

122. Agarwal and Helfat(2009)を参照。
123. 戦略変化の議論においては，会社の属性の刷新・代替にかかわる戦略再生の問題(Agarwal and Helfat 2009)だけでなく，変化を創造するのに不可欠なダイナミック・ケイパビリティの問題(Helfat *et al.* 2007, Helfat and Peteraf 2009, Teece 2009, Pitelis and Teece 2010)にも注目せねばならないだろう。
124. 木川田は，共益活動にかんして述べている。すなわち，「技術革新の恩恵をどんどん採用して，電気の取引を近代化し，合理化し，常に時代の進歩にマッチする最も能率的な経済取引の形態にしてゆくという努力を，独占事業の電力会社から呼びかけて推進してゆくということは，完全競争経済の経済合理性を追求することに合致すると思う。これは結局，一つの価値創造の姿といえるのである。…公益事業なるがゆえにということで独占の上に安住し，十年一日のごとき経営をしていたのでは，技術革新の激しい産業社会時代に生きる経営の喜びを知ることはできないのである」(木川田 1971a, p. 124)と。
125. 木川田(1971b)を参照。
126. 橘川(2004, pp. 399-400)を参照。
127. 橘川(2004, p. 488脚注19)を参照。
128. 東京電力がこのことを公表したのは2007年３月のことであって，それまでこの重大な事故は隠蔽されていた。一連の事故については，後に示す表2.2を参照されたい。
129. 佐高(2011)を参照。
130. 橘川(1995)は，松永が死去した1971年以降，電力産業が通商産業省との距離を狭めて企業経営の自立性を失っていった，という興味深い指摘をしている。当時の社長は水野だったが，実質的には木川田が実権を有していた。当時，第１次石油ショックがおき，電力産業を取り巻く環境は厳しくなっていたうえ，新奇的な技術である原子力発電の分野での協調が望ましい，という木川田の判断も手伝って，官民協

106. 科学技術庁原子力局(1960)を参照。
107. 田原(2011, p. 98)を参照。
108. 経済同友会代表幹事をつとめていた木川田を同副代表幹事として支えてきた山下静一は，民間主導論に執着した彼の言葉を回想している。すなわち，「これからは，原子力こそが国家と電力会社の戦場になる。原子力という戦場での勝敗が電力会社の命運を決める。いや，電力会社の命運だけでなく，日本の命運を決める(。)…机上の数字あわせと，法律で規制することしか知らず，しかも，一，二年でポンポンとポストがかわる無責任な官僚たちに，電力という，産業のいわば心臓部の主導権を奪われたら，日本は滅んでしまう，と木川田さんはことあるごとに力説していました」(田原 2011, pp. 72-73)と。
109. 原子力発電準備委員会について，東京電力社史編集委員会(1983, p. 564)，内橋(2011, pp.92-94)を参照。
110. 東京電力社史編集委員会(1983, pp. 564-565)，内橋(2011, pp. 93-94)を参照。
111. 田原(2011, p. 97)を参照。
112. 東京電力社史編集委員会(1983, p. 566)を参照。
113. 東京電力社史編集委員会(1983, p. 565)を参照。
114. 1号機の着工時期については，何をもって着工とするかの基準が違うせいなのか，東京電力が発表した資料のあいだに整合性がなく，そうした基準すらもかならずしも明示されていないようである。東京電力社史編集委員会(1983, p. 566)には1967年1月着工とある。また，東京電力株式会社(2002, p. 834)には1966年12月着工とある一方，その資料編には1967年9月着工と記されている。さらに，東京電力株式会社(1999, p. 26)には，1967年9月着工とある。したがって本書では，1967年9月着工とみなしたうえで，表2.1には，こうした不整合を反映して1967年9月(?)と記してある。
115. 東京電力社史編集委員会(1983, p. 568)を参照。
116. 東京電力社史編集委員会(1983, pp. 566-570：傍点著者)。
117. 東京電力社史編集委員会(1983, p. 570)を参照。
118. 開沼(2011, pp. 261-266)を参照。
119. http://gendai.net/articles/view/syakai/130284 を参照。
120. 『朝日新聞』(2011年5月30日)を参照。
121. 以上については，http://gendai.net/articles/view/syakai/130284を参照。なお，ウランを燃やすことを前提に製造された原子炉において，使用済核燃料のプルトニウムを再処理してつくられたMOX(混合酸化物)燃料を燃やすというプルサーマル計画は，高速増殖炉による核燃料サイクルを確立するという計画の代替案として取り上げられるようになった。原子力委員会による1967年の長計では，1980年代後半に実用化を達成するという形で高速増殖炉の実現時期が明確にされたが，その後の長計では，その実用化の目標時期は後退していった。だが長計は，21世紀にはいって原子力政策大綱と改称され，2005年に最初のものが策定された。そこでは，2015年ま

93. 志村(2011, p. 43), 田原(2011, p. 93)を参照。
94. 田原(2011, pp. 92-93: 括弧内著者)。
95. 田原(2011, p. 93)。
96. 開沼(2011, p. 256)。
97. この点は, 開沼(2011, p. 309)の表11を参照。
98. ここでのコーディネーターは, Aoki (1984)が企業の準レントをめぐる交渉ゲームの文脈でモデル化した経営者の役割になぞらえよう。そして開沼(2011, pp. 292-294)は, ここでいう原子力村を「中央」, 地域共同体を「ムラ」と呼び, それぞれが「世界有数の原子力技術の開発」「地域の維持・発展」といったまったく異なる論理をもちつつも, 原子力にたいして過剰な期待をかけてきた(「夢をみてきた」)点で共通すると論じる。しかし, 原子力にたいする期待は時間をつうじて幻想にすぎないことが判明してきたので, 両者は自らの存在意義を保持すべく幻想に固執し続けるために, 閉鎖性・硬直性をもつ戦時体制的な中央集権体制――これを, 開沼(2011)は「前近代の残余」と呼ぶが, むしろ私は「原子力社会主義」と呼びたい――を保持しているのだという。私は, 彼の見解に基本的には同意するものの, 認知, 行動, ケイパビリティを強調した人間モデルを採用し, 原子力村が原子力開発の盲目的・機械的推進を可能にする一枚岩的な組織になるためにどのようなメカニズムを進化させてきたか, という問題の理解が重要だと考えている。さらに, まだ十分な解明がなされているとはいえない福島原発危機の原因を明らかにするとともに, これに類したカタストロフィを未然に防御しうるガバナンス・メカニズムについても論じてみたい。この点で, 彼の実証的視点にとどまらず, 処方的視点も視野に入れた研究を志向する。とくに, 原子力村, 地域共同体――より正確には, その拡張概念である社会――をも包摂したビジネス・エコシステムにおける原子力社会主義の超克は, 単一の会社にもっぱら焦点をあてた従来のコーポレート・ガバナンス概念の超克を必要としているため, コーポレート・ガバナンス, 企業家精神, ダイナミック・ケイパビリティにかんする一連の研究成果が動員されなければならない。したがって, コーポレート・ガバナンスの議論で適用されてきた青木モデルは, ビジネス・エコシステムにおける原子力村, 地域共同体のあいだの利害調整にも応用しうるであろう。ただし第4章では, 青木モデルの応用可能性を詳しく吟味する代わりに, 競争と多様性を重視した資本主義革命に向けたビジネス・エコシステム・ガバナンスの可能性について論じる。
99. 田原(2011, p. 94)を参照。
100. 開沼(2011, p. 256)を参照。
101. 開沼(2011, pp. 178-180)を参照。
102. 開沼(2011, pp. 257-258)を参照。
103. 田原(2011, pp. 81-82)を参照。
104. 田原(2011, p. 90)を参照。
105. 田原(2011, p. 96)を参照。

る事業で，電力会社が一般電気事業者に該当する。そして卸電気事業は，一般電気事業者にたいして電気を卸売する事業である。1995年の改正で特定電気事業，1999年の改正で特定規模電気事業がそれぞれ新しい区分として追加された。

74. 電気事業法の改正については，http://www.fepc.or.jp/present/jiyuuka/keii/index.htmlを参照。
75. 飯田(2011c, p. 162)。
76. 飯田(2011b, pp. 161-165)，山岡(2011, p. 198)を参照。
77. 河野(2011, pp. 101-103)を参照。
78. 吉岡(2011, p. 159)。
79. 動燃の2つの事故については，吉岡(2011, pp. 250-272)に詳しい。
80. 吉岡(2011, pp. 287-290)を参照。
81. 橋本行革の目玉の1つである省庁再編によって，23府省庁は13府省に，127官房・局は96官房・局および16の分掌職に，そして1166課・室は995課・室に組織単位の数の削減が実現された(岡本 2011)。
82. 両組織は統合され，日本原子力研究開発機構として2005年10月に発足した。吉岡(2011, p. 38)を参照。
83. 高橋(2011, pp. 54-55)，吉岡(2011, p. 311)を参照。さらに，第3章の図3.2も参照。
84. 吉岡(2011, p. 38)。
85. 橘川(2004)は，電力産業の制度的特徴として民営，発送配電一体，地域別9分割，独占を挙げ，それぞれの制度的特徴が実際に確立した時期を，1883年の東京電燈の創設，1951年の電気事業再編成，1942年の(第2次)電力国家管理，1932年の電力連盟の発足にそれぞれ求めている。しかし本章では，電力産業の制度的特徴として地域独占，総括原価主義，発送配電一体を挙げ，それぞれの起源がどの時期に求められるかを検討してきた。
86. 松永が発揚したリーダーシップは，常人離れした際立った個人の力・模範性にもとづくカリスマ的支配を可能にするような属人的なものだという点で，マックス・ヴェーバーの意味(Weber 1947)でカリスマ的だとみなされる。そして，日本の電力産業の制度的基礎を確立したという点でいえば，革命的ですらもあった。この点については，Langlois(1998, 2007)も参照。
87. 志村(2011, p. 39)を参照。
88. 東京電力編(2002, p. 832: 傍点著者)。
89. さらに，東京電力社史編集委員会編(1983)によれば，佐藤知事は，原子力平和利用に関心を抱き，原子力発電の調査研究を開始するとともに，日本原子力産業会議に入会するなどして，双葉郡内の数ヵ所の適地について原子力発電所の誘致を検討していたという。
90. 志村(2011)を参照。
91. 佐藤(2011)を参照。
92. 志村(2011, p. 42)，東京電力編(2002, p. 832)を参照。

51. 橘川(1995, pp. 232-235)を参照。
52. GHQとの会談については，室田(1993b, pp. 208-211)による。
53. 三鬼案とは，委員の1人で日本製鐵社長の三鬼隆が提唱したものだったが，松永会長を除く4名の委員はこれを支持した。審議会の動きについては，室田(1993b)，橘川(1995)を参照。
54. 室田(1993b, pp. 211-219)を参照。
55. 電力行政の変化については，橘川(1995)を参照。
56. 奥村(2011)によれば，東京電力は本来，他の電力会社と同様，地方の名前をとって関東電力と命名すべきだったが，日本を代表する電力会社ということで他の電力会社とは違い首都の名前をとったといわれる。公益事業委員会を事実上仕切っていた松永は，東京電力という名前に固執していた(佐高 2011)。
57. 大谷(1978)は，自由党の大野伴睦が政府主導派の急先鋒として日本発送電の機能的等価物にあたる電源開発の設立にこだわっていたことを指摘している。
58. 電源開発については，室田(1993b)，原田・福地・長田(2004)を参照。
59. 室田(1993a)を参照。
60. この点にかんする以下の記述は，主に橘川(2009, pp. 122-125)に負う。
61. 同名であるとはいえ，本章で焦点をあてている福島原発危機の当事者である東京電力のことではない。後者の前身は，東邦電力ではなく東京電燈であることに注意しよう。
62. 渡(1981)，田原(2011)を参照。
63. 木川田(1992, p. 177: 傍点著者)。
64. しかし，電気料金の値上げを主導した松永にたいする日本社会からの風当たりは強く，彼は「電力の鬼」と呼ばれるようになった(橘川 2009, p. 125)。
65. 以上については，室田(1993b, pp. 308-312)を参照。
66. この要領は，1960年の通商産業省による省令・告示にもとづいている。室田(1993b, p. 131)を参照。
67. 通商産業省が望ましい構成比とみなしたため，自己資本比率，他人資本比率のそれぞれの数値は決定された。他方，自己資本報酬率は日本の全産業の税引自己資本利益率(電力産業を除く)の平均値，公社債応募者平均利回り，定期預金金利を勘案して設定された。これにたいして，他人資本報酬率は電力会社の社債借入金の平均金利とされた。詳しくは，室田(1993b, pp. 314-315)を参照。
68. 室田(1993a, pp. 86-90)を参照。
69. 室田(1993a, pp. 91-92)，室田(1993b, pp. 338-341)を参照。
70. 吉岡(2011, pp. 181-183)を参照。
71. 田原(2011, pp. 125-134)を参照。
72. 資源エネルギー庁(2011)を参照。
73. 電気事業法では，1995年の改正まで電気事業は，一般電気事業，卸電気事業の2つに区分されていた。一般電気事業は，家庭，工場などの需要に応じて電気を小売するインセンティブとはみなされないだろう。

39. Galbraith (1967) を参照。

40. 強力な原発推進者だった正力，中曾根でさえ，実のところ原子力発電の本質についての適切な評価・理解を欠いていた。あまりにもナイーブなことに，正力は原子力平和利用博覧会で展示してある小型原子炉を家庭で利用したいといっていた(有馬 2008)。他方，中曾根は原子炉から出るアイソトープを用いた原子力温泉によって町を観光地化できると考えていた(佐野 1994)。驚くべきことに，ポスト3.11時代をむかえた現代ですら，そうしたナイーブな見解を抱き，無謀な発言をくり返すナイーブな「リーダー」がいるようである。

41. 日本の電力産業の黎明期についての以下の記述は，主に室田(1993a)に負う。

42. 藤岡は，日本における電気事業の確立というビジョンを抱き，国の使節として渡米した1884年，トーマス・エジソンに会い，電気器具を日本で内製すべき，との教示をえた。彼は，東京電燈の設立に寄与しただけでなく技術長をつとめもした。しかし1890年，三吉正一と共同で白熱舎を設立し，電球製造に着手することとなった。この白熱舎こそ，東京電燈の後継である東京電力に原子炉を供給する東芝の前身にほかならない。このように，東京電力，東芝は19世紀後半からすでにつながっていたといえる。以上については，http://kagakukan.toshiba.co.jp/manabu/history/spirit/roots/ichisuke/index_j.html を参照。

43. 室田(1993b, p. 292)を参照。

44. 松永は，望ましい電気産業のビジョンを実現するのに業界内の協力・競争では限界を感じ，政府介入を容認した。彼のビジョンについては，渡(1981, pp. 87-88)。

45. 改正電気事業法は，松永の持論が具現化したものとみなされるが，電力連盟については，その機能として競争抑制は，彼の意向と整合していたものの，その方針として卸売電力会社と小売電力会社の共存を支持していたことは，彼の意向と整合していなかった。というのも，彼は発送配電一体を主張していたからである。この点については，橘川(2009, pp. 80-81)を参照。

46. 橘川(1995, pp. 172-199, pp. 443-444)を参照。

47. 室田(1993a, pp. 78-79, pp. 83-85)，橘川(1995, pp. 190-191)を参照。総括原価主義には，適正利潤をレートベースと公正報酬率によって算出するレートベース方式もある。この点については，あらためて述べるつもりである。

48. 1939年の日本発送電と電気庁の発足は「第1次電力国家管理」と呼ばれ，1942年に既存の主要水力発電設備の現物出資，配電会社の統合による9配電会社が誕生したことをもって「第2次電力国家管理」と呼ばれる。この点については，橘川(1995, p. 204)を参照。

49. ここでの記述は，佐高(2011)，田原(2011)に負う。

50. 集排法の対象となった日本発送電，9配電会社の企業別労働組合をもとに生成した日本電気産業労働組合協議会を前身として1947年5月に発足したのが，日本電気産業労働組合である。

とした官僚主導論だったという点である。とくに河野は，原子力産業という大規模な新興産業の創造により莫大な権益が生じること，そしてイギリスからの原子炉購入と引き換えに自分の支持団体の1つである漁業界の利益のために日本の鮭缶をイギリスに買ってもらうことを，通産官僚側から提示されたようである。しかし電力会社側も，河野にたいして政治献金を提示して牽制したようである。以上については，田原(2011, pp. 86–88)を参照。

29. 『朝日新聞』(1957年8月28日)を参照。
30. 日本原子力発電株式会社30周年記念事業企画委員会(1989, pp. 7–8)を参照。
31. 政府，とりわけ科学技術庁のネットワークは新型炉の「製造」に注力したのにたいして，電力会社は外国からの動力炉の「購買」に取り組んできた。日本は東海発電所の事例をみてもわかるように，政府が最初から国産炉の開発に取り組むことでケイパビリティを蓄積し，原子炉の輸出力を磨いてきたドイツとは異なる志向性をもっていた。山岡(2011, pp. 100–102)を参照。
32. 山岡(2011, pp. 95–97)，吉岡(2011, pp. 19–28)を参照。
33. 吉岡(2011, p. 27)。
34. 早坂(1987)，山岡(2011)を参照。
35. 田中(1972)。
36. 他方で田中は，対外的には，石油，ウランを獲得するための資源外交にも注力した。とくに彼は，エネルギー供給源の多角化を図ろうとした。1973年9月，田中はフランスを訪問した際，ピエール・メスメル首相との会談のなかで濃縮ウランの購入を打診され，これをうけいれる意志を明らかにした。これにより，無謀にもアメリカによる核燃料独占供給を見直そうとした。そして翌月，OPEC(石油輸出国機構)の原油価格の引き上げにともない世界に石油ショックの影響が及んだ。そうしたなかで産油国は，アラブの友好国でなければ原油生産を削減する，という断固たる姿勢を示した。これをうけ，田中は石油を確保すべく，アメリカの反対を押し切ってまでも親アラブ政策へと舵を切ったのだった。以上については，山岡(2009)に負う。
37. とくに，中部電力が1963年11月，三重県知事の田中覚に熊野灘沿岸への立地構想を伝えたことで，三重県芦浜地区では地元住民による激しい反対運動がまきおこり，静岡県浜岡町への立地変更を余儀なくされたという事例はきわめて顕著だった。こうした動きは，1970年代に入ってさらに強化された。この点については，吉岡(2011, pp. 150–151)を参照。
38. 電源三法についての説明は，吉岡(2011)に負う。あいにく電源三法は新規立地の確保に効果を発揮するというより，「すでに原子力施設を有する地域への慰謝料」(吉岡 2011, p. 152)として機能してきた。自治体が原子力発電所を誘致したところで，財政的に電源立地促進対策交付金で30年程度しかもちこたえることができず，結果的に発電所を次々と増設せざるをえなくなるという負の連鎖に組み込まれてしまう(山岡 2011)。そうした交付金は，薬物のように依存性をもちそれに依存する自治体をあたかも薬物依存症患者のような存在に変えてしまうという意味でいえば，単な

果的に，技術面で比較優位のあるアメリカとイギリスへの依存，電力会社と重電機メーカーを中心とした原子力発電の事業展開がなされた。この点については，奥村(2011, pp. 19-21)を参照。

15. 田原(2011, pp. 137-138)，山岡(2011, pp. 65-66)を参照。
16. 後に2005年10月，原子燃料公社を母体とした核燃料サイクル開発機構は，日本原子力研究所との統合により日本原子力研究開発機構へと改組された。
17. 吉岡(2011, pp. 27-28)を参照。
18. この点について詳しくは，日本原子力発電株式会社30周年記念事業企画委員会(1989, pp. 3-4)を参照。
19. 有馬(2008, pp. 163-169)を参照。
20. 後に経団連は2002年5月，日本経営者団体連盟(日経連)を統合し，日本経済団体連合会となった。
21. 従来その立地は，セラフィールドという地名だったが，戦後にウィンズケールへの改称がなされた後，再び元の地名に戻った。
22. ここでのストーリーは，日本原子力発電株式会社30周年記念事業企画委員会(1989, pp. 4-6)に負う。
23. この原子炉は，GCR(黒鉛減速炭酸ガス冷却型原子炉)と呼ばれるタイプである。
24. このときの委員長は，すでに正力から宇田耕一に代わっていた。というのも1956年12月23日，石橋湛山のリーダーシップにより内閣改造が行われていたからである。原子力委員会を率いる国務大臣のポストについた宇田は，「とにかく原子力なんて何のことだかわからんので正力さんのやってきたのをそっくりうけついでいくつもりだ」(『読売新聞』1956年12月24日)と幾分ナイーブな見解を示していた。だが1957年7月，新たな内閣改造により正力は国務大臣の座に再び返り咲くこととなった。
25. 正力は，全速力で原子力開発をすすめたいと願っていたようである。できるだけ早くイギリスから原子炉を輸入するため，彼は財界有力者だった石川に相談していた。石川は，「わかりました，それじゃあ私が世界中を見てきましょう，そして最後にコールダーホールがいい，といえばいいでしょう」(内橋 2011, p. 82)と述べた。そして実際，この流れが現実化したのだった。
26. 1950年11月に発布されたポツダム政令にもとづいて，戦時中の国策会社だった日本発送電と9配電会社は1951年5月，日本全国9地域の電力会社へと分割され，9電力体制が築かれていく。政府が電力事業を管理していた電力国家統制は官僚の権益拡大を意味していたが，とくに日本発送電の解体はそれとは反対の意味をもっていた。こうして権益を失った官僚にとって，電源開発を拠点とした原子力開発の主導権の獲得は，一度は電力事業で失ってしまった権益の回復という意味合いをもっていた。なお，電力をめぐる官僚と電力会社の対立については，後述するつもりである。
27. 日本原子力発電株式会社30周年記念事業企画委員会(1989, p. 7)を参照。
28. ただし注意しなければならないのは，政府主導論とは，すなわち通商産業省を中心

下，1941年4月に理化学研究所の所長だった大河内正敏に調査を依頼し，彼から仁科芳雄に原爆製造研究が指示された。仁科は1943年1月，ウラン235を用いた原爆製造が可能だとする報告書を提出した。これをうけ安田は，1943年5月よりニ号研究と呼ばれるプロジェクトを推進するよう命じたが，このプロジェクトは原爆の開発・実用化というより理論計算，基礎実験を重視したものだった。この点で，ニ号研究は日本が核エネルギー開発にかんして国際的に劣位にあったことを示していた。以上については，吉岡(2011, pp. 46-52)を参照。

2. そのためアメリカは，メディア・コントロールをつうじて日本の世論を巧みに操作すべくPSB(心理戦委員会)を利用した。後にPBSはOCB(政策実施調整局)として再編され，その機能はUSIA(合衆国情報局)，CIA(中央情報局)に移された。この点について詳しくは，有馬(2008, pp. 63-65)を参照。
3. 藤田(2003)を参照。
4. 杉山(1996)を参照。
5. 有馬(2008)を参照。
6. ここで論じているアメリカの「コペルニクス的転換」について詳しくは，田原(2011, pp. 77-79)を参照。
7. 改進党の政治家のなかでも，中曾根は日本の原子力開発の手柄を独占してきたようにみえる。彼らが中心となって成立させたいわゆる原子力予算の内訳をみると，原子力平和利用研究調査費(2.35億円)，ウラン資源調査費(0.15億円)，国立国会図書館原子力関係資料費(0.1億円)といった3つの項目からなっていた。このうち2.5億円は通商産業省に配分されたが，第1の項目の金額について中曾根は，ウラン235にちなんでいる，という冗談をよく用いてきた。詳しくは，『毎日新聞』(1954年3月4日)，『朝日新聞』(2011年6月17日)を参照。さらに，中曾根(2005)，等(2007)，内橋(2011)も参照。
8. 山岡(2011)を参照。
9. 山岡(2011, pp. 42-45)を参照。
10. 有馬(2008)を参照。
11. 有馬(2008)がいみじくも述べているように，「正力も初めは原子力なるものをよく理解できなかったために乗り気ではなかったが，総理大臣への野望がいやが上にも燃え上がり，大きな政治課題が必要となるにつれて，原子力の持つ重要性に目覚め始めた。やがて，政治キャリアも資金源も持たない意気だけは軒昂な老人に政治的求心力をもたらすのはこれしかないと気づいた」(p.35)。
12. http://law.e-gov.go.jp/htmldata/S30/S30HO186.htmlを参照。
13. 『朝日新聞』(1956年1月13日夕刊)を参照。
14. 山岡(2011, pp. 81-83)を参照。しかし，日本独自の原子力開発を模索することは，莫大な資金，多様な技術が必要とされたためきわめて困難だった。旧財閥系のいわゆる6大企業集団のうち三和を除く5つが共同投資会社などを結成したものの，財閥の強大な力をもってしても本格的な事業展開に到達することができなかった。結

22. 本書の目的は，原子力開発をめぐる2つのグループによる主張の是非を論じることでもなければ，どちらかに加担することでもない。福島原発危機以降のポスト3.11時代に台頭した反原発派の一潮流である脱原発派に与するわけでもない。この点でいえば，桜井(2011a, 2011b, 2011c, 2012)は，原子力の専門家によるすぐれた成果とみなされる。とくに彼は，原発推進派と反原発派の対立を「形式的な安全論 対 こけおどしの危険論」として描き出し，安全と生命を重視する点では反原発派を評価する(桜井 2011c)。もちろん私は，原子力発電所の安全性と生命を重視することに異論はない。そして，日本における原子力開発の歴史，および福島原発危機の事例にかんして，原子力村が未曾有の状況にうまく適応できなかった理由に関心を抱く。さらにいえば，原発推進派，反原発派といった二項対立を止揚するような第3の道——メタ・バリューにもとづく状況依存型エネルギー政策——を模索したいとも考えている。この点については，第4章で試論を展開するつもりだが，この用語の着想をAoki (2001, 2010)よりえたことを記しておきたい。本書は，そうしたエネルギー政策を試論的に述べはするが，あくまでケイパビリティ論的視点，歴史的視点からとりわけ福島原発危機の原因についての議論を展開することに焦点をあてる。したがって，東京電力の経営体制の見直し，損害賠償スキーム，エネルギー政策の具体的展開などといった政策的問題に主眼をおくものではない。
23. とくにこのことは，政府は人体にたいして放射線がもたらしうる影響について，たとえば「直ちに人体に影響を及ぼすものではない」といったわかりにくい発言をくり返してきた事実からも理解できよう。
24. Richardson(1972)を参照。
25. Galbraith(1967)を参照。
26. Sen(1999), Taniguchi(2011a)を参照。
27. Pitelis(1991, 1995)を参照。
28. Taniguchi(2011b)を参照。
29. Aoki(2001, 2010)を参照。
30. Deakin and Hughes(1997), Deakin(2011a)を参照。
31. Helfat *et al.*(2007), Teece(2009), Pitelis and Teece(2010)を参照。
32. Gavetti *et al.*(2007), Gavetti and Rivkin(2007), Gavetti(2012)を参照。
33. Coase(1937), North(1990), Aoki(2001, 2010)を参照。
34. Aoki and Rothwell(2011)を参照。
35. Aoki(2010)を参照。

第2章

1. ただし，軍事利用をも念頭に入れた核エネルギー開発についていえば事情は変わってくる。すなわち日本の原爆研究の歴史は，1940年代にさかのぼる。1940年4月，陸軍航空技術研究所の所長だった安田武雄が原爆の実現可能性にかんする調査を命じ，肯定的な報告をうけることとなった。これをうけ陸軍大臣の東条英機の同意の東京電力から一時研修に来ていた人は，去り際に『安斎さんが原発で何をやろうとしているか，偵察する係でした』と告白しました。私は『村八分』にあったからこそ，原子力村の存在を強く実感できたわけです。『私に自由に発言させないこの国の原子力が，安全であるはずはない』と，直観的に分かりました」(『朝日新聞』2011年5月20日：マル括弧内著者)と。こうして原子力村は，原子力開発の推進に都合の悪い人々を徹底的に排除することにより，内部ガバナンスの無機能化，ひいては原子力開発の合理化を図ってきたということだろう。

11. Joskow (2007)を参照。ただし，原子力発電の発電原価が将来的には最も低くなるという推定も示されている(Newbery 2011)。
12. 一般的にシビア・アクシデントとは，原子力発電所の安全評価で事前に想定した設計基準を大きく上回る事象をさす。
13. Rawls (1999)を参照。
14. 武田(2011)は，取材や報道の精度を高めることで共同体の安心・安全という基本財に資するジャーナリズムの役割を強調する。むしろ本書では，それよりも広い意味での基本財を問題にする。
15. 以下，とくに断りなく「戦後」「戦時中」「戦前」と記す場合，第2次世界大戦を基準にした表記とする。
16. モラル・ハザードは，不適切な制度の存在によって主体の行動が事後的に歪められてしまう可能性を示唆する。他方，組織経済学の一角をなすウィリアムソン流の取引費用経済学では，むしろ機会主義という言葉が用いられ，狡猾な仕方で取引相手の利益を犠牲にして自己利益の追求を図るといった行動を表してきた。組織経済学では，これら2つの言葉がほぼ互換的に用いられるようになったと思われる。そのため本書でも以下，これらの言葉(および機会主義的行動)を互換的に用いることにしたい。
17. たとえば，Alchian and Demsetz (1972), Williamson (1975, 1985, 1996), Jensen and Meckling (1976)，Milgrom and Roberts (1992)などを参照。
18. Teece *et al.* (1997), Eisenhardt and Martin (2000), Helfat *et al.* (2007), Helfat and Peteraf (2009), Teece (2009), Helfat and Winter (2011)を参照。
19. 塩崎(2011)を参照。
20. 飯田(2011b)を参照。
21. 現在の日本では，重要な案件にかんして国民が，立法府，行政府に意思決定を委ねるのではなく，直接的な投票によって意思決定を行うという拘束型国民投票の機会は，憲法改正の賛否を問う場合にのみ限定されている。だが法的拘束力をもたないものの，あくまで立法府，行政府の意思決定にたいして国民の声を反映させるという諮問型国民投票であれば，実行可能だといえる(今井 2011)。しかし日本のように，立法府・行政府の一部が原子力村に取り込まれている状況を想定すれば，諮問型国民投票を行ったところで国民の正確な意思が反映されるとは限らず，立法府・行政府の一部が原子力開発の推進に有利な形で行動する可能性は否めないだろう。

注

第1章

1．ここでいう原発とは，広く確認される一般的な用語法と同様，原子力発電所ないし発電用原子炉をさす。さらに原子力という言葉は，通俗的でもっぱら民事利用に限定されたニュアンスをもつので，より正確には，民事利用，軍事利用の双方を含意する核エネルギーという言葉を用いるべきだという認識については，科学者のあいだでコンセンサスが生成しているようである。吉岡（2011, pp. 6–7）を参照。

2．たとえば，Penrose（1959），Nelson and Winter（1982），Langlois and Robertson（1995），Teece（2009）などを参照。

3．福島原発危機の原因は多岐にわたるため，当然，1つの学問分野だけでその説明・解決策を導くことはできない。かくして理想的には，理論と実践だけでなく，社会科学と自然科学をも広く網羅した知見が必要とされる。この意味で福島原発危機は，「ポスト・ノーマル・サイエンス」（Funtowicz and Ravetz 1994a, 1994b; Ravetz 1999）における超学際的な問題として扱う必要がある。したがって今後，科学者，政策担当者，経営者などを動員する形で，特定分野の垣根を超えた福島原発危機，ひいては国・地球の持続可能性を脅かしかねない危機一般の超学際的な分析が求められることになろう。この点については，第4章で立ち返る。

4．たとえば，広瀬（2011），飯田・佐藤・河野（2011），大島（2011），齊藤（2011），桜井（2011a, 2011b, 2011c, 2012），朝日新聞特別報道部（2012），橘川（2012）などを参照。

5．たとえば，広瀬（2011），飯田（2011a），橘川（2011a），小出（2011），桜井（2011a），佐藤（2011）などを参照。

6．『朝日新聞』（2011年8月11日夕刊）による。

7．石橋（2012）を参照。

8．注意してほしいのは，ここに列挙した各カテゴリーのなかには，原子力村のメンバーとはみなされない主体も含まれる場合がある——たとえば，政治家というカテゴリーのなかには，原子力村のメンバーではない政治家がいる——という点である。したがってより厳密には，各カテゴリーの後ろに「の一部」と記すべきだろう。以下，本書では，こうした厳密な記述がかならずしも各所でなされていないとしても，この注意が背後に隠されていることに気をつけてほしい。

9．Iansiti and Levin（2004），Teece（2009），Pitelis and Teece（2010）を参照。

10．この点にかんして，当初から原子力発電の（物理的）安全性に疑問を抱いてきた安斎育郎は述べる。すなわち，「国が原子力推進のためにつくった学科（東京大学工学部原子力工学科）から『反原発』の人材が出るなど，あってはいけないことです。私は東大で研究者だった17年間，ずっと助手のままでした。主任教授が研究室のメンバー全員に『安斎とは口をきくな』と厳命し，私は後進の教育からも外されました。研究費も回してくれないので，紙と鉛筆だけでできる研究に絞らざるを得ませんでした。

Pettigrew, R. Whittington, L. Melin, C. Sánchez-Runde, F. van den Bosch, W. Ruigrok, and T. Numagami eds., *Innovative Forms of Organizing: International Perspectives*. London: Sage, pp. 125-132.

Whittington, R., A. Pettigrew, and W. Ruigrok (2000), "New Notions of Organizational 'Fit'," in T. Dickson ed., *Mastering Strategy: Your Single-Source Guide to Becoming a Master of Strategy*. London: Prentice-Hall, pp. 151-157.

Williamson, O. (1975), *Markets and Hierarchies: Analysis and Antitrust Implications*. New York: Free Press.（浅沼萬里・岩崎晃訳『市場と企業組織』日本評論社, 1980年）。

Williamson, O. (1985), *The Economic Institutions of Capitalism: Firms, Markets, Relational Contracting*. New York: Free Press.

Williamson, O. (1996), *The Mechanisms of Governance*. New York: Oxford University Press.

Zollo, M. and S. Winter (2002), "Deliberate Learning and the Evolution of Dynamic Capabilities," *Organization Science*, 13, pp. 339-351.

Shleifer, A. and R. Vishney (1997), "A Survey of Corporate Governance," *Journal of Finance,* 52, pp. 737-783.

Simon, H. (1957), *Administrative Behavior: A Study of the Decision-Making Process in Administrative Organization,* 2nd ed. New York: Macmillan.（松田武彦・高柳暁・二村敏子訳『経営行動——経営組織における意思決定プロセスの研究』ダイヤモンド社, 1989年）。

Simon, H. (1991), "Organizations and Markets," *Journal of Economic Perspectives,* 5, pp. 25-44.

Stigler, G. (1971), "The Theory of Economic Regulation," *Bell Journal of Economics and Management Science,* 2, pp. 3-21.

Taniguchi, K. (2011a), "The Nature of the Corporation," mimeo, University of Cambridge.

Taniguchi, K. (2011b), "The Dislocated Hand: Institutional Failure of Toyota in Semiglobalization," Paper presented at the IB Concentration at Cambridge Judge Business School, May 19, University of Cambridge.

Taniguchi, K. (2011c), "Microfoundations of the Corporation: Cognitive Diversity, Institutional Failure, and the Corporate Man," mimeo, University of Cambridge.

Teece, D. (2009), *Dynamic Capabilities and Strategic Management: Organizing for Innovation and Growth.* New York: Oxford University Press.（谷口和弘・蜂巣旭・川西章弘・ステラ・チェン訳『ダイナミック・ケイパビリティと戦略経営——イノベーションと成長の組織』ダイヤモンド社, 2012年, 近刊）。

Teece, D., G. Pisano, and A. Shuen (1997), "Dynamic Capabilities and Strategic Management," *Strategic Management Journal,* 18, pp. 509-533.

Thagard, P. (1996), *Mind: Introduction to Cognitive Science.* Cambridge, MA: MIT Press.（松原仁監訳『マインド——認知科学入門』共立出版, 1999年）。

Thompson, J. (1967), *Organizations in Action.* New York: McGraw-Hill.（高宮晋監訳『オーガニゼーション イン アクション——管理理論の社会科学的基礎』同文舘, 1987年）。

Tirole, J. (2001), "Corporate Governance," *Econometrica,* 69, pp. 1-35.

Tushman, M. and C. O'Reilly III (1996), "Ambidextrous Organizations: Managing Evolutionary and Revolutionary Change," *California Management Review,* 38 (4), pp. 8-30.

Tversky, A. and D. Kahneman (1974), "Judgment under Uncertainty: Heuristics and Biases," *Science,* 185, pp. 1124-1131.

Weber, M. (1947), *The Theory of Social and Economic Organization.* T. Parsons ed., New York: Oxford University Press.

Whittington, R. and A. Pettigrew (2003), "Complementarities Thinking," in A.

Groenenwegen, C. Pitelis, and S-E. Sjöstrand eds., *On Economic Institutions: Theory and Applications.* Aldershot: Edward Elgar, pp. 101-126.

Pitelis, C. (2009), "The Co-Evolution of Organizational Value Capture, Value Creation and Sustained Advantage," *Organization Studies,* 30, pp. 1115-1139.

Pitelis, C. (2012), "Economic Sustainability and Governance: An Introduction," mimeo. Cambridge Judge Business School, University of Cambridge.

Pitelis, C. and D. Teece (2010), "Cross-Border Market Co-Creation, Dynamic Capabilities and the Entrepreneurial Theory of the Multinational Enterprise," *Industrial and Corporate Change,* 19, pp. 1247-1270.

Powell, W. (1990), "Neither Market nor Hierarchy: Network Forms of Organization," *Research in Organizational Behavior,* 12, pp. 295-336.

Powell, W. (1996), "Trust-Based Forms of Governance," in R. Kramer and T. Tyler eds., *Trust in Organizations: Frontiers of Theory and Research.* Thousand Oaks, CA : Sage, pp. 51-67.

Ravetz, J.(1999), "What Is Post-Normal Science?" *Futures,* 31, pp. 647-653.

Rawls, J.(1999), *A Theory of Justice,* Revised ed., Cambridge, MA: Harvard University Press.（川本隆史・福間聡・神島裕子訳『正義論（改訂版）』紀伊国屋書店, 2010年）。

Richardson, G. B. (1972), "The Organization of Industry," *Economic Journal,* 82, pp. 883-896.

Roberts, J. (2004), *The Modern Firm: Organizational Design for Performance and Growth.* New York: Oxford University Press.（谷口和弘訳『現代企業の組織デザイン――戦略経営の経済学』NTT出版, 2005年）。

Schoemaker, P. (1993), "Multiple Scenario Development: Its Conceptual and Behavioral Foundation," *Strategic Management Journal,* 14, pp. 193-213.

Schoemaker, P. (2002), *Profiting from Uncertainty: Strategies for Succeeding No Matter What the Future Brings.* New York: Free Press.（鬼澤忍訳『ウォートン流シナリオ・プラニング』翔泳社, 2003年）。

Schumpeter, J. (1934), *The Theory of Economic Development.* Cambridge, MA : Harvard University Press.（塩野谷祐一・中山伊知郎・東畑精一訳『経済発展の理論』岩波書店, 1977年）。

Sen, A. (1992), *Inequality Reexamined.* Oxford: Oxford University Press.（池本幸生・野上裕生・佐藤仁訳『不平等の再検討――潜在能力と自由』岩波書店, 1999年）。

Sen, A. (1999a), *Reason before Identity: The Romanes Lecture for 1998.* New Delhi: Oxford University Press.（細見和志訳『アイデンティティに先行する理性』関西学院大学出版会, 2003年）。

Sen, A. (1999b), *Development as Freedom.* Oxford: Oxford University Press.（石塚雅彦訳『自由と経済開発』日本経済新聞社, 2000年）。

Nelson, R. and S. Winter (1982), *An Evolutionary Theory of Economic Change.* Cambridge, MA: Harvard University Press.（後藤晃・角南篤・田中辰雄訳『経済変動の進化理論』慶應義塾大学出版会, 2007年）。

Newbery, D. (2011) , "EMR: Carbon Price Floor, Capacity Mechanisms, EPS," Meeting with Energy and climate Change Select Committee, House of Commons, January 12.

Nolan, P. (2008), *Capitalism and Freedom: The Contradictory Character of Globalisation.* London: Anthem Press.

Nolan, P., J. Zhang, and C. Liu (2008), "The Global Business Revolution, the Cascade Effect, and the Challenge for Firms from Developing Countries," *Cambridge Journal of Economics,* 32, pp. 29-47.

North, D. (1990), *Institutions, Institutional Change and Economic Performance.* New York: Cambridge University Press.（竹下公視訳『制度・制度変化・経済成果』晃洋書房, 1994年）。

Nuttall, W. (2005), *Nuclear Renaissance: Technologies and Policies for the Future of Nuclear Power.* London: Taylor & Francis.

Nuttall, W. (2011), "Nuclear New Build in the UK: A Personal View," French Parliamentary Inquiry into Nuclear Safety and the Future of the Nuclear Power Industry, Paris.

O'Reilly III, C. and M. Tushman (2008), "Ambidexterity as a Dynamic Capability: Resolving the Innovator's Dilemma," *Research in Organizational Behavior,* 28, pp. 185-206.

Penrose, E. (1959), *The Theory of the Growth of the Firm.* Oxford: Basil Blackwell.（日高千景訳『企業成長の理論』ダイヤモンド社, 2010年）。

Perrow, C. (1999), *Normal Accidents: Living with High-Risk Technologies.* Princeton, NJ: Princeton University Press.

Perrow, C. (2011), "Fukushima and the Inevitability of Accidents," *Bulletin of the Atomic Scientists,* 67, pp. 44-52.

Pfeffer, J. and R. Sutton (1999), "The Smart-Talk Trap," *Harvard Business Review,* 77 (3), pp. 135-142.

Pfeffer, J. and R. Sutton (2006), *Hard Facts, Dangerous Half-Truths, and Total Nonsense: Profiting from Evidence-Based Management.* Boston, MA: Harvard Business School Press.（清水勝彦訳『事実に基づいた経営――なぜ「当たり前」ができないのか？』東洋経済新報社, 2009年）。

Pitelis, C. (1991), *Market and Non-market Hierarchies: Theory of Institutional Failure.* Oxford: Blackwell.

Pitelis, C. (1995), "Towards an Evolutionary Perspective of Institutional Crisis," J.

Entrepreneurship," *European Management Review,* 7, pp. 1-15.

Knight, F. (1921), *Risk, Uncertainty, and Profit.* New York: Houghton Mifflin.（奥隅栄喜訳『危険・不確実性および利潤』文雅堂，1959年）。

Kripke, S. (1980), *Naming and Necessity.* Cambridge, MA: Harvard University Press.（八木沢敬・野家啓一訳『名指しと必然性――様相の形而上学と心身問題』産業図書，1985年）。

Langlois, R.(1998), "Personal Capitalism as Charismatic Authority: The Organizational Economics of a Weberian Concept," *Industrial and Corporate Change,* 7, pp. 195-213.

Langlois, R. (2003), "The Vanishing Hand: The Changing Dynamics of Industrial Capitalism," *Industrial and Corporate Change,* 12, pp. 351-385.

Langlois, R. (2007), *The Dynamics of Industrial Capitalism: Schumpeter, Chandler, and the New Economy.* New York: Routledge.（谷口和弘訳『消えゆく手――株式会社と資本主義のダイナミクス』慶應義塾大学出版会，2011年）。

Langlois, R. and P. Robertson (1995), *Firms, Markets, and Economic Change: A Dynamic Theory of Business Institutions.* New York: Routledge.（谷口和弘訳『企業制度の理論――ケイパビリティ・取引費用・組織境界』NTT出版，2004年）。

Lewis, D. (1969), *Convention: A Philosophical Study.* Cambridge, MA: Harvard University Press.

Lewis, D.(1973), *Counterfactuals.* Oxford: Blackwell.（吉満昭宏訳『反事実的条件法』勁草書房，2007年）。

Lewis, D.(1986), *On the Plurality of Worlds.* Oxford: Blackwell.

Loasby, B. (1998), "The Organization of Capabilities," *Journal of Economic Behavior and Organization,* 35, pp. 139-160.

Lovallo, D., C. Clarke, and C. Camerer (2012), "Robust Analogizing and the Outside View: Two Empirical Tests of Case-Based Decision Making," *Strategic Management Journal,* 33, pp. 496-512.

Mahoney, J., A. McGahan, and C. Pitelis (2009), "The Interdependence of Private and Public Interests," *Organization Science,* 20, pp. 1034-1052.

March, J. (1991), "Exploration and Exploitation in Organizational Learning," *Organization Science,*2, pp. 71-87.

Martin, R. (2007), *The Opposable Mind: Winning Through Integrative Thinking.* Boston, MA: Harvard Business School Press.（村井章子訳『インテグレーティブ・シンキング――すぐれた意思決定の秘密』日本経済新聞出版社，2009年）。

Milgrom, P. and J. Roberts (1992), *Economics, Organization, and Management.* Englewood Cliffs, NJ: Prentice-Hall.（奥野正寛・伊藤秀史・今井晴雄・西村理・八木甫訳『組織の経済学』NTT出版，1997年）。

——組織の戦略変化』勁草書房，2010年)。

Hodgson, G. (2003), "The Hidden Persuaders: Institutions and Individuals in Economic Theory," *Cambridge Journal of Economics*, 27, pp. 159–175.

Holyoak, K. and P. Thagard (1995), *Mental Leaps: Analogy in Creative Thought*. Cambridge, MA: MIT Press. (鈴木宏昭・河原哲雄訳『アナロジーの力——認知科学の新しい探求』新曜社，1998年)。

Holyoak, K., H.-S. Lee, and H. Lu (2010), "Analogical and Category-Based Inference: A Theoretical Integration With Bayesian Causal Models," *Journal of Experimantal Psychology: General*, 139, pp.702–727.

IAEA (2002), "Preparedness and Response for a Nuclear or Radiological Emergency," *IAEA Safety Standards Series*, GS-R-2, Vienna: IAEA.

Iansiti, M. and R. Levine (2004), *The Keystone Advantage: What the New Dynamics of Business Ecosystems Mean for Strategy, Innovation, and Sustainability*. Boston, MA: Harvard Business School Press. (杉本幸太郎訳『キーストーン戦略——イノベーションを持続させるビジネス・エコシステム』翔泳社，2007年)。

Jensen, M. (1986), "Agency Costs of Free Cash Flow, Corporate Finance, and Takeovers," *American Economic Review*, 76, pp. 323–329.

Jensen, M. and W. Meckling (1976), "Theory of the Firm: Managerial Behavior, Agency Costs and Ownership Structure," *Journal of Financial Economics*, 3, pp. 305–360.

Jepperson, R. (1991), "Institutions, Institutional Effects, and Institutionalism," in W. Powell and P. DiMaggio eds., *The New Institutionalism in Organizational Analysis*. Chicago: The University of Chicago Press, pp. 143–163.

Johnson, C. (1982), *MITI and the Japanese Miracle: The Growth of Industrial Policy, 1925–1975*. Stanford, CA: Stanford University Press. (矢野俊比古監訳『通産省と日本の奇跡』TBSブリタニカ，1982年)。

Jones, G. and C. Pitelis (2011), "'Imagined' Advantages, Entrepreneurship and International Business," mimeo. Harvard University.

Joskow, P. (2007), "Electricity from Uranium, Part 2: The Prospects for Nuclear Power in the United States," *The Milken Institute Review*, Fourth Quarter, pp. 32–43.

Kirzner, I. (1973), *Competition and Entrepreneurship*. Chicago: University of Chicago Press. (田島義博監訳『競争と企業家精神——ベンチャーの経済理論』千倉書房，1985年)。

Kirzner, I. (1997), *How Markets Work: Disequilibrium, Entrepreneurship, and Discovery*. London: Institute of Economic Affairs. (西岡幹雄・谷村智輝訳『企業家と市場とはなにか』日本経済評論社，2001年)。

Klein, P., J. Mahoney, A. McGahan, and C. Pitelis (2010), "Toward a Theory of Public

Gavetti, G. and J. Rivkin (2007), "On the Origin of Strategy: Action and Cognition over Time," *Organization Science,* 18, pp. 420–439.

Gavetti, G., D. Levinthal, and W. Ocasio (2007), "Neo-Carnegie: The Carnegie School's Past, Present, and Reconstructing for the Future," *Organization Science*, 18, pp. 523–536.

Geanakoplos, J. (1992), "Common Knowledge," *Journal of Economic Perspectives,* 6, pp. 53–82.

Gentner, D. (1989), "The Mechanism of Analogical Learning," in S. Vosniadou and A. Ortony eds., *Similarity and Analogical Reasoning*. Cambridge: Cambridge University Press, pp. 199–241.

Gibbons, R. and R. Henderson (2011), "Relational Contracts and Organizational Capabilities," mimeo, Sloan School of Management, MIT.

Gioia, D. and C. Manz (1985), "Linking Cognition and Behavior: A Script Processing Interpretation of Vicarious Learning," *Academy of Management Review,* 10, pp. 527–539.

Gioia, D. and P. Poole (1984), "Scripts in Organizational Behavior," *Academy of Management Review,* 9, pp. 449–459.

Granovetter, M. (1985), "Economic Action and Social Structure: The Problem of Embeddedness," *American Journal of Sociology,* 91, pp. 481–510.

Grossman, S. and O. Hart (1986), "The Costs and Benefits of Ownership: A Theory of Vertical and Lateral Integration," *Journal of Political Economy,* 94, pp. 691–719.

Hart, O. (1995a), *Firms, Contracts, and Financial Structure*. New York: Oxford University Press. (鳥居昭夫訳『企業 契約 金融構造』慶應義塾大学出版会，2010年)。

Hart, O. (1995b), "Corporate Governance: Some Theory and Implications," *Economic Journal,* 105, pp. 678–689

Hart, O. (2001), "Norms and the Theory of the Firm," *University of Pennsylvania Law Review,* 149, pp. 1701–1715.

Hayek, F. (1952), *The Sensory Order*. Chicago: University of Chicago Press. (穐山貞登訳『感覚秩序』春秋社，2008年)。

Helfat, C. and M. Peteraf (2009), "Understanding Dynamic Capabilities: Progress along a Developmental Path," *Strategic Organization,* 7, pp. 91–102.

Helfat, C. and S. Winter (2011), "Understanding Dynamic and Operational Capabilities: Strategy for the (N) ever-Changing World" *Strategic Management Journal,* 32, pp. 1243–1250.

Helfat, C., S. Finkelstein, W. Mitchell, M. Peteraf, H. Singh, D. Teece, and S. Winter (2007), *Dynamic Capabilities: Understanding Strategic Change in Organizations*. Oxford: Blackwell. (谷口和弘・蜂巣旭・川西章弘訳『ダイナミック・ケイパビリティ

Conference, September 6, University of Cambridge.

Deakin, S. (2009), "Capacitas : Contract Law, Capabilities, and the Legal Foundations of the Market," in S. Deakin and A. Supiot eds., *Capacitas: Contract Law and the Institutional Preconditions of a Market Economy.* Oxford: Hart Publishing, pp. 1-29.

Deakin, S. (2011a), "The Juridical Nature of the Firm," mimeo, Centre for Business Research, University of Cambridge.

Deakin, S.(2011b), "Legal Evolution: Integrating Economic and Systemic Approaches," Centre for Business Research, University of Cambridge Working Paper No. 424.

Deakin, S. and A. Hughes (1997), "Comparative Corporate Governance," in S. Deakin and A. Hughes eds., *Enterprise and Community: New Directions in Corporate Governance.* Oxford: Blackwell, pp. 1-9.

Demsetz, H. (1967), "Toward a Theory of Property Rights," *American Economic Review,* 57, pp. 347-359.

Demsetz, H. (2002), "Toward a Theory of Property Rights II: The Competition Between Private and Collective Ownership," *Journal of Legal Studies,* 31, pp. 653-672.

Dyer, J. and H. Singh (1998), "The Relational View: Cooperative Strategy and Sources of Interorganizational Competitive Advantage," *Academy of Management Review,* 23, pp. 660-679.

Eggertsson, T. (2009), "Knowledge and the Theory of Institutional Change," *Journal of Institutional Economics,* 5, pp. 137-150.

Eisenhardt, K. and J. Martin (2000), "Dynamic Capabilities: What Are They?" *Strategic Management Journal,* 21, pp. 1105-1121.

Fama, E. (1980), "Agency Problems and the Theory of the Firm." *Journal of Political Economy,* 88, pp. 288-307.

Freeman, R. (1984), *Strategic Management: A Stakeholder Approach.* Englewood Cliffs, NJ: Prentice-Hall.

Freeman, R., J. Harrison, A. Wicks, B. Parmar, and S. de Colle (2010), *Stakeholder Theory: The State of the Art.* Cambridge: Cambridge University Press.

Funtowicz, S. and J. Ravetz (1994a), "Uncertainty, Complexity, and Post-Normal Science," *Environmental Toxicology and Chemistry,* 13, pp. 1881-1885.

Funtowicz, S. and J. Ravetz (1994b), "Emergent Complex Systems," *Futures,* 26, pp. 568-582.

Galbraith, J. (1967), *The New Industrial State.* Boston, MA: Houghton-Mifflin.（都留重人監訳『新しい産業国家』河出書房新社，1968年）。

Gavetti, G. (2012), "Toward a Behavioral Theory of Strategy," *Organization Science,* 23, pp. 267-285.

Aumann, R.(1976), "Agreeing to Disagree," *Annals of Statistics*, 4, pp. 1236-1239.

Baldwin, C. and K. Clark (2000), *Design Rules: The Power of Modularity,* vol. 1, Cambridge, MA: MIT Press.（安藤晴彦訳『デザイン・ルール――モジュール化パワー』東洋経済新報社，2004年）。

Bandura, A. (1977), *Social Learning Theory*. Englewood Cliffs, NJ: Prentice-Hall.

Bazerman, M. and D. Moore (2009), *Judgement in Managerial Decision Making,* 7th ed., New York: John Wiley & Sons.（長瀬勝彦訳『行動意思決定論――バイアスの罠』白桃書房，2011年）。

Berle, A. and G. Means (1932), *The Modern Corporation and Private Property*. New York: Macmillan.（北島忠男訳『近代株式会社と私有財産』文雅堂，1958年）。

Carvalho, F. and S. Deakin (2008), "System and Evolution in Corporate Governance," *REFGOV working paper series,* REFGOV-CG-29.

Chandler, A. (1977), *The Visible Hand: The Managerial Revolution in American Business*. Cambridge, MA: Harvard University Press.（鳥羽欽一郎・小林袈裟治訳『経営者の時代――アメリカ産業における近代企業の成立』東洋経済新報社，1979年）。

Chandler, A. (1990), *Scale and Scope: The Dynamics of Industrial Capitalism*. Cambridge, MA: Harvard University Press.（安部悦生・川辺信雄・工藤章・西牟田祐二・日高千景・山口一臣訳『スケール・アンド・スコープ――経営力発展の国際比較』有斐閣，1993年）。

Coase, R. (1937), "The Nature of the Firm," *Economica*, 4, pp. 386-405.（「企業の本質」宮沢健一・後藤晃・藤垣芳文訳『企業・市場・法』東洋経済新報社，1992年に所収）。

Coase, R. (1960), "The Problem of Social Cost," *Journal of Law and Economics,* 3, pp. 1-44.（「社会的費用の問題」宮沢健一・後藤晃・藤垣芳文訳『企業・市場・法』東洋経済新報社，1992年に所収）。

Cohen, W. and D. Levinthal (1990), "Absorptive Capacity: A New Perspective on Learning and Innovation," *Administrative Science Quarterly,* 35, pp. 128-152.

Cooper, M. (2011a), "Nuclear Liability: The Market-Based, Post-Fukushima Case for Ending Price-Anderson," *Bulletin of the Atomic Scientists,* Web Edition, http://www.thebulletin.org/web-edition/features/nuclear-liability-the-market-based-post-fukushima-case-ending-price-anderson

Cooper, M.(2011b), "The Implications of Fukushima: The US Perspective," *Bulletin of the Atomic Scientists,* 67, pp. 8-13.

Cowan, R., P. David, and D. Foray (2000), "The Explicit Economics of Knowledge Codiification and Tacitness," *Industrial and Corporate Change,* 9, pp. 211-253.

D'Agostino, C. and K. Taniguchi (2012), "A Trans-Disciplinary Approach to the Combined Failure of Institutions: A Comparison of Fukushima and Minamata," Paper prepared for the 4th Cambridge International Regulation and Governance

山岡淳一郎(2011)『原発と権力――戦後から辿る支配者の系譜』筑摩書房。

山口栄一(2011a)「見逃されている原発事故の本質――東電は『制御可能』と『制御不能』の違いをなぜ理解できなかったのか」『日経ビジネスオンライン』5月13日号。

山口栄一(2011b)「福島原発事故の本質―― 『技術経営のミス』は、なぜ起きた」『日経エレクトロニクス』5月16日号, pp. 81-89.

山口栄一(2011c)「メルトダウンを防げなかった本当の理由――福島第一原子力発電所事故の核心」『Tech-On!』12月15日号。

吉岡斉(2011)『新版 原子力の社会史――その日本的展開』朝日新聞出版。

渡哲郎(1981)「電力業再編成の課題と『電力戦』――1920年代の松永安左ヱ門と東邦電力」『経済論叢』第128巻1・2号, pp. 72-91。

AERA(2011a)「『原子力村』ドンの大罪」『AERA』4月11日号, pp. 25-28.

AERA (2011b)「セシウムは誰のものか東京地裁の決定でわかった東電のトンデモ主張」『AERA』11月28日号, p. 24.

Agarwal, R. and C. Helfat (2009), "Strategic Renewal of Organizations," *Organization Science*, 20, pp. 281-293.

Akerlof, G. and M. Kranton (2000), "Economics and Identity," *Quarterly Journal of Economics*, 115, pp. 715-753.

Akerlof, G. and M. Kranton (2005), "Identity and the Economics of Organizations," *Journal of Economic Perspectives*, 19, pp. 9-32.

Akerlof, G. and M. Kranton (2010), *Identity Economics: How Our Identities Shape Our Work, Wages, and Well-Being*. Princeton, NJ: Princeton University Press.（山形浩生・守岡桜訳『アイデンティティ経済学』東洋経済新報社, 2011年）.

Alchian, A. and H. Demsetz (1972), "Production, Information Costs, and Economic Organization," *American Economic Review*, 62, pp. 777-795.

Aoki, M. (1984), *The Co-operative Game Theory of the Firm*. Oxford: Oxford University Press.（青木昌彦『現代の企業――ゲームの理論からみた法と経済』岩波書店, 1984年）.

Aoki, M. (2001), *Toward a Comparative Institutional Analysis*. Cambridge, MA: MIT Press.（瀧澤弘和・谷口和弘訳『比較制度分析に向けて』NTT出版, 2001年）。

Aoki, M. (2010), *Corporations in Evolving Diversity: Cognition, Governance, and Institutions*. New York: Oxford University Press.（谷口和弘訳『コーポレーションの進化多様性――集合認知・ガバナンス・制度』NTT出版, 2011年）。

Aoki, M. and G. Rothwell (2011), "Organizations under Large Uncertainty: An Analysis of the Fukushima Catastrophe," mimeo, Stanford University.

Augier, M. and D. Teece (2008), "Strategy as Evolution with Design: The Foundations of Dynamic Capabilities and the Role of Managers in the Economic System," *Organization Studies*, 29, pp. 1187-1208.

01.pdf
豊田有恒(2010)『日本の原発技術が世界を変える』祥伝社。

中曾根康弘(2005)「原子力平和利用の黎明とその前途」第42回「原子力の日」記念シンポジウム『ジュネーブ国際会議から50年――わが国の原子力平和利用は』基調講演，2005年11月7日。

http://www.jaero.or.jp/data/02topic/gensiryokukou_42sympo.html
日本原子力発電株式会社30周年記念事業企画委員会(1989)『日本原子力発電三十年史』日本原子力発電株式会社。

早坂茂三(1987)『早坂茂三の「田中角栄」回想録』小学館。

原田純一・福地学・長田徹(2004)「競争を軸としたエネルギー産業の将来像」『知的資産創造』7月号, pp. 6-15。

等雄一郎(2007)「非核三原則の今日的論点―― 『核の傘』・核不拡散条約・核武装論」『レファレンス』8月号，pp. 41-60。

広瀬隆(2011)『FUKUSHIMA 福島原発メルトダウン』朝日新聞出版。

福島原発事故独立検証委員会(2012)『福島原発事故独立検証委員会調査・検証報告書』ディスカヴァー・トゥエンティワン。

福島県エネルギー政策検討会(2002)「中間とりまとめ――あなたはどう考えますか？日本エネルギー政策」福島県企画調整部エネルギーグループ。

http://wwwcms.pref.fukushima.jp/download/1/energy_021200torimatome_book.pdf
福島県災害対策本部(2012)「平成23年東北地方太平洋沖地震による被害状況即報(第482報)」1月15日。http://www.pref.fukushima.jp/j/jishin-sokuhou482.xls
藤田祐幸(2003)「わが国の核政策史――軍事的側面から」『社会評論』29巻1号，pp. 48-68。

藤本隆宏(2004)『日本のもの造り哲学』日本経済新聞社。

松永安左エ門(1965)「はじめに」産業計画会議編『原子力政策に提言――産業計画会議第14次リコメンデーション』経済往来社，pp. 2-3。

間宮陽介(1993)『法人企業と現代資本主義』岩波書店。

三神良三(1983)『小林一三・独創の経営――常識を打ち破った男の全研究』PHP研究所。

港徹雄(2011)『日本のものづくり 競争力基盤の変遷』日本経済新聞出版社。

三宅勝久(2011)『日本を滅ぼす電力腐敗』新人物往来社。

室田武(1989)「電力独占制度の根本的見直しを」『法学セミナー』9月号, pp. 30-33。

室田武(1993a)『原発の経済学』朝日新聞社。

室田武(1993b)『電力自由化の経済学』宝島社。

安冨歩(2012)『原発危機と「東大話法」――傍観者の論理・欺瞞の言語』明石書店。

山岡淳一郎(2009)『田中角栄 封じられた資源戦略――石油、ウラン、そしてアメリカとの闘い』草思社。

総合資源エネルギー調査会(2009)「総合資源エネルギー調査会原子力安全・保安部会耐震・構造設計小委員会 地震・津波，地質・地盤合同WG(第32回)議事録」6月24日。http://www.nisa.meti.go.jp/shingikai/107/3/032/gijiroku32.pdf
高木仁三郎(2000)『原発事故はなぜくりかえすのか』岩波書店。
高橋洋(2011)『電力自由化――発送電分離から始まる日本の再生』日本経済新聞出版社。
武田徹(2011)『原発報道とメディア』講談社。
竹森俊平(2011)『国策民営の罠――原子力政策に秘められた戦い』日本経済新聞出版社。
田中角栄(1972)『日本列島改造計画』日刊工業新聞社。
谷口和弘(1995)「企業集団論の問題状況――日本型企業システムの理解をめざして」『三田商学研究』第38巻第2号, pp. 49-71.
谷口和弘(2006)『企業の境界と組織アーキテクチャ――企業制度論序説』NTT出版。
谷口和弘(2012)『経営原論――実学の精神と越境力』培風館。
田原総一朗(2011)『ドキュメント東京電力――福島原発誕生の内幕』文藝春秋。
東京電力株式会社(1999)『原子力発電の現状』東京電力株式会社。
東京電力株式会社(2002)『関東の電気事業と東京電力――電気事業の創始から東京電力50年への軌跡』東京電力株式会社。
東京電力株式会社(2005)「発電所の津波対策」『TEPCO REPORT』4月号, pp. 12-13. http://www.tepco.co.jp/company/corp-com/annai/shiryou/report/bknumber/0504/pdf/ts050405-j.pdf
東京電力株式会社(2011a)「福島第一原子力発電所・事故の収束に向けた道筋」4月17日。http://www.tepco.co.jp/cc/press/betu11_j/images/110417b.pdf
東京電力株式会社(2011b)「『福島第一原子力発電所・事故の収束に向けた道筋』の進捗状況について」5月17日。http://www.tepco.co.jp/cc/press/betu11_j/images/110517b.pdf
東京電力株式会社(2011c)「『福島第一原子力発電所・事故の収束に向けた道筋』の進捗状況について」6月17日。http://www.tepco.co.jp/cc/press/betu11_j/images/110617b.pdf
東京電力社史編集委員会(1983)『東京電力三〇年史』東京電力株式会社。
東京電力福島原子力発電所における事故調査・検証委員会(2011)『中間報告』12月26日。http://icanps.go.jp/post-1.html
東京電力福島第二原子力発電所(2011)「福島第二原子力発電所プラント状況等のお知らせ」3月15日。http://www.tepco.co.jp/nu/f2-np/press_f2/2010/pdfdata/j110315b-j.pdf
東洋経済(2011)「象牙の塔の『罪と罰』――原子力研究の落日」『週刊東洋経済』6月11日号, pp. 68-69。
土木学会原子力土木委員会津波評価部会(2002)「原子力発電所の津波評価技術 本編(体系化原案)」2月。http://committees.jsce.or.jp/ceofnp/system/files/TA-MENU-J-

http://www.nsc.go.jp/shinsashishin/pdf/1/si004.pdf
原子力安全委員会事務局(2011)「平成23年(2011年) 東北地方太平洋沖地震により発生した津波による被害状況」12月2日。http://www.nsc.go.jp/annai/kihon23/jyuyou/20111202/siryo2.pdf
原子力安全基盤機構(2010)「設置許可申請における安全審査の概要」6月8日。

http://www.jnes-elearning.org/contents/jp/sa/anzenshinsa_j.pdf
原子力災害対策本部(2011)「原子力被災者への対応に関する当面の取組方針」5月17日。

http://www.meti.go.jp/earthquake/nuclear/pdf/torikumihoushin_110517_03.pdf
原子力災害対策本部政府・東京電力統合対策室(2011)「東京電力福島第一原子力発電所・事故の収束に向けた道筋進捗状況」7月19日http://www.tepco.co.jp/cc/press/betu11_j/images/110719s.pdf
原子力資料情報室(2002)『検証東電原発トラブル隠し』岩波書店。

小出裕章(2011)『原発はいらない』幻冬舎ルネッサンス。

河野太郎(2011)「東北大震災から原発事故へ——三月二一日から四月三〇日」飯田哲也・佐藤栄佐久・河野太郎『「原子力ムラ」を超えて——ポスト福島のエネルギー政策』NHK出版, pp. 65-104。

小林傳司(2007)『トランス・サイエンスの時代——科学技術と社会をつなぐ』NTT出版。

齊藤誠(2011)『原発危機の経済学——社会科学者として考えたこと』日本評論社。

桜井淳(2011a)『福島第一原発事故を検証する——人災はどのようにしておきたか』日本評論社。

桜井淳(2011b)「誰が福島原発を暴走させたのか」『中央公論』2011年8月号別冊, pp. 90-96.

桜井淳(2011c)『新版 原発のどこが危険か——世界の事故と福島原発』朝日新聞出版。

桜井淳(2012)『福島原発事故の科学』日本評論社。

佐高信(2011)『電力と国家』集英社。

佐竹健治・行谷佑一・山木滋(2008)「石巻・仙台平野における869年貞観津波の数値シミュレーション」『活断層・古地震研究報告』第8号, pp. 71-89。

佐藤栄佐久(2009)『知事抹殺——つくられた福島県汚職事件』平凡社。

佐藤栄佐久(2011)『福島原発の真実』平凡社。

佐野真一(1994)『巨怪伝——正力松太郎と影武者たちの一世紀』文藝春秋。

産業計画会議編(1965)『原子力政策に提言』産業計画会議第14次リコメンデーション。

塩崎恭久(2011)『「国会原発事故調査委員会」立法府からの挑戦状』東京プレスクラブ。

資源エネルギー庁(2011)「電気料金制度の経緯と現状について」11月。

http://www.meti.go.jp/committee/kenkyukai/energy/denkiryoukin/001_06_00.pdf
志村嘉一郎(2011)『東電帝国 その失敗の本質』文藝春秋。

週刊文春(2011)『東京電力の大罪』臨時増刊7月27日号。

杉山滋郎(1996)「日本物理学会の50年と社会」『日本物理学会誌』1月号, pp. 42-48。

奥村宏(1991)『[改訂版] 法人資本主義――「会社本位」の体系』朝日新聞社。

奥村宏(1992)『会社本位主義は崩れるか』岩波書店。

奥村宏(2011)『東電解体――巨大株式会社の終焉』東洋経済新報社。

恩田勝亘(2007)『東京電力 帝国の暗黒』七つ森書館。

開沼博(2011)『「フクシマ」論――原子力ムラはなぜ生まれたのか』青土社。

科学技術庁原子力局(1960)『原子力委員会月報第5巻第11号』原子力委員会。

http://www.aec.go.jp/jicst/NC/about/ugoki/geppou/V05/N11/196000V05N11.html
川上幸一(1974)『原子力の政治経済学』平凡社。

神林広恵(2011)「東電広告&接待に買収されたマスコミ原発報道の舞台裏！」『別冊宝島』第1796号, pp. 50-57。

木川田一隆(1971a)『人間主義の経済社会』読売新聞社。

木川田一隆(1971b)『木川田一隆論文集』政経社。

木川田一隆(1992)「木川田一隆――終戦の混乱時, 人間を信頼」日本経済新聞社編『私の履歴書――昭和の経営者群像２』日本経済新聞社, pp. 149-222.

橘川武郎(1995)『日本電力業の発展と松永安左ヱ門』名古屋大学出版会。

橘川武郎(2004)『日本電力業発展のダイナミズム』名古屋大学出版会。

橘川武郎(2009)『資源小国のエネルギー産業』芙蓉書房出版。

橘川武郎(2011a)『東京電力 失敗の本質――「解体と再生」のシナリオ』東洋経済新報社。

橘川武郎(2011b)『原子力発電をどうするか――日本のエネルギー政策の再生に向けて』名古屋大学出版会。

橘川武郎(2012)『電力改革――エネルギー政策の歴史的大転換』講談社。

窪田順生(2011)「大量の放射線浴びながら低賃金――原発労働者たちの悲惨な現実」『週刊ダイヤモンド』５月21日号, pp. 44-45。

グループ・K21 (2011)「初公開リスト! 経産省・文科省・内閣官房に『天上がり』する電力会社社員」『別冊宝島』第1796号, pp. 96-97.

警察庁(2012a)『平成23年(2011年) 東北地方太平洋沖地震の被害状況と警察措置』１月6日。http://www.npa.go.jp/archive/keibi/biki/higaijokyo.pdf
警察庁(2012b)『平成23年の月別の自殺者数について(12月末の暫定値)』１月16日。http://www.npa.go.jp/safetylife/seianki/H23_tsukibetsujisatsusya.pdf
原子力安全・保安院(2011)「福島第一原子力発電所及び福島第二原子力発電所における平成23年東北地方太平洋沖地震により発生した津波の調査結果を踏まえた対応について(指示)」４月13日。http://www.meti.go.jp/press/2011/04/20110413006/20110413006.pdf
原子力安全委員会(2001)「発電用軽水型原子炉施設に関する安全設計審査指針 一部改訂」３月29日。http://www.nsc.go.jp/shinsashishin/pdf/1/si002.pdf
原子力安全委員会(2006)「発電用原子炉施設に関する耐震設計審査指針」９月19日。

参考文献

青木昌彦(2008)『比較制度分析序説——経済システムの進化と多元性』講談社。

青木昌彦(2011)「原発事故を越えて——危機に強い産業組織築け」『日本経済新聞』(8月4日).

朝日新聞特別報道部(2012)『プロメテウスの罠——明かされなかった福島原発事故の真実』学研パブリッシング.

有馬哲夫(2008)『原発・正力・CIA——機密文書で読む昭和裏面史』新潮社.

有森隆(2011)「東電&電事連『財界』『政界』支配の暗黒史」『別冊宝島』第1796号, pp. 150-156.

粟野仁雄(2011)『ルポ原発難民』潮出版社.

飯田哲也(2011a)「人災としての福島第一原発事故」飯田哲也・佐藤栄佐久・河野太郎『「原子力ムラ」を超えて——ポスト福島のエネルギー政策』NHK出版, pp. 189-212。

飯田哲也(2011b)「『原子力ムラ』という虚構」飯田哲也・佐藤栄佐久・河野太郎『「原子力ムラ」を超えて——ポスト福島のエネルギー政策』NHK出版, pp. 17-40。

飯田哲也(2011c)「フクシマへの道——分岐点は六ヶ所にあった」飯田哲也・佐藤栄佐久・河野太郎『「原子力ムラ」を超えて——ポスト福島のエネルギー政策』NHK出版, pp. 143-173。

飯田哲也(2011d)『エネルギー進化論——「第4の革命」が日本を変える』筑摩書房。

飯田哲也・佐藤栄佐久・河野太郎(2011)『「原子力ムラ」を超えて——ポスト福島のエネルギー政策』NHK出版。

石橋克彦(2012)『原発震災——警鐘の軌跡』七つ森書館。

今井一(2011)『「原発」国民投票』集英社。

岩井克人(2003)『会社はこれからどうなるのか』平凡社。

上杉隆・烏賀陽弘道(2011)『報道災害 [原発編]——事実を伝えないメディアの大罪』幻冬舎。

内橋克人(1986)『原発への警鐘』講談社。

内橋克人(2011)『日本の原発、どこで間違えたのか』朝日新聞出版。

大島堅一(2011)『原発のコスト——エネルギー転換への視点』岩波書店。

大谷健(1978)『興亡——電力をめぐる政治と経済』産業能率短期大学出版部。

大野誠治(1998)『沈黙の巨人 東京電力——規制緩和とメガコンペティション』東洋経済新報社。

大平佳男(2007)「日本の電力市場に関するサーベイ——電力自由化と環境政策の現状と課題」『大原社会問題研究所雑誌』583号, pp. 34-50.

岡本全勝(2011)「行政改革の現在位置——その進化と課題」『年報公共政策学』3月号, pp. 37-56。

や

安冨歩 193
湯川秀樹 21, 283
吉田昌郎 74, 118, 150, 155, 158, 163-165, 168, 174, 230

ら

ラングロワ，リチャード(R. Langlois) 91, 103, 218, 246
ロールズ，ジョン(J. Rawls) 95
ロスウェル，ジェフリー(G. Rothwell) 14
ロバートソン，ポール(P. Robertson) 91

わ

渡部恒三 59, 124, 204

弁）　166
TAF（Top of Active Fuel－有効燃料頂部）　156
UPZ（緊急防護措置区域）　261

人名索引

あ

青木昌彦　14
甘利明　44, 113
荒木浩　65
飯田哲也　119, 257
ウィルソン，チャールズ（C. Wilson）　225
枝野幸男　74
大島堅一　214, 279
奥村喜和男　32

か

海江田万里　74, 160
勝俣恒久　68, 73
菅直人　4, 74, 76, 277
木川田一隆　37, 48, 49, 51, 60, 204, 248
橘川武郎　233
キッシンジャー，ヘンリー（H. Kissinger）　19
木村守江　50, 51, 204
河野一郎　23

さ

佐高信　62
サットン，ロバート（R. Sutton）　281
佐藤栄佐久　126
佐藤善一郎　49, 51, 204
塩崎恭久　125
清水正孝　70, 73, 75, 159
下河辺和彦　71
正力松太郎　19, 23, 48, 124, 202
ジョスコウ，ポール（P. Joskow）　214
鈴木健　111

た

高木仁三郎　187
竹森俊平　99, 292
田中角栄　26, 124, 202
チャンドラー，アルフレッド（A. Chandler）　218, 254
堤康次郎　52
ディーキン，サイモン（S. Deakin）　95
ティース，デビッド（D. Teece）　218, 255

な

中曾根康弘　19, 201
那須翔　64, 65, 180
西澤俊夫　71
ノーラン，ピーター（P. Nolan）　247
野田佳彦　82, 236

は

ハイエク，フリードリッヒ（F. Hayek）　124
橋本龍太郎　46
ピテリス，クリストス（C. Pitelis）　210, 224, 254, 289
日比野靖　148
平岩外四　61, 205
廣瀬直己　71
フェファー，ジェフリー（J. Pheffer）　281
藤岡市助　29
ペロー，チャールズ（C. Perrow）　89, 219
ペンローズ，エディス（E. Penrose）　254

ま

班目春樹　74, 127, 238, 277
松永安左ヱ門　30, 36, 48, 202, 212, 246
水野久男　61
南直哉　65, 66
武藤栄　155, 174, 230
村田成二　264

3, 58, 64, 71, 109, 128, 133, 134, 159
福島第一原発事故　4, 92, 276
福島第二原子力発電所(福島第二原発)　58, 64, 109
ふげん　184
双葉町　49, 58, 116
物理的安全性　181, 236
物理的技術　6, 105, 128, 182, 294
プライス・アンダーソン法　188
ブラック・スワン　4
プルサーマル　120
プルサーマル計画　59, 66
フレキシビリティ　199, 227, 285
プログラム持続性バイアス　218, 225
文脈　96
分類　124
ベースロード　139
放射線科学　4
法人資本主義　102
法と経済学　105
ポスト・ノーマル・サイエンス　249, 256, 274

ま

マルチタスク　238, 242, 290, 293
みえる手　218
三菱重工　216
民間企業家精神　266
無知の無知　13
むつ事件　45
メタ・バリュー　233, 242, 267, 290, 298
メルトダウン　71
免震重要棟　237
モジュール型システム　268, 271
モラル・ハザード　7, 100, 101, 103, 148, 172, 292
もんじゅ　45, 184
文部科学省　120

や

有効燃料頂部　156
読売新聞　19, 20

ら

リスクと不確実性　91
類推的推論　106
ルーティン　107, 220
冷温停止状態　77, 223
レートベース方式　39, 40, 44, 204

A－Z

AM (Accident management－アクシデント・マネジメント)　150
BWR(沸騰水型軽水炉)　26, 53, 55, 138
D/DFP(Diesel Driven Fire Pump－ディーゼル駆動消火ポンプ)　166
ECCS(Emergency Core Cooling System－非常用炉心冷却系)　146
EPZ (防災対策を重点的に充実すべき地域の範囲)　261
GE (ゼネラルエレクトリック)　18, 26, 53, 55, 56, 137, 138, 171, 248
HPCI (High Pressure Coolant Injection System－高圧注水系)　156
IAEA (国際原子力機関)　18, 201, 260, 263, 264, 278
IC(Isolation Condenser－隔離時復水器)　145, 146, 156－158
IPP(独立系発電事業者)　43
JCO　45, 184
Jカーブ効果　271
MOT(技術経営)　145, 147
PAZ(予防的措置範囲)　261
PA戦略　110, 170, 181
PPS(特定規模電気事業者)　43
PWR(加圧水型軽水炉)　22, 23
RCIC (Reactor Core Isolation Cooling System－原子炉隔離時冷却系)　146, 155, 156
SPEEDI (System for Prediction of Environmental Emergency Dose Information－緊急時迅速放射能影響予測ネットワークシステム)　151
SR弁(Safety Relief Valve－安全のがし

大局的持続可能性　14, 210, 227, 298
退蔵　239, 240, 242, 291
タイト・カップリング・システム　183
ダイナミック・ケイパビリティ　14, 242, 243, 267, 268, 280, 281, 288, 291, 297
凧揚げ地帯方式　212
脱原子力文化　232
多能　242
探査　239, 291
地域共同体　51
地域独占　7, 38, 43, 111, 203
チェルノブイリ原子力発電所　64
地球の持続可能性　189
長計　22
チリ津波　154, 173
通商産業省　25, 35, 42, 62, 99
体裁の世界の分離　276
体裁の世界への(社会の)幽閉　183, 197
ディーゼル駆動消火ポンプ　166
テール・リスク　245
電気事業再編成審議会　34
電気事業法　30, 66
電気事業連合会(電事連)　18
電源開発　23, 36, 62
電源開発促進法　36
電源三法　27
電源三法交付金　28
伝統主義　258, 273
電力国家管理　48
電力産業の三種の神器　43, 47
電力自由化　43, 66
電力戦　30
電力統制私見　30, 202
東京大学　112
東京電燈　29, 48
東京電力　5, 48, 56, 66, 76, 109, 130, 137, 138, 148, 158, 169, 172, 180, 248
東京電力福島原子力発電所事故調査委員会　237
東芝　57, 216
東大話法　193, 212, 292
動力炉・核燃料開発事業団(動燃)　27
土木学会　153, 173
取引費用経済学　252

な

ナッシュ均衡　237
日米原子力研究協定　20
日本原子力発電　25
日本テレビ　20
日本の資本主義　15, 97, 98, 102, 125, 128, 191, 198, 200, 207, 209, 224, 227, 228, 266, 275, 286
日本の電力産業の三種の神器　7
ネオ・カーネギー学派　14
能弁のわな　296

は

廃炉　75
バックエンド問題　233, 241, 292
発掘　239, 291
発送配電一体　7, 38, 43
発電原価　54, 214, 215
パラメトリック不確実性　103
反事実的条件法　115
ピークシフト　140, 141
比較コーポレート・ガバナンス　14
比較制度分析　14, 268
東日本大震災　4
ビジネス・エコシステム　5, 103, 104, 107, 190, 255
ビジネス・エコシステム・ガバナンス　5, 14, 232, 257, 267, 272
ビジネス・モデル　41, 128, 273, 293
非常用炉心冷却系　146
日立　57, 216
ヒューリスティクス　184
費用積上方式　31, 39, 204
風評被害　79
不完備契約論　111
フクシマ　3, 88, 200, 279
福島原発危機　7, 72, 90, 94, 95, 104, 105, 107, 125, 149, 152, 185, 193, 198, 207, 231, 236, 256, 275, 277, 282, 294, 298
福島原発事故独立検証委員会　278
福島第一原子力発電所(福島第一原発)

原子力発電所と揚水発電所の補完性　139
原子力村　3, 51, 93, 103, 114, 120, 127, 149, 153, 170, 177, 182, 183, 192, 193, 195, 199, 209, 219, 221, 224, 254, 266, 276, 294
原子力村と社会　232
原子力村のケイパビリティ問題　251
原子力ルネサンス　184
原子炉隔離時冷却系　146
原賠法　100, 188, 215, 292
原発安全神話　3, 9, 153
原発再稼働　83, 282
原発震災　4
原発難民　86
高圧注水系　156
公益事業委員会　35
構造的不確実性　104, 107, 185
公的企業家精神　266
コーポレーション　15, 98, 99, 183
コーポレート・ガバナンス　13, 252
コールダーホール原子力発電所（コールダーホール原発）　18
国策民営のわな　100
国会事故調　220
御用学者　112
コンパクト性　94

さ

財産権　93
財産権理論　94
再生可能エネルギー　44, 239
産業政策　99
仕切られた多元主義　122
事件　89
資源エネルギー庁　42, 44, 67, 122, 126
事故　89
自己埋め込み　8, 195, 275, 294
事故調査・検証委員会　149, 279
システム事故　90, 107, 185
自然独占　7, 247
持続可能性　13, 90, 209, 210, 231, 296, 298
自縛的　180
自縛的犠牲　15, 226, 228, 262, 268, 270, 275, 297
自縛の病理　126
シビア・アクシデント　6, 151, 152
資本主義のダイナミズム問題　251
社会　92, 103, 195, 212, 294
社会的安全性　181, 195, 199
社会的技術　6, 96, 105, 136, 182, 294
社会のケイパビリティ問題　251
社団資本主義　15, 102, 103, 125
受容能力　95
貞観地震　131
貞観津波　154, 174, 230
状況　96
状況依存型エネルギー政策　233, 240-242, 271, 290, 298
使用済核燃料　287
情報の非対称性　10
除染　79
真実の世界と体裁の世界の分離　182, 195, 275
スクリプト　184
ストレステスト　222, 244, 261-263, 282
スリーマイル島原子力発電所（TMI）　62
制御不可能性　198
成功症候群　183
制度　96, 226
制度経済学　14
制度の失敗　126, 226, 275
制度の複合的失敗　125, 224, 231, 252, 275, 291
世界　226
世界関数　105
全交流電源喪失　73
戦略的意思決定　60, 248
戦略変化　60, 205
総括原価主義　7, 31, 40, 43, 203
総合エネルギー調査会　25, 202
想像力　222, 287, 297
想定外　288
組織経済学　7

た

ターンキー契約　56, 137

事項索引

あ

アイデンティティ　13
アウトソーシング　25, 139, 175, 187, 216, 265
アクシデント・マネジメント　150
安全のがし弁　166
アンバンドリング　265, 269
石川島播磨　57
ウェスティングハウス　18, 55
埋め込み　63, 112, 113, 170, 181, 186, 253
エネルギー政策基本法　44, 113, 211
大飯発電所(大飯原発)　97, 236, 238, 263, 264
大熊町　49, 53, 57, 58, 116

か

会社本位主義　102
科学技術庁　25, 41, 120
革新官僚　32
拡張的ピア共同体　250, 257, 267
核燃料サイクル　61
隔離時復水器　145
過剰制度化のわな　12, 191, 198, 207
柏崎刈羽原子力発電所(柏崎刈羽原発)　66, 70, 109, 142
カタストロフィ・マネジメント　282
価値獲得　210, 273
価値創造　210, 273
可能世界　87, 96, 97
ガバナンスのガラパゴス化　286
ガラパゴス化　122, 227, 285
カリスマ的リーダーシップ　47, 246
観察学習　184
官民協調論　63
官民対立図式　36, 53
官僚　113, 114, 124
官僚組織　122, 123, 125
消えゆく手　219
機会主義　7
企業家精神　264, 265, 267
企業城下町　241
企業不祥事　67, 70
規制の虜理論　219
基本財　6
基本財毀損問題　95, 277, 292
吸収阻害能力　192, 196, 197, 212, 237
境界コーディネーター　51, 53, 59, 60
競争と多様性　273
競争と多様性の利益　233
共有無知　12, 104, 107, 200
共用財　78, 86
局所的持続可能性　14, 210, 227
緊急時迅速放射能影響予測ネットワークシステム　151
クラスター　241
グローバル化　296
グローバルなケイパビリティ移転　259, 260, 267, 278, 298
計画化　12, 97, 276
計画停電　6, 243
経済産業省　10, 46, 120, 126, 127
ケイパビリティ　12, 103-105, 115
ケイパビリティの欠如　104, 117, 119, 120, 126, 137, 143, 170, 190
現状維持文化　123
原子力安全・保安院　46, 80, 120, 134, 149, 158, 220, 261
原子力安全委員会　46, 120, 129, 149, 153, 261
原子力委員会　21, 202
原子力開発利用長期基本計画(長計)　22
原子力災害特別措置法　211
原子力三法　20, 202
原子力社会主義　12, 14, 28, 98, 200, 210, 229, 276
原子力推進文化　5, 9, 14, 63, 98, 127, 229, 232, 267, 276
原子力損害の賠償に関する法律　24
原子力損害賠償法(原賠法)　24

著者紹介
谷口 和弘（たにぐち かずひろ）
慶應義塾大学商学部教授。南開大学中国コーポレート・ガバナンス研究院（中国）招聘教授。2011年-2012年 ケンブリッジ大学企業研究センター（イギリス）招聘フェロー，2010年-2011年 ケンブリッジ・ジャッジ・ビジネススクール（イギリス）アカデミック・ビジター，2008年-2011年 仮想制度研究所（VCASI）フェローなどを歴任。専攻は，比較制度分析，戦略経営論，会社と持続可能性。著書に『経営原論』（培風館，2012年），『組織の実学』（NTT出版，2008年），『戦略の実学』（NTT出版，2006年），『企業の境界と組織アーキテクチャ』（NTT出版，2006年）など。訳書にD.ティース『ダイナミック・ケイパビリティ戦略』（共訳，ダイヤモンド社，2013年），R.ラングロワ『消えゆく手』（慶應義塾大学出版会，2011年），青木昌彦『コーポレーションの進化多様性』（NTT出版，2011年）などがある。

日本の資本主義とフクシマ
——制度の失敗とダイナミック・ケイパビリティ

2012年10月31日　初版第1刷発行
2018年11月15日　初版第2刷発行

著　者————谷口和弘
発行者————古屋正博
発行所————慶應義塾大学出版会株式会社
〒108-8346　東京都港区三田2-19-30
TEL〔編集部〕03-3451-0931
〔営業部〕03-3451-3584〈ご注文〉
〔営業部〕03-3451-6926
FAX〔営業部〕03-3451-3122
振替00190-8-155497
http://www.keio-up.co.jp/
装　丁————鈴木　衛（東京図鑑）
印刷・製本——株式会社加藤文明社
カバー印刷——株式会社太平印刷社

Printed in Japan ISBN978-4-7664-1991-7